国家近岸海域海水水质监测操作技术规程

中国环境监测总站　编

中国环境出版集团・北京

图书在版编目（CIP）数据

国家近岸海域海水水质监测操作技术规程/中国环境监测总站编. —北京：中国环境出版集团，2020.12
ISBN 978-7-5111-4598-7

Ⅰ. ①国… Ⅱ. ①中… Ⅲ. ①近海—水质监测—技术操作规程—中国 Ⅳ. ①X832-65

中国版本图书馆 CIP 数据核字（2020）第 265363 号

出 版 人 武德凯
责任编辑 赵惠芬
责任校对 任 丽
封面设计 彭 杉

出版发行 中国环境出版集团
（100062 北京市东城区广渠门内大街 16 号）
网 址：http://www.cesp.com.cn
电子邮箱：bjgl@cesp.com.cn
联系电话：010-67112765（编辑管理部）
发行热线：010-67125803，010-67113405（传真）
印 刷 玖龙（天津）印刷有限公司
经 销 各地新华书店
版 次 2020 年 12 月第 1 版
印 次 2020 年 12 月第 1 次印刷
开 本 787×1092 1/16
印 张 24.25
字 数 400 千字
定 价 88.00 元

《国家近岸海域海水水质监测操作技术规程》

编 委 会

前　言

为统一全国近岸海域环境水质监测和规范监测人员的操作，提高近岸海域环境水质监测质量，特制定本操作技术规程。

本操作技术规程根据国家和行业标准制定，将分析方法标准与规范相关要求结合，形成一体的监测技术规程（作业指导书）。内容包括近岸海域水质常规监测项目的样品采集、保存、运输、分析与质控等，作为近岸海域水质监测的操作技术要求。本操作规程的每个部分或方法均按照完整的操作要求编写，便于以分册的形式分发给监测人员使用。

本操作技术规程中的采样和分析表格为参考格式，各单位可根据自己的情况进行调整。待试行一段时间后再进行统一。

本操作技术规程由中国环境监测总站和浙江省海洋生态环境监测中心组织编制，天津市生态环境监测中心、广西壮族自治区海洋环境监测中心站、海南省生态环境监测中心站、辽宁省大连生态环境监测中心、山东省青岛生态环境监测中心参与编写。

本操作技术规程自下发之日起试行。

本操作技术规程由中国环境监测总站负责解释。

目　录

第1篇

监测的准备

第 1 章　监测实施方案的制定

本要求依据《海洋监测规范 第 1 部分：总则》（GB 17378.1—2007）和《近岸海域环境监测规范》（HJ 442—2008）编写，作为全国近岸海域水质监测的统一方法使用。方法在标准 GB 17378.3—2007、GB 17378.4—2007、GB/T 12763.4—2007 和 HJ 442—2008 的基础上，补充了相关规定和注意事项，以便减少监测执行单位在方法使用中的差别。适用于国家近岸海域环境质量监测任务的实施，地方近岸海域环境质量监测任务的实施也可参照执行。

1.1　总体要求

为保证近岸海域水质监测任务的顺利实施，根据监测任务制定监测实施方案，监测实施方案编制需要符合相关国家监测规范要求，立足现有监测设备和人员条件，具有实用性和可操作性。

监测任务中明确点位、项目、频次等要求的，按照监测任务编制；监测任务中没有明确要求的，根据监测目的，充分考虑区域特点，收集监测区域背景资料，在此基础上确定监测点位、项目、频次等。

1.2　编制原则

监测方案的编制遵循以下原则：

①满足国家或地方监测任务所规定的要求；

②符合相关国家监测技术标准要求；

③充分利用现有资料和成果；

④立足现有监测设备和人员条件；

⑤实用性和操作性强；

⑥方便查询和检查。

1.3 资料准备

监测方案编制前，应收集或整理以下基本资料：

①国家（地方）近岸海域环境质量监测的监测方案或工作计划；

②监测海域的地形、地貌和水文气象资料；

③监测海域的污染源资料，包括陆域污染源和海上污染源；

④监测海域的海洋功能区划、环境功能区划；

⑤沿海地区经济、社会发展规划资料；

⑥监测海域的海洋资源开发利用现状及存在的主要环境问题；

⑦监测海域环境监测历史资料；

⑧使用监测船的基本情况。

1.4 实施方案编制

1.4.1 基本内容

监测实施方案是监测内容和各工作环节的详细说明和安排，一般应包括：

①目的与适用范围，包括监测任务来源、性质、目标；

②组织形式，负责人、参加人员与备用人员安排；

③监测的近岸海域环境质量点位经纬度、潮间带或生物质量采样点位或区域、入海河流断面位置、直排海污染源排污口位置；

④监测频次与采样时间、监测项目、采集方法、样品保存和运输要求；

⑤监测用采样船只、船期安排、联系人；

⑥采样及设备，包括样品编码、保存、运输、校验和检查；

⑦样品容器，包括清洗、检查、加固定剂的时间与安排；

⑧可用的标准，样品的舍取；

⑨样品预处理程序，如干燥、混合和保管；

⑩分样程序；

⑪分析方法选择；

⑫样品记录的保存，如标签、记录、辅材等；

⑬监测涉及项目的质量控制措施和方法，包括自控与他控；

⑭复测判定和复测要求；

⑮数据审核与上报要求及时限；

⑯监测报告与质控报告编写要求及上报时限等。

1.4.2 监测范围、点位（断面）、监测内容和监测频次

①例行监测工作的监测范围按照辖区或负责区域及 HJ 730 确定。

②例行监测点位（断面）按照 HJ 730、HJ/T 91 和 HJ/T 92 确定；在出现不适应监测要求时，应按 HJ 730、HJ/T 91 和 HJ/T 92 开展点位调整技术准备工作。

③例行监测内容一般包括近岸海域环境水质、入海河流和直排海污染源；对敏感区域和受污染严重区域，应开展海洋沉积物、海洋生物和海洋生物质量监测，如重要河口海湾区域。

④开展近岸海域生态评价，需开展近岸海域环境水质、海洋沉积物、海洋生物和海洋生物质量监测。

⑤例行监测频次的确定方法，海域水质、沉积物、海洋生物质量、海洋生物、入海河流、直排海污染源监测按照 HJ 442.3、HJ 442.4、HJ 442.5、HJ 442.6、HJ 442.7、HJ 442.8 相关要求执行。

⑥应急监测和专项监测的相关监测范围、点位布设按照 HJ 730 确定，监测项目和监测频次等根据监测目的、评价要求、监测能力、时限要求和 HJ 442.9 相关规定确定。

1.4.3 监测项目

①根据监测目的和监测条件，涉及环境质量监测的监测项目按照执行的 GB 3097、GB 18668、GB 18421 和 GB 3838 等相关环境质量标准确定，涉及直排海污染源的监测，按 GB 8978 等污水排放标准确定；监测区域的环境污染特征参数一般应作为主要监测的

项目，同时还包括简易水文气象参数等，具体参见 HJ 442.3～HJ 442.9 的相关要求。

②例行监测的监测项目一般为执行标准规定的项目；在此基础上，可以开展其他相关项目或污染因子监测，并作为评价内容。

③应急监测的监测项目为突发性应急事故主要特征污染因子或事故造成环境污染影响的主要因子。

④专题监测根据其监测的目的，选择监测项目。

1.4.4 采样和分析方法选择

方法选择按第 5 章方法的选择和实际条件的要求确定，需要验证的方法按第 5 章规定执行并将责任明确到人。

1.4.5 仪器设备和样品保存容器

①按照采样分析方法，明确仪器设备（含玻璃量器等）、样品容器及其清洗等计划。

②按照第 6 章质量控制基本要求和实施的监测内容，明确使用的仪器设备及其检定安排、容器及其数量需求。

③明确相关仪器设备和保存容器的维护、维修、检定或补充等。

1.4.6 进度安排

根据监测任务的需要，明确监测过程中准备工作、外业采样、实验室分析、数据汇总整理、报告编写、成果鉴定或验收等各阶段的时间进度安排。

1.4.7 组织分工

根据监测内容和项目，明确监测任务各承担单位或岗位的职责和任务，包括单位间的组织分工和单位内各工作岗位的组织分工。确定监测总负责人、采样负责人、各工作岗位负责人及其职责和任务。明确各个环节的工作流程、注意事项与安全保障要求。对跨区域协作开展采样和分析的，还应明确工作的总协调人及职责。

1.4.8 采样安全保障要求

按第 4 章安全要求，作为实施近岸海域环境质量监测实施方案的采样安全保障要求，将安全责任明确到人。对涉及直排海污染源和入海河流相关安全的要求，应参照企业安全制度、河流监测采样安全要求、采样环境及条件明确要求，将责任明确到人。

1.4.9 采样和现场测试要求

①应在监测实施方案中，明确采样和现场测试要求，包括：

- 按照区域、采样点位（断面）和监测要求，制订行船航线和行车路线、各点位（断面）现场测试和样品采集安排，如遇特殊情况需要调整的，应做好相关记录；
- 按照 HJ 442.3～HJ 442.7、HJ/T 91、HJ/T 92 等相关规定，确定现场采样方法、现场测试方法、标准、规程、现场质控要求，明确依据；
- 使用的采样器、测试设备、容器和相关物品的安排。

②对于出海或在宽阔的入海河流入海断面，使用监测船或租用船只开展采样和现场测试时，还应注意：

- 甲板上堆存的装备和物品必须用绳索捆绑固定，必要时加盖防雨布；
- 实验室仪器、试剂等均应预先固定，防止翻倒，玻璃器皿等要防止滑落、打翻；
- 防火、防爆、设备保护及事故救护等应遵守船舶的各项安全管理规定；
- 船舶到监测点位前 5 min，各采样岗位有关人员应进入准备状态；
- 采样时，必须防范风浪袭击。

1.4.10 数据管理与报送

根据监测报告制度、主管部门的规定或签订的合同等要求，明确近岸海域环境监测数据、质控数据和相关信息的汇总、审核、上报、管理要求，以及监测资料（数据和相关信息）归档要求等。

1.4.11 质量控制

在 HJ 630 建立的质量控制相关管理规定的基础上，明确监测工作全过程质量控制要求和负责人，包括采样准备、监测船使用、试剂与用水、样品采集和防沾污措施、样品保存和运输、样品前处理和实验室分析、数据处理、数据审核、数据上报、归档等各个环节。其中，具体采样、保存和运输、样品前处理和实验室分析的质控要求，按照第 6 章质量保证和质量控制相关规定执行。数据处理、数据审核、数据上报和归档按照第 6 章质量保证和质量控制以及第 9 章监测数据审核相关规定执行。

1.4.12 经费预算

根据监测内容、项目、监测频次和预计样品数量，估算监测所需经费。国家下达经费后应按照实际费用和监测要求安排经费支出。经费预算一般包括但不限于以下内容：

①监测用船（含油料消耗）或租用船只；

②海上作业人员的差旅补贴、伙食、保险等；

③人员不足时所聘用人员的劳务费用等；

④样品采集、前处理、分析测试、数据处理费用，包括水电、试剂、纯水、标准样品（标准物质）、质控样、报表、易损易耗品、设备维修与检定等；

⑤数据审核、核对、复测、上报、办公等相关费用；

⑥人员技术培训；

⑦监测方案、质控方案、监测报告、质控报告编制与印刷；

⑧基于海上作业影响因素复杂性的不可预计费等。

编写人员：

刘喜惠（中国环境监测总站）

丁　页（中国环境监测总站）

王益鸣（浙江省海洋生态环境监测中心）

第2章　监测用船要求

2.1　监测用船要求

①具备充分的安全性能，对于非专业监测船，要求在适航的条件下使用。

②要求船体结构牢固，抗风浪性强，续航力符合采样周期的要求，航速和性能满足采样要求，开展生物监测的应装有可变螺距和减摇装置，具有稳定的 2～3 节慢速航行性能。

③有合适的样品采集用甲板及机械设备，具备水质深层采样设备或可以加装水质深层采样设备。

④准确可靠的导航定位系统和通信系统。

⑤设可控排污装置，减少船舶自身对采集样品的影响。

⑥专用监测船实验室设置符合实验室基本要求。

⑦租用小船开展浅水区域监测时，应当选择有安全保证，同时具备手摇绞车或可以安装手摇绞车的船只。

2.2　监测船管理要求

①对于配备的监测船（监测艇），应按海事、船级社对船舶管理的要求管理，也应符合监测要求，管理要求包括但不限于以下内容：

- 应通过船舶和有关检验机构的检查，符合适航标准和安全检查条例。
- 船长及船员应具有相应职位的资质证书，熟悉本职业务，明确调查任务对船舶的作业要求，并能积极主动地配合完成调查任务。

- 应保证调查人员的必要工作条件和生活条件。
- 应按计划完成备航和安全检查、教育工作，能按时出海作业；在不影响安全的前提下，船舶的行动应尊重监测总负责人或采样负责人的意见。
- 应按调查任务的需要准确地操纵船舶，保证航行安全。
- 凡属船上固定的调查设备，均需经常维护和保持良好状态。

②对租用监测船开展监测的，监测船管理者应按上述要求管理，监测船可以满足上述要求。监测单位制定相应的管理要求，在监测期间按照要求进行船只及人员管理。

2.3 采样设施要求

①设水文、水样采集、沉积物采样和浮游生物采样绞车 2～4 部，生物采样用吊杆 1 部。

②浅海绞车缆绳长 200 m；中近海绞车缆绳长 600 m；采集水样的绞车、缆绳及导轮应无油、无暴露金属。

③生物采样场所设船艉部要求宽广平坦，避开通风筒、天窗等突出物并设收放式栏杆。

④采样绞车应装有保护栏杆的突出活动操作平台，或安全和方便的样品采集空间。

⑤采样和现场分析应有足够空间，如分样和过滤空间，现场测试及现场测试设备摆放空间，样品及保存容器摆放位置，供水和排水设备使用空间，电源、照明和通风设备使用空间，冷藏装置、高压气瓶装置摆放空间等。

编写人员：
娄英斌（辽宁省大连生态环境监测中心）
李　曌（中国环境监测总站）

第3章 现场采样设备

3.1 采样设备准备

3.1.1 技术要求

①具有良好的注充性和密闭性。采样器的结构要严密，关闭系统可靠，且不易被堵塞，海水与采样器中水样交换要充分迅速。零件应减少到最小数目。

②材质要耐腐蚀、无沾污、无吸附。痕量金属采水器应为非金属结构，常以聚四氟乙烯、聚乙烯及聚碳酸酯等为主体材料，如果采用金属材质，则在金属结构表面加以非金属材料涂层。

③结构简单、轻便、易于冲洗、易于操作和维修，采样前不残留样品，样品转移方便。

④能够抵抗恶劣气候的影响，在复杂的环境条件下操作。能在温度为0～40℃、相对湿度不大于90%的环境中工作。

⑤价格便宜，容易推广使用。

3.1.2 采样器类型

采样器主要包括以下几种类型。

（1）瞬时样品采样器

①近岸表层采水器：在可以伸缩的长杆上连接包着塑料的瓶夹，采样瓶固定在塑料瓶夹上，采样瓶即为样品瓶。

②抛浮式采水器：采样瓶安装在可以开启的不锈钢做成的固定架里，钢架以固定长

度的尼龙绳与浮球连接，通常用来采集表层石油烃类等水样。

③深度综合法采样器：深度综合法采样需要一套用以夹住采样瓶并使之沉入水中的机械装置，加重物的采样瓶沉入水中，同时通过注入阀门使整个垂直断面的各层水样进入采样瓶。

使用瞬时样品采样器时，为了使水样在各种深度按比例采取，采样瓶沉降或提升的速度随深度不同也应相应变化，同时还应具备可调节的注孔，用以保持在水压变化的情况下，注入流量恒定。在无上述采样设备时，可以采用开-闭式采水器分别采集各深度层的样品，然后混合。

（2）开-闭式采水器

开-闭式采水器是一种简便易行的采样器，两端开口，顶端与底端各有可以开启的盖子。采水器呈开启状沉入水中，到达采样深度时，两端盖子按指令关闭，此时即可取到所需深度的样品。

（3）选定深度定点采水器（闭-开-闭式采水器）

固定在采样装置上的采样瓶呈闭合状潜入水体，当采样器到达选定深度时，按指令打开，采样瓶里充满水样后，按指令关闭。非金属材质构成的闭-开-闭式采水器非常适合痕量金属样品的采集。

（4）泵吸系统采水器

利用泵吸系统采水器，可以获取很大体积的水样，又可以按垂直和水平方向进行连续采样，并可与 CTD、STD 参数监测器联用，使之具有独特之处。取样泵的吸入高度要最小，整个管路系统要严密。

各类采样器见图 3-1 和表 3-1。

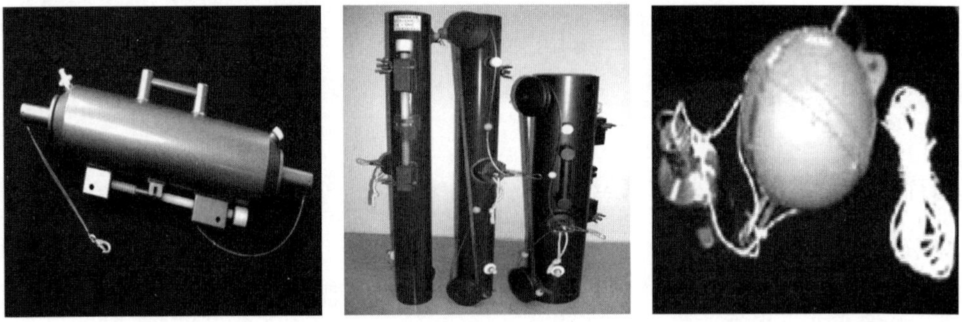

（a）球阀式采水器　（b）卡盖式采水器　（c）表层油类分析采水器

图 3-1　常见海水采样器

表 3-1 常见海水采样器

类型	材质	特点	生产单位
单层采水瓶	玻璃瓶	重量不等，可任选深度一次最大采水量 0.5 L	国产
有机玻璃采水器	有机玻璃	重量不等，表面下 30～50 cm 采水体积分大中小	国产
NIO 标准采水器	聚乙烯或少量氯乙烯、橡胶填料	体积 1.3 L，重约 1.4 kg，包括颠倒温度计，用锤控制灌水、封闭性能好、涂以聚四氟乙烯	英国 Surreg Wormley 海洋科学研究所
GO-FLO	聚氯乙烯	体积 1.7～60 L，在预定深度下用锤控制，密封性好	美国迈阿密通用海洋工程公司，国家海洋技术中心（天津）
Niskin TOP drop 型	聚氯乙烯	体积 5～90 L，不带内锁合装置，样品仅与聚氯乙烯接触，灌水和密封性好，可从内部加压过滤	
Niskin	聚氯乙烯	体积 3～60 L，锁合装置涂聚氯乙烯膜	
Nasen 改进型	聚碳酸酯	体积 1.7 L，用大孔径塑料球阀密封，采水器和管子均透明，密封性好	德国 ki-el-Holtenam 流体生物研究所
P.C.W.S.D 半自动采水器	有机玻璃或聚丙烯	体积 5 L，采集真光层水样，在现场靠流体静压力自动过滤	澳大利亚 Rauchfuss 仪器配件有限公司

3.2 采样缆绳及其他设备

为防止采样过程中的样品沾污，水文钢丝绳应以非金属材质涂敷或以塑料绳代替。使锤应以聚四氟乙烯、聚乙烯等材质喷涂。水文绞车也应采取防沾污措施。

编写人员：
刘喜惠（中国环境监测总站）
任朝兴（广西壮族自治区海洋环境监测中心站）

第 4 章　安全要求

本要求依据《近岸海域环境监测规范》（HJ 442—2008）编写，作为全国近岸海域水质监测安全的统一要求。同时，补充了相关规定和注意事项，以避免监测采样过程中发生安全事故。

有关实验室及陆路样品运输安全，应按照实验室安全和交通法规要求。

4.1　目的

确保监测过程中人员和设备的安全。

4.2　适用范围

适用于近岸海域环境质量监测样品采集的安全保障。

4.3　海上采样人员安全要求

①乘船监测人员应熟悉所用船舶的应变部署系统，掌握应变部署和自救办法，掌握消防知识及消防器材的使用方法。

②采样作业须待船舶稳定后方可进行。

③采样作业期间，在船舷操作人员必须穿戴工作救生衣，并戴好安全帽，任何人员禁止穿拖鞋上甲板。

④夜间作业，甲板上每个岗位至少 2 人，禁止单独上甲板操作。

⑤在每个作业区各设安全监督员 1 名，其职责为监督和督促工作人员按安全要求进

行操作。

⑥航次期间，船舶靠泊港口、码头后，所有人员不准随意上岸，上岸人员须征得船上有关采样工作负责人的同意方可上岸，一般须3人以上结伴同行，并在规定时间内及时回船。

⑦采用小船进行浅水区域采样时，应有防止人员落水和落水救援的设施和制度。

⑧对租用小船实施专业监测船不能到达的点位的监测时，应参照上述要求，明确相关安全规定，包括出海前与船长沟通安全保障事宜、出海必须着救生衣等。

4.4 特别注意

①在海况不允许或用船船长声明没有安全保证的情况下，监测人员应服从船长及船上安全监督员的安排。

②在没有安全保证的情况下，任何人不得以任何理由强行要求出海采样。

编写人员：
娄英斌（辽宁省大连生态环境监测中心）
王益鸣（浙江省海洋生态环境监测中心）

第5章　方法的选择

5.1　分析方法的选择

①分析方法选择原则为首选国家、环境保护行业监测分析方法标准。可选择环境质量标准、污染物排放标准、GB 17378.3～GB 17378.7、HJ 442.3～HJ 442.8、HJ/T 91 等所列方法，也可选择环境质量标准和污染物排放标准发布时未规定，但此后新发布的国家环境监测方法标准；对没有国家标准或行业标准的，可采用国际标准和国外标准方法，或者公认权威的监测分析方法，所选用的方法应通过验证或确认，满足方法检出限、精密度和准确度等质量控制要求，并形成相关记录。

②分析方法选择一般应根据所测对象确定，环境质量监测选择检出限适于环境质量等级浓度水平或实际样品监测因子浓度水平的方法，污染水分析方法应选择适于排放标准浓度限值的测定方法。

③对样品浓度差异大，一种方法不能涵盖全部样品浓度分析要求的，可以采用稀释方式处理；对样品浓度差异大，且不便采用稀释方式处理的，应建立两种或两种以上的分析方法。

5.2　分析方法的验证

①首次使用分析方法时，应进行监测方法的验证；在实验室条件发生变化（包括分析测试仪器和试剂更换、实验室改造等）时，分析方法也应在方法验证符合相关要求后，再用于样品测定。

②分析方法的实验室验证，参考 HJ 168 方法特性指标确定方法进行。

近岸海域水质监测分析方法汇总如表 5-1 所示。

表 5-1 近岸海域水质监测分析方法汇总

序号	监测项目	分析方法	方法来源	检出限
1	透明度	透明圆盘法	GB 17378.4—2007	—
2	水色	比色法	GB 17378.4—2007	—
3	嗅和味	感官法	GB 17378.4—2007	—
4	水深	水深测量	GB/T 12763.2—2007	—
5	水温	表层水温表法	GB 17378.4—2007	—
		颠倒温度表法	GB 17378.4—2007	—
6	水温和盐度	温盐深仪（CTD）法	GB/T 12763.2—2007	—
7	pH	pH 计法	GB 17378.4—2007	—
8	溶解氧	电化学探头法	HJ 506—2009	—
		光学探头法	ISO 17289—2014	—
9	盐度	盐度计法	GB 17378.4—2007	—
10	悬浮物	重量法	GB 17378.4—2007（27）	—
11	叶绿素 a	分光光度法	GB 17378.7—2007（8.2）	—
		荧光分光光度法	GB 17378.7—2007（8.1）	—
12	总大肠菌群和粪大肠菌群	多管发酵法	GB 17378.7—2007（9.1）	—
13	粪大肠菌群	滤膜法	GB 17378.7—2007（9.2）	—
14	溶解氧	碘量法	GB 17378.4—2007（31）	0.08 mg/L
15	化学需氧量	碱性高锰酸钾法	GB 17378.4—2007（32）	0.15 mg/L
16	生化需氧量	五日培养法	GB 17378.4—2007（33.1）	1 mg/L
17	氨氮	靛酚蓝分光光度法	GB 17378.4—2007（36.1）	0.000 7 mg/L（限定下限）
		次溴酸盐氧化法	GB 17378.4—2007（36.2）	0.000 4 mg/L（限定下限）
18	硝酸盐氮、亚硝酸盐氮	连续流动比色法	HJ 442—2008 附录 H	0.003 mg/L（硝酸盐氮） 0.001 mg/L（亚硝酸盐氮）
19	硝酸盐氮	镉柱还原法	GB 17378.4—2007（38.1）	0.003 mg/L
		流动分析法	HY/T 147.1—2013（8.1）	0.003 mg/L
20	亚硝酸盐氮	萘乙二胺分光光度法	GB 17378.4—2007（37）	0.001 mg/L
21	非离子氨	换算	GB 3097—1997 附录 B	—
22	活性磷酸盐	磷钼蓝萃取分光光度法	GB 17378.4—2007（39.2）	0.2 μg/L
		磷钼蓝分光光度法	GB 17378.4—2007（39.1）	0.001 mg/L
		流动注射比色法	HJ 442—2008 附录 I	0.001 mg/L
23	汞	原子荧光法	GB 17378.4—2007（5.1）	0.007 μg/L
		冷原子吸收分光光度法	GB 17378.4—2007（5.2）	0.001 μg/L
		金捕集冷原子吸收光度法	GB 17378.4—2007（5.3）	0.003 μg/L

序号	监测项目	分析方法	方法来源	检出限
24	铜、铅、镉、锌	阳极溶出伏安法	GB 17378.4—2007（6.2，7.2，8.2，9.2）	铜：0.6 μg/L；铅：0.3 μg/L；镉：0.09 μg/L；锌：1.2 μg/L
25	铜、铅、镉、锌、总铬、镍、砷和硒	在线稀释、氢化物发生、预富集 ICP-MS 法	USEPA 200.10—1996	铜：0.050 μg/L； 铅：0.003 μg/L； 锌：0.100 μg/L； 镉：0.005 μg/L； 总铬：0.010 μg/L； 镍：0.010 μg/L； 砷：0.050 μg/L； 硒：0.050 μg/L
26	铜、铅、镉、镍	无火焰原子吸收分光光度法	GB 17378.4—2007	铜：0.2 μg/L；铅：0.03 g/L；镉：0.01 g/L；镍：0.5 μg/L
27	铬、镍、铜、锌、镉、铅	直接进样电感耦合等离子体质谱	EN ISO 17294-2：2004	铬：0.04 μg/L； 镍：0.02 μg/L； 铜：0.04 μg/L； 锌：0.05 μg/L； 镉：0.03 μg/L； 铅：0.02 μg/L
28	锌	火焰原子吸收分光光度法	GB 17378.4—2007	3.1 μg/L
29	总铬	无火焰原子吸收分光光度法	GB 17378.4—2007	0.4μg/L
		二苯碳酰二肼分光光度法	GB 7467—87	0.3 μg/L
30	六价铬	二苯碳酰二肼分光光度法	GB 7467—87	0.004 mg/L
31	砷	原子荧光法	GB 17378.4—2007（11.1）	0.5 μg/L
	硒	原子荧光法	HJ 442—2008 附录 K	0.2 μg/L
32	氰化物	异烟酸-吡唑啉酮分光光度法	GB 17378.4—2007（20.1）	0.5 μg/L
33	硫化物	亚甲基蓝分光光度法	GB 17378.4—2007	0.2 μg/L
34	挥发酚	4-氨基安替比林萃取分光光度法	GB 17378.4—2007（19）	0.001 1 mg/L
35		连续流动分析法	EN ISO14402：1999	0.001 mg/L
36	油类	荧光分光光度法	GB 17378.4—2007（13.1）	0.001 mg/L
		紫外分光光度法	GB 17378.4—2007（13.2）	0.01 mg/L
		重量法	GB 17378.4—2007（13.3）	0.2 mg/L

<table>
<tr><th>序号</th><th>监测项目</th><th>分析方法</th><th>方法来源</th><th colspan="3">检出限</th></tr>
<tr><td rowspan="17">37</td><td rowspan="17">六六六、滴滴涕</td><td>气相色谱法</td><td>GB 17378.4—2007</td><td colspan="3">六六六：0.001 μg/L；
滴滴涕：0.003 8 μg/L</td></tr>
<tr><td rowspan="16">气相色谱-质谱法</td><td rowspan="16">HJ 699—2014</td><td rowspan="8">液液萃取法</td><td>α-666</td><td>0.056 μg/L</td></tr>
<tr><td>γ-666</td><td>0.025 μg/L</td></tr>
<tr><td>β-666</td><td>0.037 μg/L</td></tr>
<tr><td>δ-666</td><td>0.060 μg/L</td></tr>
<tr><td>p,p'-DDE</td><td>0.036 μg/L</td></tr>
<tr><td>p,p'-DDD</td><td>0.048 μg/L</td></tr>
<tr><td>o,p'-DDT</td><td>0.031 μg/L</td></tr>
<tr><td>p,p'-DDT</td><td>0.043 μg/L</td></tr>
<tr><td rowspan="8">固相萃取法</td><td>α-666</td><td>0.025 μg/L</td></tr>
<tr><td>γ-666</td><td>0.022 μg/L</td></tr>
<tr><td>β-666</td><td>0.034 μg/L</td></tr>
<tr><td>δ-666</td><td>0.033 μg/L</td></tr>
<tr><td>p,p'-DDE</td><td>0.027 μg/L</td></tr>
<tr><td>p,p'-DDD</td><td>0.028 μg/L</td></tr>
<tr><td>o,p'-DDT</td><td>0.031 μg/L</td></tr>
<tr><td>p,p'-DDT</td><td>0.032 μg/L</td></tr>
<tr><td>38</td><td>马拉硫磷和甲基对硫磷</td><td>气相色谱法</td><td>GB 13192—91</td><td colspan="3">马拉硫磷：0.2 μg/L
甲基对硫磷：0.3 μg/L</td></tr>
<tr><td>39</td><td>苯并[a]芘</td><td>液液萃取高效液相色谱法</td><td>HJ 478—2009</td><td colspan="3">0.004 μg/L</td></tr>
<tr><td>40</td><td>阴离子洗涤剂</td><td>亚甲基蓝分光光度法</td><td>GB 17378.4—2007（23）</td><td colspan="3">0.010 mg/L</td></tr>
<tr><td rowspan="2">41</td><td rowspan="2">活性硅酸盐</td><td>硅钼蓝法</td><td>GB 17378.4—2007（17.2）</td><td colspan="3">—</td></tr>
<tr><td>连续流动比色法</td><td>HJ 442—2008（附录 J）</td><td colspan="3">—</td></tr>
<tr><td>42</td><td>总氮</td><td>过硫酸钾氧化法</td><td>GB/T 12763.4—2007（15）</td><td colspan="3">0.053 mg/L</td></tr>
<tr><td>43</td><td>总磷</td><td>过硫酸钾氧化法</td><td>GB/T 12763.4—2007（14）</td><td colspan="3">0.003 mg/L</td></tr>
</table>

编写人员：

丁 页（中国环境监测总站）

第 2 篇

质量保证和质量控制

第 6 章 质量保证和质量控制

6.1 总体要求

对监测工作全过程，包括准备工作、样品采集、处理和运输、实验室分析、数据处理等各个环节，规定质量控制措施。对于近岸海域环境监测的特点，特别要注意监测用船、采样设备和实验室的防沾污处理。

在 HJ 630 建立的质量管理规定的基础上，明确监测工作全过程质量控制要求和负责人，包括采样准备、监测船使用、试剂与用水、样品采集和防沾污措施、样品保存和运输、样品前处理和实验室分析、数据处理、数据审核、数据上报、归档等各个环节。其中，具体采样、保存和运输、样品前处理和实验室分析的质控要求，按照 HJ 442 的相关规定执行。数据处理、数据审核、数据上报和归档按照 HJ 442 的相关规定执行。

6.2 质控方案

监测的质量控制工作应在监测实施方案中体现，可作为监测实施方案的组成部分。质量控制的具体要求，应制订单独的质量控制方案，包括采样器具、保存容器、运输与保存、各方法的质控措施等，按照工作安排，将工作分工要求分发给相关监测人员。至少应包括：①监测任务的由来和性质；②工作依据的相关标准和要求；③组织安排，明确每部分工作质控要求和责任人；④质量保证与质量控制内容；⑤数据审核、汇总、上报；⑥监测结果的评价标准（需要时）等内容。

6.3 组织机构与监测人员

6.3.1 组织机构

从事近岸海域环境监测的机构须按照 HJ 630 要求，建立质量管理体系，通过实验室资质认定，具备全程质量保证和质量控制的运行机制，执行监测质量控制与保证的相关标准规范的规定和要求，对监测的全过程进行质量控制。

6.3.2 人员要求

监测人员应参加岗前培训及考核，并持证上岗。新进人员或者工作岗位变动人员在未取得合格证前不得单独上岗，只能在持证人员的指导和监督下开展工作，其监测工作质量由持证指导人员负责。

从事船上作业及分析的人员必须经过船上安全培训。

6.4 监测仪器与设备

6.4.1 仪器与设备的检定和校准

监测过程中使用的所有仪器与设备，只要对检测或抽样的结果准确性、有效性有影响或计量溯源性有要求的，均需实施检定或校准，且在有效期内使用。

6.4.2 仪器与设备的运行和维护

监测仪器与设备应定期进行维护保养，必要时应制定仪器与设备操作作业指导书，使用/维护时做好仪器与设备使用记录/维护记录，保证仪器与设备处于完好状态。每台仪器与设备均应有责任人负责日常管理。同时做好以下工作：

①必须在出航前对仪器与设备进行全面检查和调试，确认合格后方可使用；

②采样设备必须采取防沾污措施；

③配备足够的备用仪器设备。

6.4.3　保存容器选择、洗涤与抽检

保存容器的选择和洗涤要求应符合《海洋监测规范 第 4 部分：海水分析》（GB 17378.4—2007）和《近岸海域环境监测规范》（HJ 442—2008）的相关要求，参见“第 3 篇第 7 章 7.3.4 样品容器的选择和洗涤”。

每次采样前应对样品瓶进行抽检，依据《监测实施方案》中监测项目抽取不低于10%的样品瓶（每个项目不得少于 2 个）进行空白测试，若测定结果大于检出限，应重新清洗样品瓶。微生物采样也可使用微生物塑料采样袋，但需经过空白测试，合格后方可使用。

抽检记录应与其他原始记录一并存档，作为质控数据上报。

6.5　样品编码与交接

6.5.1　样品编码

所有样品均应有唯一性编码，并清晰记录。

样品编码制定原则：每个样品必须确定唯一编码；质控人员现场或在实验室接收时，可以根据质量控制要求另行编码并与唯一编码对应；分析人员应了解样品基本性质但不应获知具体来源；分析出结果后解码，唯一性编码对应的样品信息完整。

具体编码规则一般由各实施监测的单位制定。

6.5.2　样品交接

样品移交实验室时，应有样品交接记录，样品管理员在认真清点样品状态、数目及检查标签正确无误后，样品管理员接收样品并按实验室内样品管理规定管理样品。交接过程中，如发现项目批次的编号错乱、容器种类不符合要求、采样不符合要求、样品出现泄漏或破损，应立即查明原因，可以安排样品补采的应进行补充采样，记录应对问题和后续处理加以说明。

质控人员安排的质控样品与实际样品同时交接，需办理交接手续和记录。

分析人员接到样品后，应查看样品是否符合样品保存运输要求，若不符合，应及时

向相关人员说明情况，若仍需要进行分析，应在分析记录和报告中做出明确说明。

6.6 样品采集、保存与运输

6.6.1 样品采集

采样应至少 2 人，明确分工，按照 HJ 442.3～HJ 442.8 的要求和程序，开展水质、沉积物、生物、生物质量、入海河流和直排海污染源相关监测的采样，记录现场情况。其中记录的现场情况应包含全部采集样品的位置、环境、采集过程和样品性质描述方面的信息。具体的样品采集要求见本书第 3 篇样品采集与保存。

6.6.2 样品保存

样品依据分析项目不同采用冷藏（冻）法、充满容器法、化学法等方法保存，具体样品的保存方法见本书第 3 篇样品采集与保存。

6.6.3 样品运输

样品装运前必须逐件与样品登记表、样品标签和采样记录进行核对，核对无误后分类装箱。样品容器运回实验室过程中应采取多种保护措施，防止破碎，保持样品完整性，使样品损失降低到最小。除现场测定样品外，所有样品都应及时运回实验室。

6.7 分析测试质量控制

6.7.1 分析方法选择与验证

见第 1 篇第 5 章。

6.7.2 分析方法验证

见第 1 篇第 5 章。

6.8 水质监测质量控制

6.8.1 基本要求及措施选择

水质监测的质量控制措施依据项目的监测分析方法确定。常规监测项目的质量控制方法见表 6-1。

表 6-1 近岸海域水质常规监测项目质控方法①

序号	项目	容器检查②	现场空白	现场平行	实验平行	加标回收③	标样控制④	留样复测⑤	其他⑥
1	漂浮物质	—	—	—	—	—	—	—	—
2	水色	—	—	—	—	—	—	—	—
3	悬浮物	—	√	√	—	—	—	—	操作程序
4	大肠菌群	√	—	—	—	—	—	—	—
5	粪大肠菌群	√	—	—	—	—	—	—	—
6	水温	—	—	—	—	—	—	—	温度计的校准
7	pH	√	—	√	—	—	√	—	pH 计校准
8	溶解氧（碘量法）	√	—	√	—	—	—	—	电化学探头法现场测试仪器校准
9	化学需氧量	—	√	√	√	—⑦	√	√⑦	—
10	生化需氧量	√	√	√	√	—⑦	√	—	—
11	氨氮	√	√	√	√	√	√	√⑦	快速测定的仪器校准
12	硝酸盐氮	√	√	√	√	√	√	√⑦	快速测定的仪器校准
13	亚硝酸盐氮	√	√	√	√	√	√	√⑦	快速测定的仪器校准
14	活性磷酸盐	√	√	√	√	√	√	√⑦	快速测定的仪器校准
15	汞	√	√	√	√	√	√	√⑦	—
16	铜、铅、锌、镉、镍、铬	√	√	√	√	√	√	√	—
17	六价铬	√	√	√	√	√	√	—	—
18	砷	√	√	√	√	√	√	√	—
19	硒	√	√	√	√	√	√	√	—

序号	项目	容器检查②	现场空白	现场平行	实验平行	加标回收③	标样控制④	留样复测⑤	其他⑥
20	氰化物	√	√	√	√	—	√	—	—
21	硫化物	√	√	√	√	—	√	—	—
22	挥发性酚	√	√	√	√	—	√	—	—
23	石油类	√	√	—	—	—	√	—	—
24	六六六	√	√	√	√	√	√	√	—
25	滴滴涕	√	√	√	√	√	√	√	—
26	马拉硫酸	√	√	√	√	√	√	√	—
27	甲基对硫磷	√	√	√	√	√	√	√	—
28	苯并[*a*]芘	√	√	√	√	√	√	√	—
29	阴离子表面活性剂	√	√	√	√	—	√	—	—
30	盐度	—	√	√	√	—	√	√	现场测试的仪器校准
31	电导率	√	—	—	—	—	—	—	仪器校准
32	活性硅酸盐	√	√	√	√	√	√	√⑦	—
33	总氮	√	√	√	√	√	√	—	—
34	总磷	√	√	√	√	√	√	—	—
35	多氯联苯	√	√	√	√	√	√	√	—
36	多环芳烃	√	√	√	√	√	√	√	—
37	狄氏剂	√	√	√	√	√	√	√	—

注：①质控方法根据项目的特性和保存时间等确定其适用性。
②按照 HJ 442.1，抽测检查清洗后的采样容器。
③加标回收率样品的加标量应为水质样品浓度的 0.5～3 倍。
④部分项目目前暂不能获得标准样品（标准物质、质控样），但从技术角度为可实施。
⑤根据表 7-1 的样品保存方法和保存时间，确定留样的有效时间；保存时间少于 48 h 的，一般不采用本方法。
⑥主要指现场测试或快速测定方法的质控要求。
⑦–20℃冷冻保存，并能及时分析样品。

6.8.2 水质样品采集质量控制要求

水质样品采集的质量控制与实验室分析内部他控相结合，属于实验室内部质量控制的他控方法。一般由质控人员负责安排和检查；实验室分析人员根据质控人员安排进行分析；质控人员负责结果评价。

①样品瓶空白检查。抽查 10%（不得少于 2 个）洗涤后的样品瓶进行空白测试，当测定结果大于检出限，应查找原因，若是由试剂引起，则更换试剂，若是由样品瓶引起的，则该批项目样品瓶须重新洗涤，直至测试合格。

②水质采样应在前甲板采集，以减少污染影响。

③水质样品采集过程采用现场空白样、现场平行样、现场加标样进行样品采集、贮运过程中的质量控制；采样质量控制样品数量应为水样总数的 10%～20%，其固定剂的添加、运输保存、分析与样品同等处理。

④现场空白样，一批不得少于 1 个，测定结果应小于该项目分析方法的最低检出限，并与实验室空白比较无显著差异。现场平行样应占样品总量的 10%以上，每批样品不少于 1 个。

⑤现场加标样或质控样应占样品总量的 10%以上，每批样品不少于 1 个。

⑥现场平行样、现场加标样的合格判定，一般按照采用的标准方法要求范围执行，对标准方法无要求的可按表 6-2 参考执行；标准样品/标准物质、质控样的合格判定，一般按照标准样品/标准物质或质控样标准范围执行，对标准样品/标准物质或质控样标准值范围严于标准方法要求，或标准样品/标准物质或质控样标准值范围严于表 6-2 要求的，可参考标准方法要求或表 6-2 参考执行。

表 6-2　实验室质量控制参考标准

分析结果所在数量级	精密度/%			准确度/%		
	平行双样相对偏差	室内相对标准偏差	室间相对标准偏差	加标回收率	室内相对误差	室间相对误差
100 mg/L	1.0	≤5	≤10	95～105	≤±5	≤±10
10 mg/L	2.5	≤5	≤10	90～110	≤±5	≤±10
1 mg/L	5	≤10	≤15	90～110	≤±10	≤±15
0.1 mg/L	10	≤10	≤15	80～110	≤±10	≤±15
0.01 mg/L	20	≤15	≤20	60～110	≤±15	≤±20
0.001 mg/L	30	≤15	≤20	60～120	≤±15	≤±20
0.000 1 mg/L	50	≤20	≤25	60～120	≤±20	≤±25

⑦对于特殊项目，按照 GB 6920 的要求和方法，pH 测量值应控制在实际值的 0.1（pH）范围内；粪大肠菌群有精密度评价标准为 3.27*R*（参见 HJ 442.6），与数量级无关；悬浮物的两次称量的重量差≤0.4 mg。

6.8.3 实验室内部质量控制

6.8.3.1 实验分析人员自我质量控制

①水质监测实验室分析人员自我质量控制亦采用平行样分析、加标样分析、标准样品/标准物质或质控样分析等方法。

②平行样测定应为2个以上，当样品数量少于10个时，每批样品至少分析1个(组)。

③加标样、标准样品/标准物质或质控样测定应为2个以上。当样品数量少于10个时，每批样品测定数不少于1个（组）。

④分析平行样、加标样、标准样品/标准物质或质控样时，一般应在标准曲线（或工作曲线）完成或核对后，分析1个，在样品分析至1/2数量时分析1个；当只加入平行样、加标样、标准样品/标准物质或质控样各1个时，一般加在样品分析前分析。

⑤样品加标回收率，不得超出方法给出的范围值，加标量应控制在实际样品浓度水平的0.5～3倍。

⑥准确度检查一般按照采用的标准方法要求和标准样品/标准物质或质控样标准范围判断；对标准方法无要求、标准样品/标准物质或质控样标准值范围小于标准方法要求的，标准样品/标准物质或质控样标准值范围严于表6-2要求的，可参考表6-2要求执行。

⑦精密度检查一般采用平行样测定，按标准方法要求判断，方法无要求的可参考表6-2要求判断。

6.8.3.2 实验室质控人员质量控制

监测单位的质量控制人员应根据 HJ 630 相关制度要求，开展监测前准备、采样、分析直至数据上报全过程的各项质量控制活动。包括制定和执行相关规定、针对使用的每个分析方法制定操作规程或使用国家或行业颁布的操作规程、通过质量控制手段（包括分析标准样品/标准物质或质控样，分析平行样、空白或全程序空白、加标样等）检查和审核分析过程结果，及时发现和解决问题，适时组织监测培训和提出相应建议等。

6.8.3.3 实验室内部他控要求

实验室他控是专职质控人员对监测质量进行控制的方法，包括：

①水质监测实验室质量控制采用对容器检查控制清洗容器符合质量控制要求，通过密码平行样分析、加标样分析、标准样品/标准物质或质控样分析等方法检查。

②每批清洗容器检查应抽取10%或不少于2个，污染因子测定结果应为小于检出限。

③加标样、标准样品/标准物质或质控样测定率应达到 10%以上。当样品数量少于10个时，每批样品测定数不少于1个（组）；样品加标回收率，不得超出方法给出的范围值，加标量应控制在实际样品浓度水平的0.5～3倍。

④水质监测的准确度和精密度检查采用密码标准样品/标准物质、质控样、加标回收样、平行样进行，参照6.8.3相关规定执行。

6.8.4 实验室外部质量控制

承担近岸海域环境监测的单位或机构，一般应按业务或技术要求，参加实验室能力验证、质量控制程序和操作检查、外部密码样检查、比对和抽测等活动。

6.8.5 叶绿素 a 分析

①叶绿素 a 取 10%～20%的样品进行平行双样分析，其平行双样相对偏差要求同水质；

②检出限的确定按 HJ 168 执行。

6.9 记录要求

6.9.1 基本要求

①现场监测、采样、样品保存、样品运输、样品交接、样品处理和实验室分析的原始记录是监测工作的重要技术资料，应在记录表格或记录本上按规定格式对各栏目认真填写。记录表（本）应统一编号，个人不得擅自销毁，用毕按其保存价值分类归档保存。

②原始记录应字迹端正，不得涂抹、不得撕页，若修改按⑤要求执行。

③原始记录必须有测试人、校核人和审核人签名。

④监测结果报出应有汇总或制表人、审核人及审定人签名。

⑤测试结果未检出的，用方法检出限（数值）加L表示。

⑥采集、交接与实验记录应在现场采样、交接和实验时填写。填写字迹应整齐清楚，项目完整，不应有空项；对表格中未涉及的项目应填写“—”。

⑦对于自动化或由计算机（专用记录设备）打出的分析记录纸质结果，应与记录表一同作为原始记录存档。

6.9.2 采样记录

记录由采样人填写，2 名采样人员签字，并由审核人审核。现场其他未尽事宜应在原始记录中加以备注。

海上采样原始工作记录应使用硬质铅笔书写，采样结束后应使用签字笔或钢笔将原始记录誊写或复印，与原始采样记录一并存档。

6.9.3 样品交接记录

样品交接记录应记录样品（包括实际样品和密码质控样品）交接时的样品状态、数量以及异常情况。

样品交接记录应由送样人与接收人共同填写并签字确认。

6.9.4 样品分析记录

样品分析记录应包括分析过程的所有信息并能够在事后反映样品分析的所有信息。

实验记录由分析人填写并签字，在实验完成当天由负责校核人员检查并签字，再由审核人员审定并签字。

6.9.5 记录的修改

记录如需修改应划线杠改，在错的数字上画一横线，将正确数字补写在其上方，并在其右下方盖章或签名。

6.10 数据与信息的报出和档案

相关记录按照要求，纸质汇总表及其电子文档，应由录入人员录入后检查并签字（填表人），由复核人（或审核人）复核检查后签字，再由审定人审定签字后报出和存档。

编写人员：
邢巍巍（辽宁省大连生态环境监测中心）
吴　群（辽宁省大连生态环境监测中心）
包艳英（辽宁省大连生态环境监测中心）

第3篇

样品采集与保存

第7章 样品采集、保存与运输

本方法依据《海洋监测规范 第 3 部分：样品采集、贮存与运输》（GB 17378.3—2007）、《海洋监测规范 第4部分：海水分析》（GB 17378.4—2007）、《海洋调查规范 第4部分：海水化学要素调查》（GB/T 12763.4—2007）和《近岸海域环境监测规范》（HJ 442—2008）编写，作为全国近岸海域水质监测统一方法使用。方法在标准 GB 17378.3—2007、GB 17378.4—2007、GB/T 12763.4—2007 和 HJ 442—2008 基础上，补充了相关规定和注意事项，以便减少监测执行单位在方法使用中的差别。

7.1 目的

确保样品采集、保存与运输活动符合技术要求，保证采集样品的代表性和完整性，有效控制运输和样品流转过程。

7.2 适用范围

适用于近岸海域海水水质样品采集、保存和运输中各环节的控制。

7.3 准备工作

7.3.1 采样站位定位

导航定位设备一般采用全球定位系统（GPS）或北斗卫星导航系统（BDS），定位设备应按照规定定期进行校准和性能测试，标定其系统参数。定位时尽量采用船载定位系统进行定位，使用手持定位系统时，需要与船载定位系统进行比对，偏差不超过 10 m。经纬度记录采用度方式记录，精确到小数点后 4 位，如“东经 120.0000°，北纬 38.0000°”。

7.3.2 样品采集的质量控制

采样应至少 2 人，明确分工，按照 HJ 442 的要求和程序，开展水质、沉积物、生物、生物质量、入海河流和直排海污染源相关监测的采样，记录现场情况。其中记录的现场情况应包含全部采集样品的位置、环境、采集过程和样品性质描述方面的信息。

7.3.3 样品编码与交接

所有样品均应有唯一性编码，并清晰记录。

样品编码制定原则：每个样品必须确定唯一编码；质控人员现场或在实验室接收时，可以根据质量控制要求另行编码并与唯一编码对应；分析人员应了解样品基本性质但不应获知具体来源；分析出结果后解码，唯一性编码对应的样品信息完整。

具体编码规则一般由各实施监测的单位制定。

7.3.4 样品容器的选择和洗涤

7.3.4.1 样品容器的选择原则

采样、样品保存容器选择决定样品在分析前是否发生物理、化学和生物等反应，影响分析的准确性。在选择容器时应考虑以下因素：

①容器的材质应化学稳定性强，不与被测组分发生反应、不吸收或不吸附待测组分，便于清洗，并具有一定的抗震性，能适应较大的温差变化，封口严密。

②一般选择由硬质玻璃和聚乙烯等稳定性强的材料制成的样品容器。大多数含无机成分的样品，多采用聚乙烯、聚四氟乙烯和多碳酸酯聚合物材质制成的容器。常用的高密度聚乙烯，适合于水中硅酸盐、钠盐、总碱度、氯化物、电导率、pH 等样品贮存。对光敏物质多使用吸光玻璃质材料，如棕色瓶，必要时采用锡箔等遮光。常用玻璃质容器适合于有机化合物和生物样品的贮存。塑料容器适合于放射性核素和大部分痕量元素及常规监测项目的水样贮存。带有氯丁橡胶圈和油质润滑阀门的容器不适合有机物和微生物样品的贮存。样品容器选择参见表 7-1，全项监测各项目与采样瓶规格对照见表 7-2。

表7-1 海水样品处理、保存和容器的洗涤

项目	容器①	容器洗涤②	样品量/mL	现场处理方式	保存方法	最长保存时间
pH	P、G	I	50	—	现场测定	—
水色	—	—	—	—	现场测定	—
粪大肠菌群	P、G	I	60	不应冲洗，直接采样	现场测定	2 h
					4℃冷藏	24 h
悬浮物	P、G	I	1 000	—	0～4℃冷藏，暗处保存，最好现场过滤	—
浊度	P、G	I	50	—	最好现场测定	—
					0～4℃冷藏，暗处保存	24 h
					加0.5% $HgCl_2$保存	22 d
溶解氧	G	I	50～250	—	碘量法加$MnCl_2$和碱性KI，现场测定；电极法现场测定	—
化学需氧量	P、G	I	300	直接测定③	最好现场测定	—
					0～4℃冷藏，加硫酸pH＜2	数小时
					−20℃冷冻	7 d
五日生化需氧量	G	I	1 000	—	最好现场测定，0～4℃冷藏或−20℃冷冻	6 h，或48 h
氨氮	P、G	II	50	0.45 μm滤膜过滤	现场测定或−20℃冷冻	数小时
					加氯仿0.2%，0～4℃冷藏	7 d
					＜20 μg/L	3 h
					＞20 μg/L	14 d
硝酸盐氮	P、G	II	50	0.45 μm滤膜过滤	现场测定	数小时
					或−20℃冷冻	30 d
亚硝酸盐氮	P、G	II	50	0.45 μm滤膜过滤	现场测定	3 h
					−20℃冷冻	7 d
活性硅酸盐	P	II	50	0.45 μm滤膜过滤	现场测定	数小时
					−20℃冷冻	60 d
活性磷酸盐	P、G	II	50	0.45 μm滤膜过滤	现场测定	数小时
					−20℃冷冻	60 d
有机氯农药	G	III	500	现场萃取	或加硫酸pH＜2，4℃冷藏	7 d
有机磷农药	G	III	500	现场萃取	或加硫酸pH＜2，0-4℃冷藏	7 d
狄氏剂	G	III	2 000	现场萃取	0～4℃冷藏	10 d
多氯联苯	G	III	2 000	现场萃取	0～4℃冷藏	7 d

项目	容器①	容器洗涤②	样品量/mL	现场处理方式	保存方法	最长保存时间
多环芳烃	A	III	2 000	现场萃取	0～4℃冷藏	7 d
挥发性酚	BG	I	500	—	加磷酸 pH＜4，加 1 g $CuSO_4$	24 h
氰化物	G	I	500	—	加 NaOH，pH＞12	24 h
硫化物	G	I	2 000	—	每升水样加 1 mL 50 g/L ZnAc	24 h
					加 2 mL 50 g/L ZnAc 和 2 mL 40 g/L NaOH	7 d
阴离子表面活性剂	G	III	500	—	—	24 h
					加硫酸 pH＜2	48 h
重金属	P	Ⅳ	500～1 000	0.45 μm 滤膜过滤	加硝酸，pH＜2	90 d
石油类	G	III	500～1 000	—	加硫酸 pH＜2，现场萃取后冷藏	48 h
					采样 4 h 内加硫酸 pH＜2，现场萃取后 0～4℃冷藏	20 d
汞	G BG	Ⅳ	100～500	直接测定③	加硫酸 pH＜2	90 d
砷	P	Ⅳ	50～200	0.45 μm 滤膜过滤	加硫酸 pH＜2	90 d
六价铬	P、G	Ⅳ	50～200	0.45 μm 滤膜过滤	加 NaOH，pH=9	24 h
总磷	P、G	II	50～200	—	0～4℃冷藏	24 h
					−20℃冷冻	60 d
总氮	P、G	II	50～500	—	加入 2 mL H_2SO_4，4℃冷藏	28 d
嗅和味	G	I	—	—	—	现场测定
盐度	P、G	I	250	—	—	现场测定或 90 d
氯化物	P、G	I	100	—	—	30
硒	P、G	Ⅳ	100～500	0.45 μm 滤膜过滤	加硝酸，pH＜2	90 d
叶绿素 a	P、G	I	250～4 000	—	−20℃冷冻	3.5 周

注：①P－聚乙烯容器或采样器；G－玻璃容器；BG－硼硅玻璃容器；A－琥珀色容器。

②洗涤方法 I 表示：洗涤剂洗 1 次，自来水 3 次，去离子水 2～3 次；

洗涤方法 II 表示：无磷洗涤剂洗 1 次，自来水 2 次，1+3 盐酸浸泡 24 h，去离子水清洗；

洗涤方法 III 表示：铬酸洗液洗 1 次，自来水 3 次，去离子水 2～3 次，萃取液 2 次；

洗涤方法Ⅳ表示：洗涤剂洗 1 次，自来水 2 次，1+3 硝酸浸泡 24 h，去离子水清洗。

③按标准应测试非过滤态样品，不经过滤直接按上表保存方法进行样品处理；若开展科研监测测试过滤态时，经 0.45 μm 滤膜过滤。

表 7-2　各监测项目与采样瓶规格对照表

序号	项目	容器	样品量/mL	采样容器规格/mL
1	悬浮物	P、G	1 000	1 000
2	化学需氧量	P、G	300	500
3	生化需氧量	G	1 000	1 000
4	无机氮、活性磷酸盐、活性硅酸盐	P、G	250	500
5	铜、铅、锌、镉、镍、硒、总铬	P	500～1 000	1 000
6	石油类	G	500～1 000	1 000
7	汞	G、BG	100～500	500
8	砷	P	50～200	250
9	六六六、滴滴涕、马拉硫磷、甲基对硫磷、多氯联苯	G	3 000	3 000
10	苯并[*a*]芘	A	2 000	2 000
11	挥发性酚	BG	500	500
12	氰化物	G	500	500
13	硫化物	G	2 000	2 000
14	阴离子表面活性剂	G	500	500
15	六价铬	P、G	50～200	250
16	粪大肠菌群、总大肠菌群	P、G	300	500
17	叶绿素 a	P、G	250～4 000	1 000

③一般装贮水样使用细口容器。容器封口材料与容器材质一致，封口瓶塞不得混用。在特殊情况下需要用木塞或橡皮塞时，必须用稳定的金属箔包裹。有机物和细菌样品容器不得用橡皮塞，碱性的液体样品容器不能用玻璃塞，禁止使用纸团和金属材料塞。

7.3.4.2　样品容器的洗涤

为了最大限度避免样品受沾污，容器必须彻底清洗，使用的洗涤剂种类取决于待测物质的组分。常见的容器洗涤方法见表 7-1。具体清洗要求如下。

①新采购的容器清洗：使用一般洗涤剂或无磷洗涤剂清洗时，先用软毛刷洗刷容器内外表面及盖子，用自来水冲洗干净，然后用符合监测项目分析要求的纯水冲洗 3 次。

②具塞玻璃瓶清洗：要注意磨口部位可能存在的溶出、吸附和附着现象的处理，对确实不能刷洗干净的容器不能用于采样。

③聚乙烯瓶清洗：特别注意吸附油分、重金属、沉淀物及有机物，对确实不能刷洗

干净的容器不能用于采样。

④贮存有机物水样的玻璃瓶清洗：用洗液或洗涤剂清洗烘干后，用纯化过的有机溶剂淋洗 3 次，阴干后分装在包装箱内，避免污染。

⑤海水重金属的样品瓶清洗：对所购的新样品瓶，包括用自来水和洗涤剂清洗尘埃和包装物质、用 1 mol/L 的盐酸溶液荡洗 2 次、用 1+3 硝酸溶液进行不少于 8 h 的浸泡、用蒸馏水淋洗 3 次。对于已使用过的重金属样品瓶，一般不可省去酸清洗浸泡程序。对用于保存低浓度海水、浓度较高海水和污染源样品的容器，应分别处理和存放，减少低浓度样品受到容器沾污影响的可能性。海水重金属的样品瓶应保证专瓶专用，避免使用铬酸洗涤液浸泡用于测定重金属的样品瓶。

⑥盐度、溶解氧的样品瓶清洗：一般用稀酸浸泡 24 h，用自来水冲洗，最后用蒸馏水洗净；测定无机氮、总有机碳和总磷样品瓶洗涤，一般依次用自来水、铬酸洗涤液、自来水漂洗，最后用蒸馏水洗净。

⑦油类的样品瓶洗涤：依次用自来水、铬酸洗涤，再用不含有机物的蒸馏水洗净，最后用脱芳石油醚洗涤 2 次，待有机溶剂挥发后，在 160℃烘箱内烘干 1 h。

⑧叶绿素 a、有毒藻类样品瓶的洗涤：依次用自来水和蒸馏水洗净。

⑨用于贮存检验细菌水样的容器：按一般方法清洗后，将容器置于高压锅中于 120℃并保持 15 min，或在 160℃烘箱内烘烤 2 h 予以灭菌。

⑩总磷样品瓶的洗涤：使用无磷洗涤剂清洗后，再用 50%的 2+1 浓盐酸和过氯酸浸泡 8 h，纯水洗净后，用铝箔盖住瓶口保存备用。

⑪贮存计数和生化分析的水样瓶：用硝酸溶液长时间浸泡，然后用蒸馏水淋洗以去除可能存在的重金属和铬酸盐残留物，如果待测定的有机成分需经萃取后进行测定，也可以用萃取剂处理玻璃瓶。

⑫测定阴离子表面活性剂样品瓶的洗涤：不可使用阴离子表面活性剂类型的洗涤剂洗涤。

⑬样品瓶要保证专瓶专用：低浓度样品瓶不要用于高浓度样品的采集，以避免交叉污染。样品瓶洗涤完毕后，再次使用前需检查空白。

7.4　样品采集

7.4.1　采样前环境情况检查

每次采样前，均应仔细检查装置的性能及采样点周围的状况。海上采样人员要经过专业培训，海洋作业严格按照安全要求进行。

7.4.2　采样

岸上采样：对流动的水体，采样人员站在岸边，必须面对水流动方向操作。若底部沉积物受到扰动，则不能继续取样。

船上采样：船上采样要防止船上各种污染源可能带来的影响；采痕量金属水样应尽量避免使用铁质或其他金属制成的容器；应逆风逆流采样，一般应在船头；表层采样，采集 0.1～1 m 水层水样；根据水深，采集中、底层水样，底层水样在离海底 1～2 m 范围取样。注意不可在被悬浮沉积物富集的底层水（一般为离海底 1 m 内）附近采集底层水样。采集水样时，应避免受船只螺旋桨剧烈搅动水体；当水体表面漂浮杂质时，应防止其进入采样器，否则重新采样；采集多层次深水水域的样品，按从浅到深的顺序采集；采水器容积不能一次完成采样时，可进行多次采样；测溶解氧、生化需要量、pH 等项目的水样，采样时需充满，避免残留空气对测项的干扰；其他测项，装水样至少留出容器体积 10%的空间，以便样品分析前充分摇匀；取样时，应沿样品瓶内壁注入，放水管不要插入液面下装样（溶解氧等特殊要求除外）；除现场测定项目外，样品采集后应按要求进行现场加保存剂，颠倒数次使保存剂在样品中均匀分散；水样取好后，仔细塞好瓶塞，不能有漏水现象。如将水样转送他处或不能立刻分析时，应用石蜡或水漆封口。

7.4.3　采样层次

对不同水深，采用采集不同层次样品的方法采集，采样层次按照《近岸海域环境监测规范》确定，见表 7-3。

表 7-3 采样层次要求

水深范围/m	标准层次
＜10	表层
10～25	表层，底层
＞25	原则上分 3 层，可视水深酌情加层

注：①表层系指海面以下 0.1～1 m。

②底层，对河口及港湾海域最好取离海底 2 m 的水层，深海或大风浪时可酌情增大离底层的距离。

7.4.4 现场采样操作的一般要求

①项目或技术负责人负责同船长协调海上作业与船舶航行的关系，在保证安全的前提下，航行应满足监测作业的需要。

②按监测方案要求，获取样品和资料。

③水样分装顺序的基本原则：不需过滤的样品先分装，需过滤的样品后分装；一般按悬浮物和溶解氧（生化需氧量）→pH→营养盐→重金属→化学需氧量（其他有机物测定项目）→叶绿素 a→浮游植物（水采样）的顺序进行；如化学需氧量和重金属汞需测试非过滤态，则按悬浮物和溶解氧（生化需氧量）→化学需氧量（其他有机物测定项目）→汞→pH→盐度→营养盐→其他重金属→叶绿素 a→浮游植物（水采样）的顺序进行。

水质全项监测样品分装顺序：生化需氧量，现场测定、冷藏或冷冻→化学需氧量，现场测定、冷藏或冷冻→挥发性酚，加磷酸 pH＜4，加 1 g $CuSO_4$→氰化物，加 NaOH 至 pH＞12→阴离子表面活性剂，加硫酸 pH＜2→硫化物，加 2 mL 50 g/L ZnAc 和 2 mL 40 g/L NaOH →六六六、滴滴涕、马拉硫磷、甲基对硫磷、多氯联苯，现场萃取或 0～4℃冷藏→苯并[*a*]芘，现场萃取或 0～4℃冷藏。

过滤样品分装顺序：悬浮物→叶绿素 a，–20℃冷冻→营养盐，现场测定，或–20℃冷冻→汞、砷，加硫酸至 pH＜2→六价铬，加 NaOH 至 pH=9→其他重金属，加硝酸至 pH＜2。

④在规定时间内完成应在海上现场测试的样品，同时做好非现场检测样品的预处理。

⑤采样事项：

- 船到达点位前 20 min，停止排污和冲洗甲板，关闭厕所通海管路，直至监测作业结束；
- 严禁用手沾污所采样品，防止样品瓶塞（盖）沾污；
- 观测和采样结束，应立即检查有无遗漏，然后方可通知船方起航；
- 在大雨等特殊气象条件下应停止海上采样工作；
- 遇赤潮和溢油等情况，应按应急监测规定要求进行跟踪监测。
- 样品要求：

表征某一环境只能通过尽量小的一部分，用以代表所要表征的整体。样品一旦采完，必须保持与采样时尽量相同的状态。

合格的样品要具有较高的代表性和真实性。必须对被监测的海域水体的采样断面、采样点、采样时间、采样频率及样品数目进行周密的考虑与设计，使样品经分析所得数据能够客观地表征水体的真实情况。

7.4.5　样品采集的一般步骤

由于海水以流动为特性的多变性和复杂性，为获得有代表性的水样，需要有选择性的快速采样技术和进一步规范采样程序。

7.4.5.1　单层采水器采样

将洗净并经特殊处理的样品瓶固定在采水器上，连接启瓶盖（塞）装置，检查各部位连接是否可靠；将采水器慢慢放入水体中；到达预定深度后，打开瓶盖（塞），从水面观察不坍塌冒气泡，样品瓶充满后迅速提出水面，盖上盖子，便获得所需样品。

7.4.5.2　GO-FLO 采水器采样

固定好采水器，检查固定是否牢靠，开启采水器锁合装置，关闭采水器出水口；将采水器放入水体中，应保持与水面垂直，当水深流急时，应加重铅锤的重量；采水器到达预定深度后，打开使锤使采水器锁合，稍停片段即可提出水面。在样品分装前，先放掉少量水样再分装；在采样过程中，避免碰撞和采样不当。

7.4.5.3 泵式采水器采样

连接采样装置，开启真空泵，堵住采水管的进水口，检查采样系统的密封性能；将采水管的进水口通过钢丝绳沉降到所需深度（一般由绞车操作），开启真空泵抽吸，当采样瓶中水样体积达到采水管内容积 5 倍以上后，关闭气路，将采样管内的水倒掉；将采水管上端插到采样瓶底部，以 1 L/min 的速度抽吸水样。待采样瓶充满水样后，关闭气路，迅速从采样瓶中取出水管，把水样分装到样品瓶中。

7.4.5.4 聚乙烯塑料桶采样

采样前先要用水样冲洗桶体 2～3 次。

采样时桶口迎着水流方向浸入水中，水充满桶后，应迅速提出水面，避免水面漂浮的物质进入采样桶（一般不用桶采样）。

7.4.6 特殊项目的采样步骤

7.4.6.1 溶解氧、生化需氧量样品的采集

单独采样。应用碘量法测定水中溶解氧，水样需直接采集到样品瓶中。采样时，要注意不使水样曝气或残存气体。如使用有机玻璃采水器、球阀式采水器、颠倒采水器等则必须防止搅动水体，溶解氧样品需最先采集。将乳胶管的一端接上玻璃管，另一端套在采水器的出水口，放出少量水样荡洗水样瓶 2 次；将玻璃管插到分析瓶底部，慢慢注入水样，待水样装满并溢出约为瓶子体积的 1/2 时，将玻璃管慢慢抽出（生化需氧量样品直接水封培养，培养结束后按照后续步骤进行操作）；立即用自动加液器（管尖靠近液面）依次注入 1.0 mL 氯化锰溶液和 1.0 mL 碱性碘化钾溶液（约 100 mL 样品）；塞紧瓶塞并用手抓住瓶塞和瓶底，缓慢地上下颠倒分析瓶 20 次，使样品与固定液充分混匀。等样品瓶内沉积物降至瓶体 2/3 以下时方可进行分析。如样品瓶泡在水中，允许存放 24 h。避免阳光直射和温度剧烈变化，如温差较大，应在 12 h 内测定。

7.4.6.2 pH 样品的采集

用少量水样荡洗水样瓶 2 次，慢慢将其充满，立即盖紧瓶塞，置于室内，等水样温

度接近室温时进行测定。如加 1 滴氯化汞溶液固定，盖好瓶盖，混合均匀，允许保存 24 h；初次使用的瓶子应洗净，用海水浸泡 1 d。

7.4.6.3　化学需氧量样品、浑浊度、悬浮物及残渣样品的采集

水样采集后，应尽快从采样器中放出样品；在水样装瓶的同时摇动采样器，防止悬浮物在采样器内沉降；除去非代表性杂质如树叶、柱状物等。

7.4.6.4　油类样品的采集

油类样品的采集应按照以下步骤：测定水中油含量应用单层采水器固定样品瓶在水体中直接灌装，采样后立即提出水面，在现场萃取；油类样品的容器不应预先用海水冲洗。

7.4.6.5　营养盐样品的采集

营养盐采样器用前须用 1 mol/L 盐酸溶液漂洗，依次用自来水、去离子水洗净，采样前须用海水漂洗，最好将采样器放在较深处，然后提到采样深度。

样品采集：采样器内不同层次有不同的浓度梯度，采样时先放掉少量水样，混匀后再分装样品；在采样时，要立即分装样品；在灌装样品时，样品瓶和盖至少洗两次（每次约为瓶容量的 1/10）；灌装水样量应是瓶容量的 3/4；过滤器要由 10～15 cm 软塑料管连接，以防沾污；采样时，要常换手套；防止船上排污水的污染、船体的扰动；防止空气污染，特别是防止船烟和吸烟者的污染。

过滤：为除去颗粒物质，水样须用 0.45 μm 滤膜过滤处理；过滤时，要防止人为（如手触及）的污染；过滤器不要用橡皮塞，过滤器注入水样后要盖上铝箔真空过滤。

在采集和处理过程中，不得同时开展使用氨水和硝酸等的实验和前处理，如应注意避免同时使用硝酸固定重金属，防止硝酸对营养盐样品的沾污。

7.4.6.6　重金属样品的采集

水样采集后，要防止现场大气降尘带来的沾污，尽快放出样品、过滤并装入采样瓶保存；防止采样器内样品中所含污染物随悬浮物的下沉而降低含量，灌装样品时必须边摇动采水器边灌装；立即用 0.45 μm 滤膜过滤处理，过滤后水样用硝酸酸化至 pH＜2，

塞上塞子存放在洁净环境中。在采集和样品过滤过程中，应特别避免任何可能出现的污染，如头屑和医用胶布对水样造成沾污。

7.4.6.7 汞样的采集

用硬质玻璃瓶装水样，分析时要采取严格的防沾污措施，避免来自周围环境的污染。水样用硫酸酸化至 pH＜2，塞紧塞子后存放在洁净的环境中。

7.4.6.8 挥发性有机化合物样品的采集

样品在灌装时应尽量避免产生气泡和搅动，并且要求水样充满瓶体，不留顶部空间，如有余氯可添加抗坏血酸去除，并用盐酸调节水样至 pH＜2，然后用带聚四氟乙烯衬垫的螺旋盖封瓶，放入冷藏箱保存。

近岸海域海水监测项目见图 7-1。

7.5 样品保存与运输

7.5.1 样品保存的基本要求

水样贮存基本要求根据保存目的和可能发生的变化确定，包括：

①抑制微生物作用；

②减缓化合物或络合物的水解及氧化还原作用；

③减少组分的挥发和吸附损失；

④防污染。

7.5.2 样品保存方法

样品的保存方法包括冷藏法、冷冻法、容器充满法和化学法等。

①冷藏法：样品在 4℃冷藏，在暗处贮存，冷藏贮存海水样品不能超过规定的保存期。冷藏法一般与其他方法结合使用，如化学法。

②冷冻法：将水样迅速冷冻至适宜温度，冷冻贮存海水样品时间一般较冷藏法长，但一般只用于重金属和无机等不受水样解冻影响测试的项目，且不能超过规定的保存期。

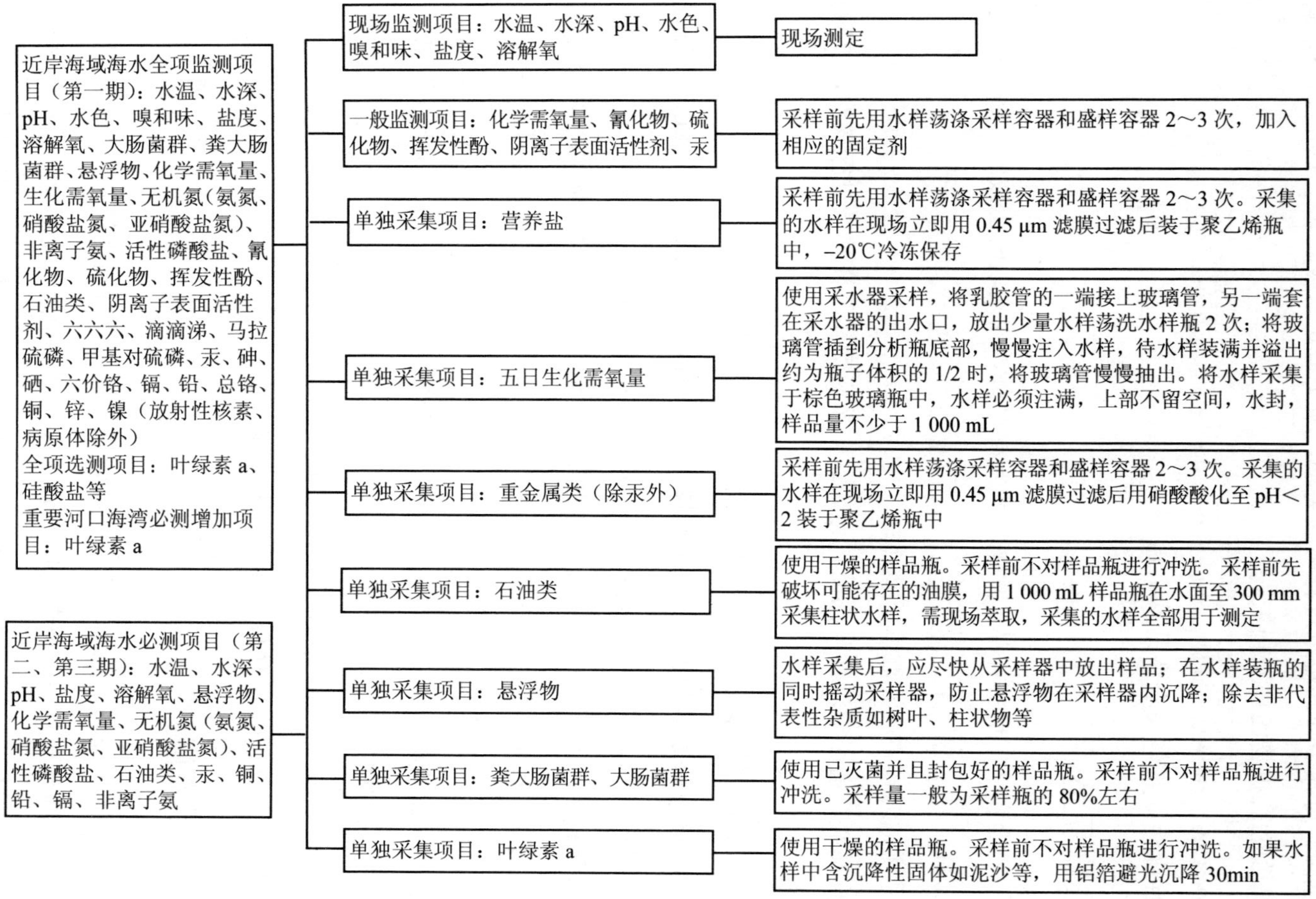

图 7-1　近岸海域海水监测项目

③容器充满法：采样时要使样品充满容器，盖紧塞子，加固不使其松动，保证样品上方无空隙，可减少样品运输过程中的晃动，减少低价铁被氧化、溶解气体被逸出、氰和氨及挥发性有机物的挥发损失。

④化学法：通过控制 pH，加抗菌剂、氧化剂和还原剂的方法，保证样品稳定。

水样保存的具体要求参见表 7-1。

7.5.3 样品运输

采样容器和采集后的样品，除现场测定样品外，应采取防止破碎、挤压措施，保持样品完整性。

样品运输过程中应注意以下几点：

①样品装运前必须逐件与样品登记表、样品标签和采样记录进行核对，核对无误后分类装箱；

②塑料容器要拧紧内外盖，贴好密封带；

③玻璃瓶要塞紧磨口塞，然后用铝箔包裹，样品包装要严密，装运中能耐颠簸；

④用隔板隔开玻璃容器，填满装运箱的空隙，使容器固定牢靠；

⑤溶解氧样品要用泡沫塑料等软物填充包装箱，以免振动和曝气，并要冷藏运输；

⑥不同季节应采取不同的保护措施，保证样品的运输环境条件；在装运的液体样品容器侧面上要粘贴上“此端向上”的标签，“易碎—玻璃”的标签应贴在箱顶上；

⑦样品运输应附有清单，清单上注明：实验室分析项目、样品种类和总数；

⑧设专门的样品保管室，并由专人负责样品及相应采样记录的交接，及时做好样品的保存与分析测试过程完成后的样品的清理；

⑨做好样品交接、保存与清理过程的记录。

7.5.4 样品交接

水样移交实验室时，应填写样品交接记录，样品管理员在认真清点样品状态、数目及检查标签正确无误后，送样者与接收者双方在交接记录单上签字，并按测试流转状态区存放样品。样品交接记录由双方各存一份备查。交接过程中如发现编号错乱、盛样容器种类不符合要求或采样不符合要求，应立即查明原因补采或重采；在无法重新采样时，应在数据上报或报告结果时说明情况。

分析人员接到样品后，应查看样品是否符合分析方法要求，若不符合，样品作废，需重新采集样品；在无法重新采样时，应在数据上报或报告结果时说明情况。

7.6　采样中的质量控制

海水样品采集过程中的质量保证是一项重要而又烦琐的工作。根据我国近期海洋环境监测的现状和所具备的条件，在海水采集过程中采用现场空白样、现场平行样和现场加标样等方法，对控制水样采集具有显著意义。常用质控方法见表 6-1。

7.6.1　现场空白样

指在采样现场或实验室以纯水作样品，按照测定项目的采样方法和要求，与样品相同条件下装瓶（开瓶）、保存、运输，直至送交实验室分析。通过将现场空白与室内空白测定结果相对照，掌握采样过程中操作步骤和环境条件对样品质量影响的状况。现场空白样所用的纯水，其制备方法及质量要求与室内空白样纯水相同。纯水要用洁净的专用容器，由采样人员带到采样现场，运输过程中应注意防止沾污。

现场空白样，一天不得少于 1 个，测定结果应小于该项目分析方法的最低检出限，并与实验室空白比较无显著差异。

7.6.2　现场平行样

指在同等采样条件下，采集平行双样密码送实验室分析。测定结果可反映采样与实验室测定的精密度。当实验室精密度受控时，主要反映采样过程的精密度变化状况。现场平行样要注意控制采样操作和条件的一致。对水质中非均相物质或分布不均匀的污染物，在样品灌装时摇动采样器，使样品保持均匀。现场平行样占样品总量的 10%以上，样品数量少于 10 个时，至少采集 1 组平行样。

7.6.3　现场加标样

现场加标样仅限于现场前处理或可以加标的现场测试项目。

现场加标样是取 1 组现场平行样，将实验室配制的一定浓度的被测物质的标准溶液，加入到其中一份水样中，另一份不加标。然后按样品要求进行处理送实验室分析或现成分析。将测定结果与实验室加标样对比，掌握测定对象在采样、运输过程中的变化和分析的准确性，或了解现场分析过程的准确性。现场加标除加标在采样现场进行、按样品要求处理外，还要求应和实验室内加标样一致。

用于现场前处理后送实验室分析的样品，现场使用的标准溶液与实验室使用的为同一标准溶液。现场加标应由熟练的质控人员或分析人员担任。现场质控样是指将标准样与样品基体组分接近的标准控制样，带到采样现场，按样品要求处理后与样品一起送实验室分析。现场加标样数量，一般控制在样品总量的10%左右，但每批样品至少1个。

7.6.4 采样设备和材料的防沾污注意事项

①现场测定应使用单独分样，测定结束后将样品抛弃，切不可送实验室作为其他项目分析样品；

②采样器、样品瓶等均须按规定的洗涤方法洗净，按规定容器、规定次序分装测样；

③现场作业前，要先进行保存试验和抽查器皿的洁净度；

④用于分装有机化合物的样品容器，洗涤后用 Teflon 或铝箔盖内衬，防止污染水样；

⑤采样时，不能用手、手套等接触样品瓶的内壁和瓶盖；

⑥样品瓶要防尘、防污、防烟雾和污垢，应置于清洁环境中；

⑦过滤膜及其设备须保持清洁，可用酸和其他洗涤剂清洗，并用洁净的铝箔包藏；

⑧消毒过的瓶子须保持无菌状况直到样品采集，如消毒纸或铝箔失效，或顶部封口被打破，应弃之；

⑨水样按规定贮存，不可被阳光暴晒或放置在发热源设备旁边及上方；

⑩采样人员的手必须保持清洁，采样时要戒烟；

⑪使用的酸和水样不能与外界物品接触，防止金属和其他物质的沾污；

⑫采样器可用海水广泛漂洗，或放在较深处再提到采样深度采样。

编写人员：

胡序朋（浙江省海洋生态环境监测中心）

任世军（浙江省海洋生态环境监测中心）

任朝兴（广西壮族自治区海洋环境监测中心站）

娄英斌（辽宁省大连生态环境监测中心）

第 4 篇

现场测试与环境记录

第8章 现场监测项目操作规程

8.1 透明度-透明圆盘法

本方法依据《海洋监测规范 第4部分：海水分析》（GB 17378.4—2007）（22 透明度透明圆盘法）编写，作为全国近岸海域水质监测统一方法使用。方法在 GB 17378.4—2007 标准基础上，补充了相关规定和注意事项，以便于减少监测执行单位在方法使用中的差别。

8.1.1 适用范围

本方法适用于大洋、近岸海水透明度的测定。

8.1.2 方法原理

海水透明度是指白色透明度盘在海水中的最大可见深度。透明度观测只在白天进行。观测地点应选在背阳光处，观测时须避免船只排出污水的影响。

透明度用透明度盘观测。透明度盘是一块漆成白色的木质或金属圆盘，直径 30 cm。盘下应拴有铅锤（约 5 kg），盘上系有绳索。绳索上标有以米为单位的长度记号，强索长度应根据海区透明度值大小而定，一般可取 30～50 m。

8.1.3 观测方法

在船主甲板的背阳光处，将透明度盘放入水中，沉至刚看不见的深度，然后再慢慢地提到隐约可见时，读取绳索在水面的标记数值（有波浪时应分别读取绳索在波峰和波谷处的标记数值），读到1位小数，重复2～3次，取其平均值，即为观测的透明度值，记入采样记录表中。若倾角超过 15°，则再进行深度校正。当绳索倾角过大时，盘下的铅锤应适当加重。

观测工作应在透明度盘的垂直上方进行。

8.1.4 注意事项

①出海前应检查透明度盘的绳索标记。新绳索使用前须经缩水处理（将绳索放在水中浸泡手拉紧晾干），使用过程中须增加校正次数。

②透明度盘应保持洁白，当油漆脱落或污脏时应重新油漆。

③每航次观测结束后，透明度盘应用淡水冲洗。绳索须用淡水浸洗，晾干后保存。

④人员安全：监测人员需要经过培训，考核合格后方可上岗。船上操作时注意防滑。

⑤设备安全：定期检查透明度盘与绳索的连接，防止透明度盘丢失。

8.2 水色-比色法

本方法依据《海洋监测规范 第 4 部分：海水分析》（GB 17378.4—2007）（21 水色比色法）编写，作为全国近岸海域水质监测统一方法使用。方法在 GB 17378.4—2007 标准基础上，补充了相关规定和注意事项，以便减少监测执行单位在方法使用中的差别。

8.2.1 适用范围

本方法适用于大洋、近岸海水水色的测定。

8.2.2 方法原理

海水水色是指位于透明度值一半的深度处，白色盘上所显现的海水颜色。水色的观测只在白天进行。观测地点应选在背阳光处。观测时应避免船只排出污水的影响。

水色根据水色计目测确定，水色计是由蓝色、黄色、褐色三种溶液按一定比例配成的 22 支不同色级，分别密封在 22 支内径 8 mm、长 100 mm 无色玻璃管内，置于敷有白色衬里两开的盒中。

8.2.3　观测方法

观测透明度后，将透明度盘提到透明度值一半的水层，根据透明度上所呈现的海水颜色，在水色计中找出与之最相似的色级号码，并记入观测记录表中。

8.2.4　注意事项

①观测时水色计内的玻璃管应与观测者的视线垂直。

②水色计必须保存在阴暗干燥处，切忌日光照射，以免褪色。每次观测结束后，应将水色计擦净并装在里红外黑的布套里。

③使用的水色计在 6 个月内至少应与标准水色计校准一次，如发现褪色现象，应及时更换。作为校准用的标准水色计（在同批出厂的水色计中，保留 1 盒），平时应始终装在里红外黑的布套里，并保存在阴暗干燥处。

8.3　嗅和味-感官法

本方法依据《海洋监测规范 第 4 部分：海水分析》（GB 17378.4—2007）（24 嗅和味感官法）编写，作为全国近岸海域水质监测统一方法使用。方法在 GB 17378.4—2007 标准基础上，补充了相关规定和注意事项，以便减少监测执行单位在方法使用中的差别。

8.3.1　适用范围

本方法适用于海水嗅和味的测定。

8.3.2　原水样的臭和味

取 100 mL 水样置于 250 mL 锥形瓶中，振荡后从瓶口嗅水的气味，用适当词句描述，并按强度等级表记录其强度。

与此同时，取少量水放入口中，不要咽下去，尝尝水的味道，加以描述，并按强度等级表记录强度，见表 8.1。原水的水味检定只适用于对人体健康无害的水样。

8.3.3 原水煮沸后的臭和味

将上述锥形瓶内的水样加热至开始沸腾，立即取下锥形瓶，稍冷后嗅味和尝味。按上法用适当词句描述其性质，并按强度等级表记录强度，见表 8-1。

表 8-1 嗅和味的强度等级

等级	强度	说明
0	无	无任何嗅和味
1	微弱	一般人甚难察觉，但嗅、味敏感者可以发觉
2	弱	一般人刚能察觉，嗅、味敏感者已能明显察觉
3	明显	能明显察觉
4	强	已有很明显的臭和味
5	很强	有强烈的恶臭或异味

8.4 水深-水深测量

本方法依据《海洋调查规范 第 2 部分：海洋水文观测》（GB/T 12763.2—2007）水深测量（4.8）编写，作为全国近岸海域水质监测统一方法使用。方法在 GB/T 12763.2—2007 标准基础上，补充了相关规定和注意事项，以便减少监测执行单位在方法使用中的差别。

8.4.1 适用范围

本方法适用于海上或河流调查时实时测量水深。

8.4.2 方法原理

回声测深仪的工作原理是利用换能器在水中发出声波，当声波遇到障碍物而反射回换能器时，根据声波往返的时间和所测水域中声波传播的速度，就可以求得障碍物与换能器之间的距离。

8.4.3　仪器和设备

①回深测深仪。

②钢丝绳。

8.4.4　测量方法

①船上配有回声测深仪时，直接根据测深仪显示读数记录测站的水深。

②如条件不具备或水深较浅，可采用钢丝绳测深法。

- 钢丝绳测深时，若钢丝绳倾斜，应用偏角器量取钢丝绳倾角。倾角超过 10°时，应进行钢丝绳的倾角订正。倾角较大时，应加大铅锤重量或利用其他方法使倾角尽量控制在 30°以内。
- 记录钢丝绳放出的长度和倾角，然后计算得出水深。

8.4.5　质量保证与控制

①深度测量误差为±2%。100 m 以内，记录取 1 位小数；超过 100 m，记录取整数。

②大面或断面测站，观测开始和结束时各测量 1 次；连续测站，每小时测量 1 次。

8.4.6　注意问题

①根据测深仪安装位置对水深进行必要的校正。

②人员安全：监测人员需要经过培训，考核合格后方可上岗。船上操作时注意防滑。

③设备安全：定期检查铅锤与钢丝绳的连接，防止铅锤丢失。

8.5　水温

8.5.1　水温-表层水温表法

本方法依据《海洋监测规范　第 4 部分：海水分析》（GB 17378.4—2007）（25.1 水温表层水温表法）编写，作为全国近岸海域水质监测统一方法使用。方法在 GB 17378.4—2007 标准基础上，补充了相关规定和注意事项，以便减少监测执行单位在方法使用中的差别。

8.5.1.1 适用范围

表层水温表用于测量海洋、湖泊、河流、水库等的表层水温，它由测量范围为–5～40℃，分度为 0.2℃的玻璃水银温度表和铜质外壳组成。

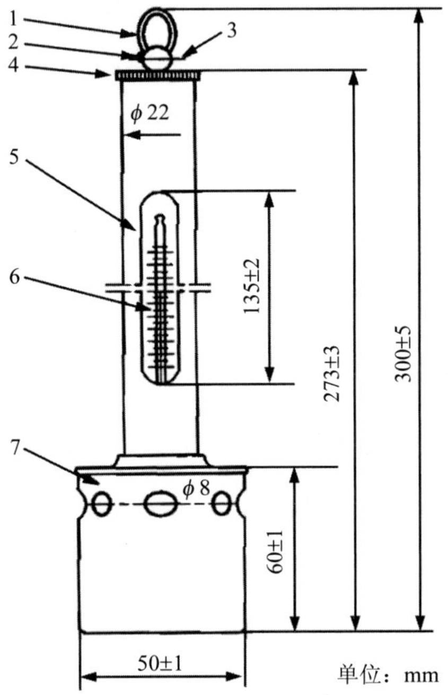

1—提环；2—销钉；3—开口销；4—帽头；5—表管；6—温度表；7—贮水筒

图 8-1 表层水温表示意图

8.5.1.2 测量方法

用表层水温表测量时应先将金属管上端的提环用绳子拴住，在离船舷 0.5 m 以外的地方放入 0～1 m 水层中，待与外部的水温达到热平衡之后，即感温 3 min 左右，迅速提出水面读数，然后将筒内的水倒掉，把该表重新放入水中，再测量一次，将两次测量的平均值按检定规程修订后，即为表层水温的实测值。

风浪较大时，可用水桶取水进行测量，测量时把表层水温表放入水桶内，感温 1～

2 min 后，将水桶和表管中的水倒掉，重新取水，将该表再放入水桶中，感温 3 min 读数，然后过 1 min 再读数，当气温高于水温时，把两次读数偏低的一次读数，按检定规程修订后的值，即为表层水温的实测值。反之，把两次读数偏高的一次读数，按检定规程修订后的值，即为表层水温的实测值。

8.5.1.3　注意事项

①测温要避开船只排水的影响。

②读数时视线与表层水温表的毛细管顶端处在同一水平面，还要避免阳光直接照射。

③冬季采的水不应带有冰块或雪球。

④水桶由不易传热的材料制成，其容量为 5～10 L。

⑤表层温度表必须按检定规程进行定期检定。

8.5.2　水温-颠倒温度表法

本方法依据《海洋监测规范　第 4 部分：海水分析》（GB 17378.4—2007）（25.2 水温颠倒温度表法）编写，作为全国近岸海域水质监测统一方法使用。方法在 GB 17378.4—2007 标准基础上，补充了相关规定和注意事项，以便减少监测执行单位在方法使用中的差别。

8.5.2.1　适用范围

本方法适用于大洋、近岸、河口等海域表层以下水温的现场测定。

8.5.2.2　仪器和设备

标准层水温通常用颠倒温度表和颠倒采水器配合进行观测。颠倒温度表分为闭端颠倒温度表和开端颠倒温度表。闭端颠倒温度表用以测量海水温度；开端颠倒温度表与闭端颠倒温度表配合使用，测量颠倒处的深度。颠倒温度表主副温度表的主要技术指标见表 8-2。

表 8-2 主副温度的主要规格

型式	主温度表/℃		副温度表/℃		最大使用深度/m
	示值范围	分度值	示值范围	分度值	
闭端颠倒温度表	−2～32	0.1	−20～+50	0.5	3 500
	−2～15	0.05	−20～+50	0.5	6 000
	0～6	0.02	−20～+50	0.5	10 000
	“0” 15～40	0.1	−20～50	0.5	2 500
开端颠倒温度表	−2～32	0.1	—	—	—
	−2～60	0.2	−20～+50	0.5	—
	“0” 30～60	0.1	—	—	—
	“0” 30～60	0.2	—	—	—

8.5.2.3 操作使用方法

（1）使用前的检查

使用前应进行以下各项的检查：①检查颠倒温度表的检定证书，内容应完整，在有效期内；②检查所用颠倒温度表是否合格；③经检查确认合格的颠倒温度表，在同一采水器上放 2 支闭端颠倒温度表的情况下，要做配对工作。挑选 V_0 值接近、外形尺寸相近的两支配对使用。

（2）安装

①颠倒采水器按编号顺序自左向右安置在采水器架上。

②挑选 V_0 和器差相近的两支闭端温度表，装在同一采水器的温度表管内，当水深超过 200 m 时，要装一支开端颠倒温度表。

（3）操作步骤

①根据调查和监测要求确定观测层次，并将各层次的采水器号、温度表号和 V_0 值记入水温观测记录表中。

②将预测底层的采水器挂在离重锤 1 m 的钢丝绳上，当钢丝绳端的重锤降至海面时，将计数器指针拨至 0。

③依各水层的间距 h 和计数器校正系数 A，查表 8-3 求得各水层的计数器示值，其式为：$L=h+a$。

然后根据计数器示数将预定各层的采水器相继挂在钢丝绳上，并挂好使锤。每挂一个采水器，检查固定是否牢固，水龙头、气门是否关好。

表 8-3　计数器校正值（a）表（挂采水器用）

校正系数（A）	水深/m									
	5	10	15	20	25	30	35	40	45	50
0.97	+0.1	+0.3	+0.4	+0.6	+0.7	+0.9	+1.0	+1.2	+1.3	+1.4
0.98	+0.1	+0.2	+0.3	+0.4	+0.5	+0.6	+0.7	+0.8	+0.9	+1.0
0.99	0.0	+0.1	+0.1	+0.2	+0.2	+0.3	+0.3	+0.4	+0.4	+0.5
1.00	0.0	0.0	0.0	0.0	0.0	0.0	0.0	0.0	0.0	0.0
1.01	0.0	−0.1	−0.1	−0.2	−0.2	−0.3	−0.3	−0.4	−0.4	−0.5
1.02	−0.1	−0.2	−0.3	−0.4	−0.5	−0.6	−0.7	−0.8	−0.9	−1.0
1.03	−0.1	−0.3	−0.4	−0.6	−0.7	−0.9	−1.0	−1.2	−1.3	−1.4

④在水深小于 200 m 的海区，悬挂采水器的钢丝绳倾角小于 15°时，查《海洋水文常用表》中的表 1-2，得出底层采水器所在深度。

在水深大于 200 m 的海区，应根据当时的钢丝绳倾斜情况，适当增加两个采水器之间的距离，使采水器所在的实际深度尽量接近标准层深度。

⑤温度表感温 7 min 后，测量钢丝绳倾角，投下“使锤”，并将倾角和打锤时间，记入水温观测记录表中，打锤后应手触钢丝绳，默数振动次数，每个采水器振动两次，如果次数不够，用力摇动钢丝绳使“使锤”释放。当感觉不到振动时，可依“使锤”的滑行速度，估算底层采水器的颠倒时间。

⑥待采水器全部颠倒后，依次提取，并逐个核对计数器示数，然后将采水器由左至右置于采水器架上，立即读取水温，并记入水温观测记录表中 I 栏内。

⑦取完水样后，进行第二次读数，并记入水温观测记录表 II 栏内。然后换人重读一次，若同一支颠倒温度表的主温两人读数相差大于 0.02℃，应重读。

⑧读数完毕，要检查记录，并与深度温度计记录或相邻测站的记录进行比较分析，如属可疑，应立即重测。

⑨观测结束，正置采水器，并关闭水龙头和气门。

8.5.2.4 测量记录整理

（1）温度表的器差修正

根据主、副温度表的第二次读数，分别查主、副温度表的器差表，填入水温观测记录表中。

（2）颠倒温度表的还原修正

闭端颠倒温度表的还原修正值（k）按下式计算：

$$k=\frac{(T-t)(T+V_0)}{n}\left(1+\frac{T-V_0}{n}\right) \tag{8-1}$$

式中，T——主温度表经器差修订后的读数，℃；

t——副温度表经器差修订后的读数，℃；

V_0——主温度表从接受泡到 0℃刻度处的水银容积，℃；

$\frac{1}{n}$——水银与玻璃的相对体膨胀系数，通常取值 6 300。

开端颠倒温度表的还原修正值（k）按下式计算：

$$k=\frac{(T_w-t')(T'+V_0')}{n}\left(1+\frac{T_w-t'}{2n}\right) \tag{8-2}$$

式中，T_w——闭端颠倒温度表经器差和还原修正后的主温度表的读数，℃；

t'——开端颠倒温度表的副温度表经器差修正后的读数，℃；

T'——开端颠倒温度表的主温度表经器差修正后的读数，℃；

V_0'——开端颠倒温度表中主温度表从接受泡到 0℃处水银的容积，℃；

$\frac{1}{n}$——开端颠倒温度表的玻璃的相对体膨胀系数。

注：玻璃的相对体膨胀系数一般为 1/6 300，如果不为 1/6 300 的，查《海洋学水文常用表》时，要加 Δk 的修正值，其公式为：

$$\Delta k=\frac{k(n-6\,300)}{6\,300} \tag{8-3}$$

式中，k——海洋水文常用表中查得的颠倒表还原修正值，℃；

n——颠倒温度表玻璃的相对体膨胀系数的倒数。

（3）观测层水温的确定

两支颠倒温度表的主温度表读数经器差和还原修正后，即为各自的实测水温，然后根据两温度表的实测值，确定观测层的水温。

当两支颠倒温度表的温差超过 0.06℃时，要查看第一次读数，而确定其认为可靠的一支颠倒温度表值为观测层水温值。

当两支颠倒温度表的温差不超过 0.06℃时，取其温度的平均值作为观测水温值。

（4）采水器沉放深度的确定

小于 200 m 的水层，根据各层放出绳长 L 确定采水器的沉放深度。当钢丝绳倾角大于或等于 15°时，可由放出绳长和倾角查《海洋水文常用表》中的表 1-2，得到采水器的实际沉放深度。

大于 200 m 的水层，根据各层开端和闭端颠倒温度表的温差，先求得各采水器的计算深度再经深度修正，便得沉放深度。

沉放深度按下式计算：

$$H=\frac{10^6(T_u-T_w)}{\overline{\rho}\cdot\beta\cdot g} \tag{8-4}$$

式中，T_u——开端颠倒温度表的温度值，℃；

T_w——闭端颠倒温度表的温度值，℃；

β——颠倒温度表的压力系数，C/MPa；

$\overline{\rho}$——水柱的平均密度，kg/m^3；

注：$\overline{\rho}=\frac{\sum_{i=1}^{n}\rho_i h_i}{\sum_{i=1}^{n}h_i}$，也可以通过查表得到。（8-5）

g——当地重力加速度，可采用参考值 9.8 m/s^2。

8.5.2.5　颠倒温度表的故障及排除

（1）不回流故障的排除

温度表复正后，如果接受泡的水银部分或全部不回流，用手轻拍温度表或采水器，此后如果水银全部回流，温度表可继续使用，如水银未全部回流，按下述方法处理。

①手握贮蓄泡一端复正温度表，以手腕用力做 90°甩动，或用橡皮槌轻击接受泡一端，使水银下落。

②如上述动作重复多次仍无效果，则把整支温度表浸在 75℃的水中，10 min 后取出，仍重复步骤①方法使水银下降，仍无效果时，就将温度表贮蓄泡浸在冰水里，对接受泡加热，当水银膨胀到最高和收缩到最低位置时，取出温度表，握住贮蓄泡一端，将其复正，并用手或橡皮槌轻击接受泡一端，然后将温度表分别在热水和冷水里颠倒几次，以防故障重现。

（2）气体进入毛细管的排除

将贮蓄泡一端浸在冰水里，找出气泡所在毛细管中的位置。

突然复正温度表，使被隔断的水银汇合，即气泡消除。否则，应重复步骤①操作，直到气泡消除为止。

8.5.2.6 注意事项

①测量完毕，应将采水器和温度表用淡水洗净，擦干。采水器的转动部分涂上黄油，然后分别装箱。

②温度表贮存时，贮蓄泡必须朝下垂直放置。

③温度表必须按期进行检定。

8.6 水温和盐度——温盐深仪（CTD）法

本方法依据《海洋调查规范 第 2 部分：海洋水文观测》（GB/T 12763.2—2007）（5 水温温盐深仪，即 CTD 法）和《海洋调查规范 第 2 部分：海洋水文观测》（GB/T 12763.2—2007）（6 盐度温盐深仪，即 CTD 法）编写，作为全国近岸海域水质监测统一方法使用。方法在 GB/T 12763.2—2007 标准基础上，补充了相关规定和注意事项，以便减少监测执行单位在方法使用中的差别。

8.6.1 适用范围

本方法适用于大洋、近岸、河口等海域不同深度水温、盐度的现场测定。

8.6.2 仪器和设备

①温盐深仪：分实时显示和自容式两大类。

②与温盐深仪配套使用的绞车。

8.6.3　观测步骤和要求

CTD 仪操作主要包括室内和室外操作两大部分。前者主要是控制作业进程，后者则是收放水下单元，但两者应密切配合、协调进行。

①仪器状态检查和准备工作：连接电脑和 CTD 仪，根据仪器使用说明检查仪器状态（电压、内存等），必要时需更换电池保证仪器正常运行。设定采样频率等参数后备用。

②投放仪器前应确认机械连接牢固可靠，水下单元和采水器水密情况良好。待整机调试至正常工作状态后开始投放仪器。

③打开开关，将水下单元吊放至海面以下，使传感器浸入水中感温 3～5 min。对于实时显示 CTD，观测前应记下探头在水面时的深度（或压强值）；对自容式 CTD，应根据取样间隔确认在水面已记录了至少 3 组数据后方可下降进行观测。

④根据现场水深和所使用的仪器型号确定探头的下放速度。一般应控制在 1.0 m/s 左右。在深海季节温跃层以下下降速度可以稍快些，但以不超过 1.5 m/s 为宜。在一次观测中，仪器下放速度应保持稳定。若船只摇摆剧烈，可适当增加下放速度，以避免在观测数据中出现较多的深度（或压强）逆变。

⑤为保证测量数据的质量，取仪器下放时获取的数据为正式测量值，仪器上升时获取的数据作为水温盐度数据处理时的参考值。

⑥获取的记录应立即读取或查看。如发现缺测数据、异常数据、记录曲线间断或不清晰时应立即补测。如确认测量数据失真，应检查探头，找出原因，排除故障。

8.6.4　资料处理

CTD 资料的处理原则上按照仪器制造公司提供的数据处理软件实施。其基本规则和步骤如下：

①将仪器采集的原始数据转换成压力、温度及电导率数据；

②对资料进行编辑；

③对资料进行质量控制，主要包括剔除坏值、校正压强零点以及对逆压数据进行处理等；

④进行各传感器之间的延时滞后处理；

⑤取下放仪器时观测的数据计算温度和盐度，并按规定的标准层深度记存数据。

8.6.5 注意事项

①释放仪器应在迎风舷，避免仪器压入船底。观测位置应避开机舱排污口及其他污染源。

②探头出入水时应特别注意防止和船体碰撞。在浅水区作业时，还应防止仪器触底。

③利用 CTD 测水温时，每天至少应选择一个比较均匀的水层与颠倒温度表的测量结果比对一次。如发现 CTD 测量结果达不到所要求的准确度，应及时检查仪器，必要时更换传感器。

④利用 CTD 测量盐度时，每天至少应选择一个比较均匀的水层，与利用实验室盐度计对海水样品的测量结果比对一次。深水区测量盐度时，每天还应采集水样，以便进行现场标定。如发现 CTD 测量结果达不到所要求的准确度，应及时检查仪器，必要时更换传感器。

⑤CTD 的温度、电导率传感器应保持清洁。每次观测完毕，都须用蒸馏水（或去离子水）冲洗干净，不能残留盐粒或污物。探头应放置在阴凉处，切忌暴晒。

⑥每个航次出海调查前需对仪器进行校准。出海期间最好带两台 CTD 仪，一台使用，一台备用。

8.7 pH-pH 计法

本方法依据《海洋监测规范 第 4 部分：海水分析》(GB 17378.4—2007)(26 pH-pH 计法）编写，作为全国近岸海域水质监测统一方法使用。方法在 GB 17378.4—2007 标准基础上，补充了相关规定和注意事项，以便减少监测执行单位在方法使用中的差别。

8.7.1 适用范围

本法适用于大洋和近岸海水 pH 的测定。

8.7.2 方法原理

将玻璃-甘汞电极对插入水样中，组成电池，则水样的 pH 与该电池的电动势（E）有如下线性关系下式：

$$pH_s = A + \frac{E_x}{2.302\,6RT/F} \tag{8-6}$$

当玻璃-甘汞电极对插入标准缓冲溶液时，则得：

$$A = pH_s - \frac{E_s}{2.302\,6RT/F} \tag{8-7}$$

在同一温度下，分别测定同一电极对在标准缓冲溶液和水样中的电动势，则水样的 pH 为：

$$pH_x = pH_s + \frac{E_x \times E_s}{2.302\,6RT/F} \tag{8-8}$$

式中，pH_x——水样的 pH；

pH_s——标准缓冲溶液的 pH；

E_x——玻璃-甘汞电极对插入水样的电动势；

E_s——玻璃-甘汞电极对插入标准缓冲溶液中的电动势；

R——气体常数；

F——法拉第常数；

T——绝对温度，K。

8.7.3　干扰与消除

水的色度、浑浊度、胶体微粒、游离氯、氧化剂、还原剂以及较高的含盐量等干扰都较小，当 pH 大于 9.5 时，大量的钠离子会引起很大误差，导致读数偏低。

8.7.4　试剂和材料

除非另作说明，所用试剂均为分析纯，水为去离子水或等效纯水。

8.7.4.1　标准缓冲溶液（均用 pH 标准缓冲物质配制）

（1）磷酸二氢钾（KH_2PO_4）和磷酸氢二钠（Na_2HPO_4）混合标准缓冲溶液（25 ℃时，pH_s=6.864）。磷酸二氢钾和磷酸氢二钠的 pH 标准缓冲物质，有小塑料袋装（混合磷酸盐）和瓶装（两种 pH 标准缓冲物质分别包装）两种。配制方法如下：

①袋装配制法：在量瓶（根据袋上说明确定量瓶大小）中按袋上说明配制成所需浓

度后，保存于聚乙烯瓶中。

②瓶装配制法：迅速称取 3.40 g 磷酸二氢钾（KH_2PO_4）和 3.55 g 磷酸氢二钠（Na_2HPO_4）（均预先在烘箱中 115±5℃烘 2～3 h，于干燥器中冷却）溶于蒸馏水，转入 1 000 mL 量瓶中，加水至标线，混匀。

（2）硼砂标准缓冲溶液：c（$Na_2B_4O_7\cdot 10H_2O$）=0.010 mol/L（25℃时，pH_s= 9.182）。硼砂的 pH 标准缓冲物质也有塑料袋装和瓶装两种，配制方法如下：

①袋装配制法：在 500 mL 量瓶中，按袋上说明配制成所需浓度后，分装于 5 个 100 mL 聚乙烯瓶中，瓶口用石蜡熔封。

②瓶装配制法：称取 1.91 g 硼砂（预先在盛有蔗糖饱和溶液的干燥器中平衡两昼夜），溶于刚煮沸冷却的蒸馏水，全量转入 500 mL 量瓶中，加水至标线，混匀。分装于 5 个 100 mL 聚乙烯瓶中，瓶口用石蜡熔封，有效期为 3 个月，经常使用的缓冲溶液，每周更换一次。

（3）邻苯二甲酸氢钾标准缓冲溶液：c（$KHC_8H_4O_4$）=0.05 mol/L（25℃时，pH_s=4.003）。邻苯二甲酸氢钾的 pH 标准缓冲物质，有小塑料袋和瓶装两种，配制方法如下：

①袋装配制法：在量瓶中（根据袋中标准缓冲物质量，选择量瓶大小），按袋上的说明配制成所需的浓度。保存于聚乙烯瓶中。

②瓶装配制法：称取 5.10 g 邻苯二甲酸氢钾（$KHC_8H_4O_4$ 预先在烘箱中 115±5℃，烘 2～3 h，于干燥器中冷却），溶于水并稀释至 500 mL，混匀。保存于聚乙烯瓶中。

各种标准缓冲溶液的 pH 随温度的变化而变化。0～45℃的 pH 列于表 8-4 中。

表 8-4　0～45℃标准缓冲物质的 pH

温度/℃	混合磷酸盐	硼砂	邻苯二甲酸氢钾
0	6.981	9.458	4.006
5	6.949	9.391	3.999
10	6.921	9.330	3.996
20	6.879	9.226	3.998
25	6.864	9.182	4.003
30	6.852	9.142	4.010
35	6.844	9.105	4.019
40	6.838	9.072	4.029
45	6.834	9.042	4.042

8.7.4.2　饱和氯化钾溶液

称取 40 g 氯化钾（KCl），加 100 mL 水，充分搅拌后盛于试剂瓶中（此溶液应与氯化钾固体共存）。

8.7.4.3　氯化汞溶液

称取 2.5 g 氯化汞（$HgCl_2$），溶于水并稀释至 100 mL，混匀，盛于棕色试剂瓶中。

注意：氯化汞剧毒，小心操作。

8.7.5　仪器和设备

① pH 计：精度为 0.01，附玻璃电极和甘汞电极。

② 一般实验室常备仪器和设备。

8.7.6　分析步骤

（1）pH 计校准

用混合磷酸盐标准缓冲溶液和硼砂标准缓冲溶液校准 pH 计。将 pH 计上温度补偿器刻度调节至与溶液温度一致（若 pH 计有自动温度补偿此步骤省略）。按照 pH 计说明书操作步骤分别用上述两种缓冲溶液的液温对应的标准 pH 反复进行校准，直至电极电位平衡稳定。每次更换标准缓冲溶液时，应先用蒸馏水冲洗电极，然后用滤纸吸干。

（2）标准样品测定

pH 计校准后将电极提起，移出标准缓冲溶液，用蒸馏水淋洗电极，然后用滤纸将水吸干。将电极浸入标准样品中，使电极电位平衡，记录测定结果和温度。测定结果在参考值范围内方可开始测定样品。

（3）水样测定

pH 计校准后将电极提起，移出标准缓冲溶液，用蒸馏水淋洗电极，然后用滤纸将水吸干。将电极浸入待测水样中，使电极电位平衡，待仪器读数稳定后记下水样温度和 pH 读数，填入 pH 测定记录表中。

8.7.7 结果计算与表示

按分析记录表的要求将数据逐项填写并计算。

将实验室测得的数据换算成现场的pH，应按下式进行温度和压力校正。

$$pH_w = pH_m + \alpha(t_m - t_w) - \beta d \tag{8-9}$$

式中，pH_w——现场测定的pH；

pH_m——实验室测定的pH；

t_w——现场测定的水温，℃；

t_m——实验室测定的水温，℃；

d——水样的深度，m；

α——温度校正系数；

β——压力校正系数；

$\alpha(t_m - t_w)$和β值由表8-5和表8-6中可查得。

表8-5　pH测定的温度校正值α（$t_m - t_w$）表

$t_m - t_w$/℃	7.5	7.6	7.7	7.8	7.9	8.0	8.1	8.2	8.3	8.4	8.5	8.6
1	0.01	0.01	0.01	0.01	0.01	0.01	0.01	0.01	0.01	0.01	0.01	0.01
2	0.02	0.02	0.02	0.02	0.02	0.02	0.02	0.02	0.02	0.02	0.02	0.02
3	0.03	0.03	0.03	0.03	0.03	0.03	0.03	0.03	0.03	0.03	0.03	0.04
4	0.03	0.03	0.04	0.04	0.04	0.04	0.04	0.04	0.04	0.05	0.05	0.05
5	0.04	0.04	0.04	0.05	0.05	0.05	0.05	0.05	0.06	0.06	0.06	0.06
6	0.05	0.05	0.05	0.06	0.06	0.06	0.06	0.06	0.07	0.07	0.07	0.07
7	0.06	0.06	0.06	0.07	0.07	0.07	0.07	0.07	0.08	0.08	0.08	0.08
8	0.07	0.07	0.07	0.07	0.08	0.08	0.08	0.08	0.09	0.09	0.09	0.09
9	0.07	0.08	0.08	0.08	0.09	0.09	0.09	0.10	0.10	0.10	0.10	0.11
10	0.08	0.09	0.09	0.09	0.10	0.10	0.10	0.11	0.11	0.11	0.12	0.12
11	0.09	0.09	0.10	0.10	0.11	0.11	0.11	0.12	0.12	0.12	0.13	0.13
12	0.10	0.10	0.11	0.11	0.12	0.12	0.12	0.13	0.13	0.14	0.14	0.14
13	0.11	0.11	0.12	0.12	0.12	0.13	0.13	0.14	0.14	0.15	0.15	0.16
14	0.12	0.12	0.13	0.13	0.13	0.14	0.14	0.15	0.15	0.16	0.16	0.17

$t_m - t_w$/℃	7.5	7.6	7.7	7.8	7.9	8.0	8.1	8.2	8.3	8.4	8.5	8.6
15	0.13	0.13	0.14	0.14	0.14	0.15	0.15	0.16	0.16	0.17	0.17	0.18
16	0.13	0.14	0.14	0.15	0.15	0.16	0.16	0.17	0.18	0.18	0.19	0.19
17	0.14	0.15	0.15	0.16	0.16	0.17	0.18	0.18	0.19	0.19	0.20	0.20
18	0.14	0.15	0.16	0.17	0.17	0.18	0.19	0.19	0.20	0.20	0.21	0.22
19	0.15	0.16	0.17	0.18	0.18	0.19	0.20	0.20	0.21	0.21	0.22	0.23
20	0.16	0.17	0.18	0.19	0.19	0.20	0.21	0.21	0.22	0.23	0.23	0.24
21	0.17	0.18	0.19	0.20	0.20	0.21	0.22	0.22	0.23	0.24	0.24	0.25
22	0.18	0.19	0.20	0.20	0.21	0.22	0.23	0.23	0.24	0.25	0.26	0.26
23	0.19	0.20	0.21	0.21	0.22	0.23	0.24	0.24	0.25	0.26	0.27	0.28
24	0.20	0.21	0.22	0.22	0.23	0.24	0.25	0.25	0.26	0.27	0.28	0.29
25	0.21	0.22	0.22	0.23	0.24	0.25	0.26	0.26	0.28	0.28	0.29	0.30

表 8-6　pH 测定的压力校正系数 β 表

pH_m	7.5	7.6	7.7	7.8	7.9	8.0	8.1	8.2	8.3	8.4
$\beta \times 10^6$	35	31	28	25	23	22	21	20	20	20

如果水样深度在 500 m 以内，不做压力校正，则上式可简化为：

$$pH_w = pH_m + \alpha(t_m - t_w) \tag{8-10}$$

例如：现场水温 t_w =24.36℃。

测定时水温 t_m =22.45℃。

$t_m - t_w$ =22.45℃−24.36℃=−1.91℃

测得 pH_m =8.14。

从表 8-5 中查得校正值为−0.02（因为 $t_m < t_w$ ）。

故：pH_w =8.14−0.02=8.12。

pH～a_{H^+}换算见表 8-7。

表 8-7 pH～a_{H^+}换算表

v	N	v	N	v	N	v	N
0.00	1.000	0.25	0.562	0.50	0.316	0.75	0.178
0.01	0.977	0.26	0.549	0.51	0.309	0.76	0.174
0.02	0.955	0.27	0.537	0.52	0.302	0.77	0.170
0.03	0.933	0.28	0.525	0.53	0.295	0.78	0.166
0.04	0.912	0.29	0.513	0.54	0.288	0.79	0.162
0.05	0.891	0.30	0.501	0.55	0.282	0.80	0.158
0.06	0.871	0.31	0.490	0.56	0.275	0.81	0.155
0.07	0.851	0.32	0.479	0.57	0.269	0.82	0.151
0.08	0.832	0.33	0.468	0.58	0.263	0.83	0.148
0.09	0.813	0.34	0.347	0.59	0.257	0.84	0.144
0.10	0.794	0.35	0.447	0.60	0.251	0.85	0.141
0.11	0.776	0.36	0.437	0.61	0.245	0.86	0.138
0.12	0.759	0.37	0.427	0.62	0.240	0.87	0.135
0.13	0.741	0.38	0.417	0.63	0.234	0.88	0.132
0.14	0.725	0.39	0.407	0.64	0.229	0.89	0.129
0.15	0.709	0.40	0.398	0.65	0.224	0.90	0.126
0.16	0.692	0.41	0.389	0.66	0.219	0.91	0.123
0.17	0.676	0.42	0.380	0.67	0.214	0.92	0.120
0.18	0.661	0.43	0.372	0.68	0.209	0.93	0.117
0.19	0.646	0.44	0.363	0.69	0.204	0.94	0.115
0.20	0.631	0.45	0.355	0.70	0.200	0.95	0.112
0.21	0.617	0.46	0.347	0.71	0.195	0.96	0.110
0.22	0.603	0.47	0.339	0.72	0.191	0.97	0.107
0.23	0.589	0.48	0.331	0.73	0.186	0.98	0.105
0.24	0.575	0.49	0.324	0.74	0.182	0.99	0.102

注：表中 v 为 pH 的小数部分。由 v 值查表得相应的 N 值，代入：

$$a_{H^+} = N \times 10^{-Q}$$

即得氢离子活度。

8.7.8　质量保证与控制

①每次测量前需按照仪器说明书进行开机预热后用标准缓冲溶液进行校准，并测量标准样品。当标准样品测定值在误差允许范围内时方可进行样品测量。

②每批样品应至少测定 20%的平行样，样品数量少于 10 个时，应至少测定 1 个平行样。

8.7.9　注意事项

①出海前应检查仪器，方法如下：首先仪器用混合磷酸盐缓冲溶液定位，再分别测定硼砂缓冲溶液和苯二甲酸氢钾缓冲溶液的 pH，如果测定值与标准值之差超过±0.03，应查明原因，并加以纠正。常见的故障及排除方法如下：因缓冲溶液变质（出现絮凝体等）引起 pH 改变，应更换缓冲溶液。为防止缓冲溶液变质，可预先在溶液中加几颗百里香酚小晶体。因玻璃电极钝化，使 pH 响应不好，则可用 6 mol/L 盐酸或 20%氟化氢铵溶液（NH_4HF_2）浸洗。若仍无改善，则更换玻璃电极。因甘汞电极的氯化钾溶液中有气泡，导致断路或测定不稳定，应排出液柱中的气泡，并注满氯化钾饱和溶液。因电极接线接触不好，或者仪器受潮仪表针不稳定，应将接线重新接好或者对仪器进行干燥处理。

②测量完毕后应将电极放入充满饱和氯化钾的小室中。

③每批水样测定前，仪器须用磷酸盐缓冲溶液和硼砂溶液进行校准，使电极的斜率为 90%～105%才算合格。测试水样前应先测定质控样，看结果是否在控制范围内。

8.8　溶解氧

8.8.1　溶解氧的测定-电化学探头法

本方法依据《水质　溶解氧的测定　电化学探头法》（HJ 506—2009）编写，作为全国近岸海域水质监测统一方法使用。方法在 HJ 506—2009 标准基础上，补充了相关规定和注意事项，以便减少监测执行单位在方法使用中的差别。

8.8.1.1 适用范围

本方法适用于大洋和近岸海水及河水、河口水溶解氧的测定。本方法可测定水中饱和百分率为 0～100%的溶解氧，还可测量高于 100%（20 mg/L）的过饱和溶解氧。

8.8.1.2 方法原理

溶解氧电化学探头是一个用选择性薄膜封闭的小室，室内有两个金属电极并充有电解质。氧和一定数量的其他气体及亲液物质可透过这层薄膜，但水和可溶性物质的离子几乎不能透过这层膜。将探头浸入水中进行溶解氧的测定时，由于电池作用或外加电压在两个电极间产生电位差，使金属离子在阳极进入溶液，同时氧气通过薄膜扩散在阴极获得电子被还原，产生的电流与穿过薄膜和电解质层的氧的传递速度成正比，即在一定的温度下该电流与水中氧的分压（或浓度）成正比。

8.8.1.3 干扰与消除

①薄膜对气体的渗透性受温度变化的影响较大，要采用数学方法对温度进行校正（见 8.7.8），也可在电路中安装热敏元件对温度变化进行自动补偿。

②若仪器在电路中未安装压力传感器不能对压力进行补偿时，仪器仅显示与气压有关的表观读数，当测定样品的气压与校准仪器时的气压不同时，应按本规程 8.7.8 的规定进行校正。

③若测定海水、港湾水等含盐量高的水，应根据含盐量对测量值进行修正。因为膜的渗透性明显地随温度而变化，所以必须进行温度补偿。本法适用于天然水、污水和盐水，如果用于测定海水，必须对含盐量进行校正。

8.8.1.4 试剂和材料

除非另有说明，本标准所用试剂均使用符合国家标准的分析纯化学试剂，实验用水为新制备的去离子水或蒸馏水。

①无水亚硫酸钠（Na_2SO_3）或七水合亚硫酸钠（$Na_2SO_3·7H_2O$）。

②二价钴盐，例如六水合氯化钴（Ⅱ）（$CoCl_2·6H_2O$）。

③零点检查溶液：称取 0.25 g 亚硫酸钠[8.8.1.4（1）]和约 0.25 mg 钴（Ⅱ）盐[8.8.1.4

（2）]，溶解于 250 mL 蒸馏水中。临用时现配。

④氮气：99.9%。

8.8.1.5　仪器和设备

①溶解氧测量仪。

- 测量探头：原电池型（如铅/银）或极谱型（如银/金），探头上宜附有温度补偿装置。
- 仪表：直接显示溶解氧的质量浓度或饱和百分率。

②磁力搅拌器。

③电导率仪：测量范围 2～100 mS/cm。

④温度计：最小分度为 0.5℃。

⑤气压表：最小分度为 10 Pa。

⑥溶解氧瓶。

⑦实验室常用玻璃仪器。

8.8.1.6　样品前处理

使用电化学探头法测定溶解氧时，分样方法按照样品采集顺序首先分样，分样时注意将分水管插入样品瓶底部，慢速放出水样，不要产生气泡。探头的膜接触样品时，样品要保持一定的流速，防止与膜接触的瞬间将该部位样品中的溶解氧耗尽，使读数发生波动。在每次测量过程中，电极和被检测水样之间必须达到热平衡。

8.8.1.7　分析步骤

使用测量仪器时，应严格遵照仪器说明书的规定。

（1）校准

①零点检查和调整：当测量的溶解氧质量浓度水平低于 1 mg/L（或 10%饱和度）时，或者当更换溶解氧膜罩或内部的填充电解液时，需要进行零点检查和调整。若仪器具有零点补偿功能，则不必调整零点。

零点调整：将探头浸入零点检查溶液［8.8.1.4（3）］中，待反应稳定后读数，调整仪器到零点。

②接近饱和值的校准：在一定的温度下，向蒸馏水中曝气，使水中氧的含量达到饱和或接近饱和。在这个温度下保持 15 min，采用碘量法测定溶解氧的质量浓度。将探头浸没在瓶内，瓶中完全充满按上述步骤制备并测定的样品，让探头在搅拌的溶液中稳定 2～3 min 以后，调节仪器读数至样品已知的溶解氧质量浓度。当仪器不能再校准，或仪器响应变得不稳定或较低时，及时更换电解质或（和）膜。

注 1：如果以往的经验已给出空气饱和样品需要的曝气时间和空气流速，可以查 HJ 506—2009 附表 A.1-1 或附表 A.2 来代替碘量法的测定。

注 2：有些仪器能够在水饱和空气中校准。

（2）测定：将探头浸入样品，不能有空气泡截留在膜上，停留足够的时间，待探头温度与水温达到平衡，且数字显示稳定时读数。必要时，根据所用仪器的型号及对测量结果的要求，检验水温、气压或含盐量，并对测量结果进行校正。探头的膜接触样品时，样品要保持一定的流速，防止与膜接触的瞬间将该部位样品中的溶解氧耗尽，导致读数发生波动。

①对于流动样品（如河水）：应检查水样是否有足够的流速（不得小于 0.3 m/s），若水流速低于 0.3 m/s，需在水样中往复移动探头，或者取分散样品进行测定。

②对于分散样品：容器能密封以隔绝空气并带有搅拌器［8.8.1.5（2）］。将样品充满容器至溢出，密闭后进行测量。调整搅拌速度，使读数达到平衡后保持稳定，并不得夹带空气。

8.8.1.8 结果计算

（1）溶解氧的质量浓度

溶解氧的质量浓度以每升水中氧的毫克数表示。

①温度校正。

测量样品与仪器校准期间温度不同时，需要对仪器读数按式（8-11）进行校正。

$$\rho(\mathrm{O})=\rho'(\mathrm{O})\times\frac{\rho(\mathrm{O})_{\mathrm{m}}}{\rho(\mathrm{O})_{\mathrm{c}}} \tag{8-11}$$

式中，$\rho(\mathrm{O})$——实测溶解氧的质量浓度，mg/L；

$\rho'(\mathrm{O})$——溶解氧的表观质量浓度（仪器读数），mg/L；

$\rho(O)_m$——测量温度下氧的溶解度，mg/L；

$\rho(O)_c$——校准温度下氧的溶解度，mg/L。

例如：

校准温度为 25℃时氧的溶解度为 8.3 mg/L（见 HJ 506—2009 附表 A.1-1）；

测量温度为 10℃时氧的溶解度为 11.3 mg/L（见 HJ 506—2009 附表 A.1-1）；

测量时仪器的读数为 7.0 mg/L。

10℃时实测溶解氧的质量浓度：$\rho(O) = 7.0 \times 11.3/8.3 = 9.5$ mg/L

上式中 $\rho(O)_m$ 和 $\rho(O)_c$ 值，可根据对应的大气压力和温度由 HJ 506—2009 式（A.1）计算而得，也可以由 HJ 506—2009 附表 A.1-1 和附表 A.2 中查得。

注：有些仪器能自动进行温度补偿。

②气压校正。

气压为 p 时，水中溶解氧的质量浓度 $\rho(O)_s$ 可由式（8-12）求出：

$$\rho(O)_s = \rho'(O)_s \times \frac{p - p_w}{101.325 - p_w} \qquad (8\text{-}12)$$

式中，$\rho(O)_s$——温度为 t、大气压力为 p 时，水中氧的质量浓度，mg/L；

$\rho'(O)_s$——仪器默认大气压力为 101.325 kPa、温度为 t 时，仪器的读数，mg/L；

p_w——温度为 t 时，饱和水蒸气的压力，kPa。

注：有些仪器能自动进行压力补偿。

③盐度修正。

当水中含盐量大于等于 3 g/kg 时，需要对仪器读数按式（8-13）进行修正。

$$\rho(O) = \rho''(O)_s - \Delta\rho(O)_s \times w \times \frac{\rho''(O)_s}{\rho(O)_s} \qquad (8\text{-}13)$$

式中，$\rho(O)$——p 大气压下和温度为 t 时，盐度修正后溶解氧的质量浓度，mg/L；

$\Delta\rho(O)_s$——大气压力为 101.325 kPa、温度为 t 时，水中溶解氧的修正因子，（mg/L）/（g/kg）（见 HJ 506—2009 附录 A.1-1）；

w——水中含盐量，g/kg；

$\rho(O)_s$——p 大气压下和温度为 t 时水中氧的溶解度，mg/L（见 HJ 506—2009 附

表 A.2)；

$\rho''(O)_s$——p 大气压下和摄氏温度为 t 时，盐度修正前仪器的读数，mg/L；

$\frac{\rho''(O)_s}{\rho(O)_s}$——$p$ 大气压下和温度为 t 时水中溶解氧的饱和率。

注：水中的含盐量可以用电导率值估算（见 HJ 506—2009 附表 A.1-2）。使用 ISO 7888 电导率仪法测量水样的电导率，如果测定时水样的温度不是 20℃，应换算成 20℃时的电导率，测得结果以 mS/cm 表示。用 HJ 506—2009 附表 A.1-2 提供的数据，估计水中的含盐量到最接近的整数（w），代入式（8-13）中，计算盐度修正后水中溶解氧的质量浓度。

（2）以饱和百分率表示的溶解氧含量

水中溶解氧的饱和百分率按照式（8-14）计算：

$$S = \frac{\rho''(O)_s}{\rho(O)_s} \times 100\% \tag{8-14}$$

式中，S——水中溶解氧的饱和百分率，%；

$\rho''(O)_s$——实测值，mg/L，表示在 p 大气压和温度为 t 时水中溶解氧的质量浓度；

$\rho(O)_s$——理论值，mg/L，表示在 p 大气压和温度为 t 时水中氧的溶解度（见 HJ 506—2009 附录 A.2)。

8.8.1.9 质量保证与控制

①线性检查：新仪器投入使用前、更换电极或电解液以后，应检查仪器的线性，一般每隔 2 个月进行一次线性检查。

检查方法：通过测定一系列不同浓度蒸馏水样品中溶解氧的浓度来检查仪器的线性。向 3～4 个 250 mL 完全充满蒸馏水的细口瓶中缓缓通入氮气泡，去除水中氧气，用探头时刻测量剩余的溶解氧含量，直到获得所需溶解氧的近似质量浓度，然后立刻停止通氮气，用碘量法测定水中准确的溶解氧质量浓度。

若探头法测定的溶解氧浓度值与碘量法在显著性水平为 5%时，表示无显著性差异，认为探头的响应呈线性。否则，应查找偏离线性的原因。

②更换电解质和膜之后，或当膜干燥时，都要使膜湿润，只有在读数稳定后，才能

进行校准［见 8.8.1.7（1）］，仪器达到稳定所需要的时间取决于电解质中溶解氧消耗所需要的时间。

8.8.1.10 注意事项

①干扰：水中存在的一些气体和蒸汽，例如氯、二氧化硫、硫化氢、胺、氨、二氧化碳、溴和碘等物质，通过膜扩散影响被测电流而干扰测定。水样中的其他物质（如溶剂、油类、硫化物、碳酸盐和藻类等）可能堵塞薄膜、引起薄膜损坏和电极腐蚀，影响被测电流而干扰测定。

②电极的维护：任何时候都不得用手触摸膜的活性表面。

- 电极和膜片的清洗：若膜片和电极上有污染物，会引起测量误差，一般 1～2 周清洗一次。清洗时要小心，将电极和膜片放入清水中涮洗，注意不要损坏膜片。
- 经常使用的电极建议存放在有蒸馏水的容器中，以保持膜片的湿润。干燥的膜片在使用前应先用蒸馏水湿润活化。

③电极的再生：当电极的线性不合格时，就需要对电极进行再生。电极的再生周期约一年一次。电极的再生包括更换溶解氧膜罩、电解液和清洗电极。每隔一定时间或当膜被损坏和污染时，需要更换溶解氧膜罩并补充新的填充电解液。如果膜未被损坏和污染，建议 2 个月更换一次填充电解液。

④当将探头浸入样品中时，应保证没有空气泡截留在膜上。

⑤样品接触探头的膜时，应保持一定的流速，以防止与膜接触的瞬时将该部位样品中的溶解氧耗尽而出现错误的读数。应保证样品的流速不致使读数发生波动，在这方面要参照仪器制造厂家的说明。

8.8.2 溶解氧的测定-光学探头法

本方法依据《水质　溶解氧光学探头法》（ISO 17289—2014）编写，作为全国近岸海域水质监测参考方法使用。方法在 ISO 17289—2014 标准基础上，补充了相关规定和注意事项，以便减少监测执行单位在方法使用中的差别。采用此方法时，应先进行方法比对，在与其他标准方法结果一致的情况下使用。

8.8.2.1 适用范围

本法适用于饮用水、地表水、污水和海水。

8.8.2.2 方法原理

快速分析仪的荧光法基于氧分子对荧光物质的猝灭效应原理来测定水中溶解氧。荧光淬灭是指荧光物质与氧分子发生作用，导致荧光强度下降或荧光寿命缩短的物理化学过程。荧光法测溶解氧所用的光化学传感器前端被一层荧光物质覆盖，这层荧光物质被传感器发出的蓝光照射时就会受到激发并发出红光，由于传感器上的荧光物质与氧分子发声碰撞会产生荧光淬灭，因此发出红光的时间会随水中氧分子含量的增加而减少。因为荧光淬灭程度与三维空间的氧气压力相关，所以激发红光的时间和强度与氧分子的浓度成反比，通过衰减时间的测量并经过温度补偿等，最终输出溶解氧含量。

8.8.2.3 试剂和材料

①蒸馏水。

②无水亚硫酸钠（Na_2SO_3）。

8.8.2.4 仪器和设备

便携式溶解氧测定仪。

8.8.2.5 分析步骤

（1）仪器校准

斜率校正：准备 500 mL 蒸馏水［8.8.2.3①］，在空气中充分搅拌确保水被空气饱和，放置 30 min 确保水中温度与空气温度相等，将传感器放入到离水面 1 cm 处，观察读数稳定后进行标定。

零点校准：取 50 mL 蒸馏水［8.8.2.3①］，加入亚硫酸钠［8.8.2.3②］不断搅拌，直至有晶体析出，将溶氧传感器放入亚硫酸溶液中放置 30 min 直至读数稳定后标定零点。

（2）样品测定

按照仪器说明书使用仪器。将电极浸入样品，停留一定的时间，待仪器读数稳定后记录样品溶解氧浓度（以 mg/L 计）。

8.8.2.6　注意事项

①荧光法则弥补了电化学探头传感器膜的很多缺陷，不需更换电解液，维护简单，测定时不消耗氧，因此没有流动速率和搅拌的要求，测定时不受水中一些气体和蒸汽，例如氯、二氧化硫、硫化氢、胺、氨、二氧化碳、溴和碘、溶剂、油类、硫化物、碳酸盐和藻类等物质干扰，且传感器寿命长。

②水中浊度和盐度对其结果有一定影响，测量完毕后，用干净的水冲洗探头，探头保存在内有湿润海绵的保护套中。

③仪器出现故障时应及时检修，修复后须检定合格方可使用。

④仪器每年送计量所检定一次。

⑤一般仪器均配有温度自补偿功能，如果没有需对仪器的温度进行校准。

编写人员：
胡序朋（浙江省海洋生态环境监测中心）
任世军（浙江省海洋生态环境监测中心）

第5篇

监测数据审核

第 9 章 监测数据审核

9.1 原始记录和数据审核

监测数据审核是对所有监测信息的全面审核，针对监测结果信息的准确性、精密性、合理性、一致性和可追溯性进行审核，包括确认样品采集、保存与运输、交接、分析方法、前处理、分析过程与记录等全过程，审核依据为环境质量标准、污染排放标准、方法标准和监测规范的相关规定。

原始记录经三级审核后生效，分别由分析室负责人根据样品交接记录、实验记录和自控结果等进行实验内测定的准确性、精密性等审核，质控人员通过采样、交接、分析和分析的他控等记录进行全过程的完整性、准确性、精密性和可追溯性审核，项目负责人根据采样至分析全过程、历史比对（或样品来源分析）进行结果合理性和一致性审核。

9.2 报送数据的审核

负责数据报送的部门，根据相关监测报送要求汇总监测数据生产过程中的所有原始记录，包括（但不限于）监测实施方案、采样记录、样品交接记录、分析原始记录、相关质控结果及记录等有关原始材料和记录。汇总后的相关记录和评价结果由汇总部门进行结果录入或导出的审核。报送数据由汇总部门人员校对、部门负责人审核及单位负责人审定。

9.3 数据审核要点

相关部门或单位在数据审核时，对以下方面进行审核：

①数据报表完整性。对照监测方案对整理后的监测数据量进行核对，应覆盖所有监测点位和监测项目。

②监测信息一致性。对照采样原始记录和监测方案对监测点位信息进行审核，确认整理的监测数据是对应监测点位的监测结果；对照采样原始记录、运输及保存记录、交接记录和分析原始记录对样品信息进行核对，确认监测数据是对应层次、样品的分析结果。

③监测日期。对照采样原始记录进行审核，确认监测日期与采样原始记录所记录的监测日期一致。

④报表项目名称。对照监测方案对项目名称进行审核，确认所监测的项目符合监测方案要求。

⑤监测项目单位。对照分析原始记录对项目单位进行审核，确认项目单位与分析原始记录一致。

⑥分析方法及检出限。对照监测单位的分析方法和检出限以及监测规范对监测分析方法和检出限进行核对，确认分析方法符合监测规范要求，未检出项目所列检出限与实验室检出限一致。

⑦数据有效位数。参照 HJ 168 和采用的分析方法，检查和核对各监测项目的检出限数据有效位数，确认数据有效位数的最后一位与检出限有效位数的最后一位一致。

⑧监测数据范围。对照检出限对监测数据范围进行核对，确认报送数据中最小监测数据范围大于检出限。

⑨超标数据核实。对评价超标的数据进行核实，对区域主要污染物的异常超标项目数据参照采样原始记录、运输及保存记录和分析原始记录进行核实，确认监测过程无失误。

⑩数据合理性。参照区域历史数据和监测项目的理论值范围对数据和合理性进行核对，对明显偏离历史浓度和总量水平以及超出监测项目理论值范围的可疑数据提出

质疑。

⑪平均值计算。报送数据中涉及平均值计算的，应按照规范方法进行平均值计算。

⑫评价结果。报送数据中涉及评价或达标判断的，应按照规范方法进行评价。

⑬报送格式。下级监测机构报送格式应符合上级监测机构确定的报送格式要求。

9.4 数据审核问题判断及处理

9.4.1 数据有效性判定

监测数据的有效性通过采样、运输、保存、前处理、分析和结果计算的原始记录完整性和正确性加以确定。其中采样和分析负责人，通过规范要求和记录确定数据的有效性；质控人员通过实施的质控措施确定数据的有效性。记录出现不符合规范要求的判定为不合格或数据无效，记录中描述不完整或存在错误的均为存疑数据。包括：

①容器、固定剂及装瓶前处理记录完整性。包括采样器具清洗和检查、固定剂配制等。

②采样记录完整性。包括采样器具和采样容器检查、采样时间（年、月、日、时、分）、采样环境（点位或断面定位或位置描述、水环境情况或污水排放描述、水环境采样点位深度、水环境采样点位或断面点位分布等）、样品描述（如色、味等）、采集到的样品量及处理（采集量、过滤等处理、添加固定剂及数量等）记录。

③运输及保存记录完整性。包括运输方式、采样与保存交接及样品描述、保存与分析交接时间、保存容器完整性和样品描述、交接人等。

④前处理、分析和计算记录的完整性。包括样品处理和分析时间、前处理方法、前处理试剂配置、样品处理前后描述、分析方法名称及标准编号、标准溶液配制时间和有效期、标准溶液标定及结果等描述、标准曲线和工作曲线绘制、计算方法及结果、分析人员等。

⑤计算和填写的正确性。包括记录完整、标准曲线计算和数据计算正确，填写方式和更正方式的正确性等。

⑥相关质控措施、记录及有效性。包括按照要求实施质控措施（自控和他控）的完整性、结果的准确性和精密性，结果是否受控等。

9.4.2 审核问题处理

根据上述 9.4.1 的审核，发现不合格数据或存疑后，及时反馈相关人员，通过对采样和实验记录等复核和确认后，进行更正或舍弃数据，提供相关说明，按照数据审核流程重新审核、上报监测数据。

判定为计算和填写问题的数据，更正后重新审核并上报监测数据；如数据计算和填写错误由数据汇总单位提出，在重新上报数据的同时，应提交上报数据说明并附问题及处理措施。

判定为无效的数据，应在有效时间范围内，重新补充监测，重新审核后，上报监测数据；无法在有效时间范围内补测的视为未测，提交上报数据时加以说明，并附问题及处理措施。

在进行趋势判断发现问题时，对判定为有效的监测数据，即便出现异常，在没有找到确切原因的情况下，也不应舍弃。

9.5 数据报送

监测数据按监测组织单位提出的提交时限、传输方式和数据格式等要求进行报送。

数据报送时，监测点位（断面）信息、分析方法、检出限等监测信息与数据同时报送。

由未检出结果参加平均值计算后得出均小于检出限的数据，按未检出表示。

9.6 数据存档

监测单位完成数据审核后，将所有与监测过程有关记录、数据和文件以纸质和电子文档两种形式建立档案。

编写人员：
李　罂（中国环境监测总站）
李翔宇（大连市生态环境事务服务中心）

第 6 篇

实验室分析方法

第10章 海水 盐度的测定 盐度计法测定操作规程

本方法依据《海洋监测规范 第4部分：海水分析》（GB 17378.4—2007）（29.1 盐度 盐度计法）编写，作为全国近岸海域水质监测统一方法使用。方法在GB 17378.4—2007标准基础上，补充了相关规定和注意事项，以便减少监测执行单位在方法使用中的差别。

10.1 适用范围

适用于在陆地或船上实验室中测量海水样品的盐度。典型的仪器应用范围如下：

$2 \ll S \ll 42$，$-2℃ \ll \theta \ll 35℃$

10.2 方法原理

测量海水样品与标准海水在101 325 Pa下的电导率比 R_0，再查国际海洋常用表，得出海水样品的实用盐度。或由式（10-1）计算：

$$S = a_0 + a_1 R_\theta^{\frac{1}{2}} + a_3 R_\theta^{\frac{3}{2}} + a_4 R_\theta^2 + a_5 R_\theta^{\frac{5}{2}} + \frac{\theta - 15}{1 + K(\theta - 15)}(b_0 + b_1 R_\theta^{\frac{1}{2}} + b_2 R_\theta + b_3 R_\theta^{\frac{3}{2}} + b_4 R_\theta^2 + b_5 R_\theta^{\frac{5}{2}}) \tag{10-1}$$

式中，a_0=0.008 0，a_1=－0.169 2，a_2=25.385，a_3=14.094 1，a_4=7.026 1，a_5=2.708 1，K=0.016 2，b_0=0.0005，b_1=－0.005 6，b_2=－0.006 6，b_3=－0.037 5，b_4=0.063 6，b_5=－0.014 4；

R_θ——被测海水与实用盐度为35的标准海水在温度为 θ 时的电导率的比值（均在101 325 Pa下）。

10.3 试剂与材料

标准海水。

10.4 仪器与设备

①仪器型号不限，以感应式盐度计和便携式多功能盐度计为例介绍测量方法。

②主要技术指标：

- 感应式盐度计：电导率比为 0.07～1.2；测量准确度为 0.01；测量精密度为 0.003；盐度分辨率为 0.001；测温电桥准确度 0.5℃。
- 便携式多功能盐度计：范围为 0～70 ppt，准确性为读数的±2%或±0.1 ppt，以较大者为准。

10.5 分析测试

10.5.1 感应式盐度计

（1）准备

将被测样品放置至与标准海水温差在±2℃内，以备测量。

（2）测温测盐检查

①将温盐转换开关转到测温挡，将读取的温度与室温比较，其偏差在±1℃范围内，则测温桥路正常。

②将储水杯下面的放水旋钮拧紧。将已知盐度的海水置于电导池下面的进水管处，电导池旋塞置于进水位置，打开气泵开关，用左手中指按紧储水杯上面的气孔，此时海水将缓缓注入电导池。当电导池出水口有少许海水溢入储水杯时，即将电导池进水旋塞置于关闭位置，放开手指，关闭气泵，此时电导池内充满海水。根据实测水温，从仪器面板温度换算表上查出对应的 R_2 值，将 R_2 置于相应的位置。将温盐转换开关转到测盐挡，R_0 旋钮置于已知海水电导率比的位置，调节 R_1 旋钮，指零表头指零，则测盐系统

正常。

（3）定标

①将标准海水缓缓充入电导池内，清洗 1～2 次后，测量标准海水的温度，记入记录表内。

②从仪器面板温度换算表上查出对应的 R_2 值，并将 R_2 旋钮旋至此值。

③按标准海水盐度值查国际海洋学常用表Ⅰ$_a$给出电导率比 R_{15}，根据所测温度 t 和电导率比 R_{15} 查海洋学常用表Ⅱ$_a$，给出盐度修正量 ΔS，按公式 $S=S_{未修正}+\Delta S$，求得 $S_{未修正}$，再从表Ⅰ$_a$ 查出对应的电导比 R_t。此值即为所测温度 t℃下，标准海水电导率比的定标值。

例如：标准海水盐度值 S=34.544

由导池温度 θ=21℃

由Ⅰ$_a$表查出 R_{15}=0.988 35

由Ⅱ$_a$表查 t=21℃，R_{15}=0.98～0.99，得 ΔS=–0.001

$S_{未修正}=S-\Delta S=34.545$

查Ⅰ$_a$表 R_{21}=0.988 38

将标准海水的定标值 R_t 旋到电导率比的相应位置上。

④将温盐转换开关转到测盐挡，调节 R_1 旋钮，使指零表头指零，关闭搅拌，将水放掉。如此重复充灌调节，直到出现重复读数为止，即完成仪器定标。将 R_1 值记入记录表内。

（4）样品测量

启动气泵，将样品水缓缓吸入电导池内，清洗 1～2 次。当样品水从电导池溢水口溢出时，立即关闭电导池进水旋塞，断开气泵电源，启动搅拌。温盐转换开关转到测温挡，测量海水样品的温度，记入记录表内。将温盐转换开关转到测盐挡，调节 R_t 旋钮，使指零表头指零，关闭搅拌，放掉电导池的水样。若两次测量，电导比旋钮最后一位变动小于 6 时，则认为两次测量是重复的，将测得的海水样品的电导率比 R_t 数值记入记录表内。

（5）结果计算与表示

计算实用盐度有以下两种方法。

①计算机处理

运用公式编制程序计算，计算结果应表示至小数点后 3 位。

②查国际海洋学常用表

若在 15℃下测得电导率比值 R_{15} 时，可由表Ⅰa 内插表Ⅰb，直接得到实用盐度。

示例 1：在 15℃时测得的电导率比为 0.954 27。

查表Ⅰa　$R_{15}=0.954\ 20 \rightarrow S=33.214$

$R_{15}=0.954\ 30 \rightarrow S=33.217$

$\delta_S=3\times10^{-3}$

查内插表Ⅰb（$\delta_S=3\times10^{-3}$）

$\delta_R\times10^5=7 \rightarrow \Delta S=2\times10^{-3}$

则 $R_{15}=0.954\ 27$ 时，实用盐度 $S=33.214+2\times10^{-3}=33.216$

也可以查表Ⅰa，然后用内插法计算得实用盐度。

在温度 θ 下测得电导率比值 R_θ，可查表Ⅰa 和表Ⅰb 确定未修正盐度 $S_{未修正}$，据所测电导率比值 R_θ 和温度 θ，查表Ⅱa 和表Ⅱb 确定修正量 ΔS。实用盐度 $S=S_{未修正}+\Delta S$。

示例 2：当温度为 28.6℃时，测得电导率比为 0.823 54。

查表Ⅰa 和表Ⅰb，得 $S_{未修正}=28.195$

查表Ⅱa，$t=28.0 \rightarrow \Delta S\times10^3=-40$

$t=29.0 \rightarrow \Delta S\times10^3=-43$

$\delta_S\times10^3=-3$

$\delta_t=28.6-28.0=6\times10^{-1}$

查表Ⅱb，$\left.\begin{array}{l}\delta_t\times10=6\\ \delta_S\times10^3=3\end{array}\right\}\Delta S\times10^3=2$

修正量 $\Delta S\times10^3=-40-2=-42$

实用盐度 $S=S_{未修正}+\Delta S=28.195-0.042=28.153$

10.5.2 便携式多功能盐度计

便携式多功能盐度计可同时测定水温和盐度。

10.5.2.1 开机

按下电源开关键，开机预热 10 min。如果使用碱性电池需按照说明书安装电池，长期不使用应将电池取出。初次使用时应根据实际需要电导率、比电导值、盐度等参数设置。

10.5.2.2 仪器校准

（1）温度校准

一般便携式多功能盐度计均备有内置型温度传感器，不需要进行温度校准。

（2）盐度校准

①向干净的塑料烧杯或量筒内注入新鲜、已知盐度的盐度校准溶液，将传感器放入该溶液中。该溶液液面应盖过电导率传感器的孔（距离电缆端最近的孔）。确保整个传感器浸没在溶液中，否则仪器读数大约只为预期值的一半大小。轻轻上下移动探头以排除电导率探头中的气泡。

②打开仪器，使电导率和温度读数稳定。按下“Cal”键，选中盐度（Salinity），然后按下回车键。

③使用“↑”箭头或“↓”箭头调整屏幕示值以匹配盐度溶液真实值。

④按下回车键完成校准。

⑤校准成功将会相应地提示，然后返回主界面。

10.5.2.3 样品测量

在进行测量之前，确保仪器经过校准以获得最准确的读数。将探头放入样品中，使其浸没在溶液中，轻轻振摇探头赶走气泡。确保电导率传感器完全浸没在样品中。位于电缆端的两个孔应当被样品溶液盖住以获得准确的盐度读数。温度稳定后读取数据。

10.5.2.4 数据保存和记录

将稳定后的盐度读数记录在分析记录表中，仪器可以自动存储，也可存储在仪器上，待回到实验室后整理测量数据。

10.5.2.5 保养、维护和贮存

①一般维护：密封圈具有防水功能。如果密封圈表面损坏可能导致电池仓进水，导致电池部件损坏或腐蚀。当电池仓盖被摘除后，应小心检查密封圈是否被污染，如果有，用洗洁剂或水进行去污。

②温度传感器维护：应使温度传感器免于挤压，可以使用牙刷对温度传感器进行清理。

③电导率传感器维护：通向电导率电极的开口需要进行定期清理。将维护瓶中的小毛刷浸入干净水中并插入每个孔中 10～12 次。如果电极上已形成沉淀，必须使用温和洗涤剂（如实验室级肥皂或者沐浴露）结合刷子进行清洁。用干净水彻底冲洗电极，然后用校准溶液检查响应能力和准确度。

10.6 质量控制与保证

①每批样品测试前测量标准海水样品。当标准样品测定值在误差允许范围内时方可进行样品测量。

②每批样品应至少测定 10%的平行样，样品数量少于 10 个时，应至少测定 1 个平行样。

10.7 注意事项

①250 mL 样品瓶及瓶塞必须用同一水样严格清洗 3 次后，再装取测试水样。使用后的样品瓶应盛有部分海水，在下一次取样时放掉。

②向导池内充灌海水样品时，要注意避免电导池内有气泡产生。若有气泡，测量读数一般会偏小，此时应重新充灌测量。产生气泡的原因较多，主要有以下几种：

- 充灌速度太快，气泡来不及逸出而附着在电导池壁上。消除方法：调节储水杯上面的调速小螺丝，使充灌时间大于 10 s。
- 电导池被脏物或油垢污染，容易附着气泡。一般情况下，可用配制的 30%洗洁净溶液充灌清洗，再用蒸馏水清洗。特别情况下，需拆下电导池壳清除油污或脏物

时，应特别小心，不要损坏电导池内的热敏电阻加热器。

- 热敏电阻的密封环节有漏气处，容易引进气泡。可适当拧紧螺丝，但不宜过紧，以免损坏热敏电阻。
- 进水旋塞磨损，气泡和水会同时进入电导池。可将旋塞左边有机玻璃螺母拧紧。若还不行，可取出旋塞，将孔清洗干净，薄薄地涂上一层真空脂（不可涂得过多，以免污染电导池），装上旋塞。

③向电导池充灌水样时，要先把进水管内的残留水样放掉，擦干进水管，再按分析步骤中所述程序进行。否则，残留水会污染水样。

④连续测量时，应用标准海水或工作副标准海水定时检验仪器，并将检测的数值填入记录表内。间断测量时，按需要随时检验校准仪器，确保测量数据的准确可靠，并将校准情况记入记录表内，以备分析参考。

⑤加热器一般在仪器调节温度补偿时使用，测量时不用。电导池无水时，严禁开加热器，以免烧坏加热器和探头。

⑥经常注意泄放储水杯内的残水，切不可使存水接近气孔。否则，开气泵时会把水吸入气泵，损坏气泵。

⑦便携式多功能盐度计需定期进行检定或校准。

编写人员：
胡序朋（浙江省海洋生态环境监测中心）
任世军（浙江省海洋生态环境监测中心）

第 11 章　海水 悬浮物的测定 重量法测定操作规程

本方法依据《海洋监测规范 第 4 部分：海水分析》（GB 17378.4—2007）（27 悬浮物 重量法）编写。方法在 GB 17378.4—2007 标准基础上，补充了相关规定和注意事项，以便减少监测执行单位在方法使用中的差别。

11.1　适用范围

本方法适用于河口、港湾和大洋水体中悬浮物质的测定。

11.2　方法原理

一定体积的水样通过 0.45 μm 的滤膜，称量留在滤膜上的悬浮物质的重量，计算水中的悬浮物质浓度。

11.3　试剂与材料

①滤膜（孔径 0.45 μm，直径 47 mm 或 60 mm，与过滤器匹配）。

②滤膜盒（直径 50 mm 或 63 mm），为了防止运输过程敲碎建议选用塑料培养皿。

11.4　仪器与设备

①天平：感量 0.1 mg、0.01 mg。

②量筒：视所需水样体积和分析要求选择合适的量筒。

③过滤器：玻璃砂芯过滤器（直径 47 mm），或其他带有砂芯的不锈钢过滤器；有

机玻璃螺口过滤器（直径 60 mm）。

④真空泵：抽气量 30 L/min。

⑤不锈钢镊子。

⑥一般实验室常备仪器和设备。

11.5　操作流程图

操作流程如图 11-1 所示。

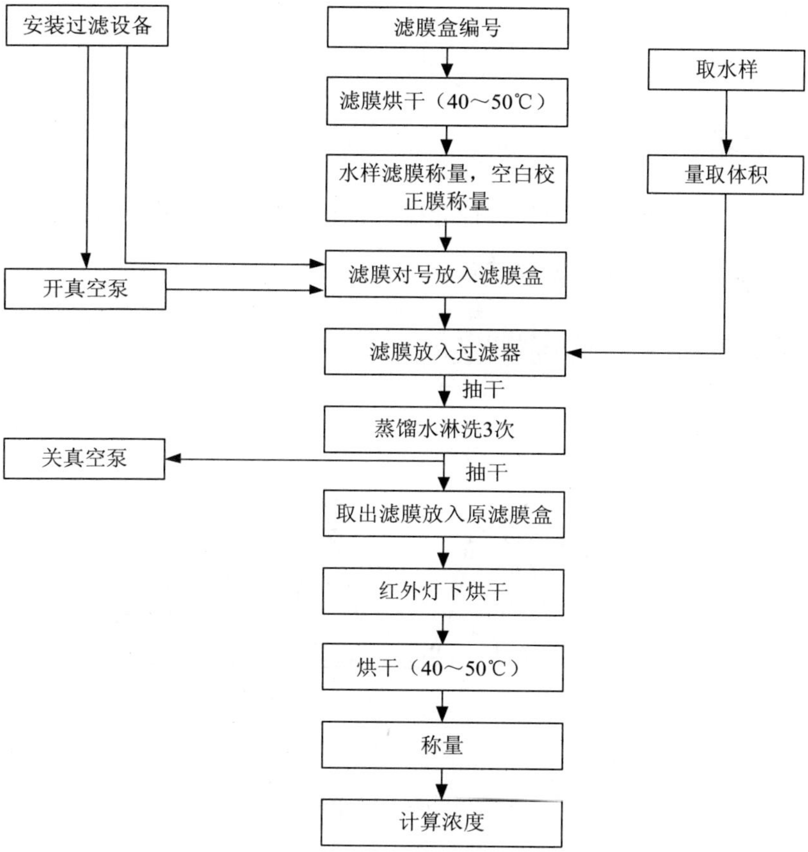

图 11-1　悬浮物测定操作流程

11.6 出航前准备

①滤膜盒洗净、烘干、编号。

②滤膜烘干（40～50℃），恒温 6～8 h 后，放入硅胶干燥器，冷却 6～8 h。

③确定空白校正膜的数量点上色点，区别于水样滤膜。

④滤膜称量，并把称好的滤膜放入已编号的滤膜盒内。

11.7 前处理

11.7.1 样品采集

各层样品采集后按照分样顺序进行分样，将悬浮物样品分样于玻璃或塑料容器内。按照样品浑浊程度适当取样，进行过滤。

11.7.2 样品前处理（现场作业）

安装过滤设备见图 11.2。

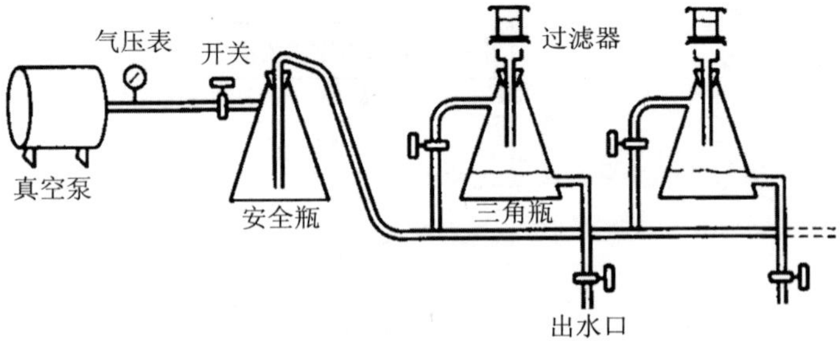

图 11-2 安装过滤设备示意图

①按图组装抽滤系统，过滤器装在抽滤瓶上，每个抽滤瓶由皮管连通到总管，并附各自独立的开关，可按需要连接若干个过滤器。在真空泵与过滤器之间装一个安全瓶，积聚倒吸的海水。抽滤的适宜压力为 5×10^4～6×10^4 Pa，负压过大，悬浮物质颗粒嵌入滤膜微孔，妨碍过滤。为此，在真空系统中须有压力表。

②用不锈钢镊子把预先称重为 W_2 的水样滤膜置于预先称得的 W_b 的空白校正膜的上面，放入过滤器中装好。

③将水样振摇均匀，倒入量筒，量取一定体积（视悬浮物浓度而定，大于 1 000 mg/L 时，量取 50～100 mL；小于 100 mg/L 时，量取 1～5 L，可根据实际情况选择合适的过滤体积）。

④开启真空泵，接通开关，将水样倒入过滤器内，量筒用蒸馏水洗净，并倒入过滤器。为了洗掉盐分，待抽干后，再用蒸馏水淋洗悬浮物质 3 次，每次 50 mL，再抽干。

⑤用不锈钢镊子取下滤膜放在原滤膜盒内，置于红外灯下低温（50℃）烘干，或自然环境下风干。盖好滤膜盒盖，按次序保存，带回实验室。

11.7.3　现场过滤中的质量控制——滤膜空白校正

过滤时，醋酸纤维脂膜会因溶解而失重，直径 60 mm 膜失重 1.0～2.0 mg，直径 47 mm 膜失重 0.2～0.5 mg。为保证结果的准确性，滤膜的空白校正试验是必不可少的。滤膜空白校正与样品测定同时进行，当进行空白校正时使用两张滤膜过滤。其中一张点上色点，作为空白校正膜，放在水样滤膜的下面。在高浓度海区，10 个样品只需做 1～2 份空白校正。

11.8　分析测试

11.8.1　烘干

将滤膜放入电热恒温干燥箱内（40～50℃），恒温脱水 6～8 h，取出放入硅胶干燥器，6～8 h 后再称量。

11.8.2　称量

选用分析天平的感量，应视悬浮物质的多少而定。小于 50 mg 时，用精确度为十万分之一的天平；大于 50 mg 时，则用精确度为万分之一的天平。称量要迅速，过滤前、后两次称量，天平室的温度、湿度要基本一致。不具备精确度为十万分之一的天平的实验室可以适当增加过滤样品的体积，选用精确度为万分之一的天平进行称量。

11.8.3 滤膜空白校正

称量样品的同时对滤膜空白校正样品也进行称量，用于结果计算。

11.8.4 结果计算与表示

11.8.4.1 现场取水样和过滤过程逐项记录

按下式计算：

$$\rho = \frac{W_1 - W_2 - \Delta W}{V} \tag{11-1}$$

式中，ρ——悬浮物质浓度，mg/L；

W_1——悬浮物加水样滤膜重量，mg；

W_2——滤膜重量，mg；

ΔW——空白校正滤膜校正值，mg；

V——水样体积，L。

空白校正滤膜校正值计算公式：

$$\Delta W = \frac{1}{n}\sum^{n}(W_n - W_b) \tag{11-2}$$

式中，W_n——过滤后空白校正滤膜重量，mg；

W_b——过滤前空白校正滤膜重量，mg；

n——空白校正滤膜个数；

ΔW 应是负值。

11.8.4.2 结果表示

测定结果小于 1 000 mg/L 时，结果保留整数位；测定结果大于等于 1 000 mg/L 时，结果采用科学记数法保留 3 位有效数字。

11.9　质量控制与保证

①每批样品应在现场至少过滤 10%的平行双样。样品数量少于 10 个时，应至少过滤 1 个平行双样，测定结果相对偏差应小于 20%。

②每批样品应至少测定 2～5 个空白样，计算结果时需要进行空白校正。

11.10　注意事项

①水样要现场过滤、烘干、按顺序保存好。如果不能立即过滤，水样放在阴凉处，但 24 h 内必须过滤完毕。过滤时必须摇匀水样。

②各种器具必须保持干净，过滤前必须用清水洗涤干净。

③过滤时，为防止海水倒灌，损坏真空泵，要及时放掉废水。

④滤膜放入编好号的滤膜盒内，按站位顺序排列。

⑤用不锈钢镊子夹取滤膜，以免沾污。

⑥烘干样品时，必须保持周围环境清洁。样品置于红外灯下烘干时，温度不超过 50℃，一般红外灯泡与样品的距离不得小于 30 cm，避免滤膜卷曲或燃烧。

编写人员：
胡序朋（浙江省海洋生态环境监测中心）
任世军（浙江省海洋生态环境监测中心）

第 12 章　海水 叶绿素 a 的测定操作规程

12.1　海水 叶绿素 a 的测定 分光光度法

本方法依据《海洋监测规范 第 7 部分：近海污染生态调查和生物监测》（GB 17378.7—2007）[分光光度法（8.2）] 编写，作为全国近岸海域水质监测统一方法使用。方法在 GB 17378.7—2007 标准基础上，补充了相关规定和注意事项，以便减少监测执行单位在方法使用中的差别。

12.1.1　适用范围

本方法适用于海水中叶绿素 a 的测定。检出限的确定按 HJ 168—2010 执行。

12.1.2　方法原理

以丙酮溶液提取浮游植物色素，依次在 664 nm、647 nm、630 nm 波长下测定吸光度，分别测定叶绿素 a、b、c 的含量。

12.1.3　干扰与消除

由于叶绿素对光敏感，应严格控制水样的保存时间及方法。样品应尽快分析，且所有操作应在低温、弱光条件下进行，实验室最好配有遮光帘。

12.1.4　试剂和材料

①丙酮溶液（9+1）：量取 900 mL 丙酮（CH_3COCH_3）与 100 mL 水混合，保存在棕色试剂瓶中。

②碳酸镁悬浮液（10 g/L）：称取 1 g 碳酸镁（$MgCO_3$），加水至 100 mL，搅匀，盛试剂瓶中待用，用时需再摇匀。

③硅胶。

12.1.5　仪器和设备

①分光光度计：波带宽度应小于 3 nm，吸光值可读到 0.001 单位（附 3～10 cm 测定池）。

②玻璃纤维滤膜：直径为 47 mm 的 Whatman GF/C 或孔径为 0.45 μm 的纤维素酯微孔滤膜。

③离心管：具塞，10 mL 或 15 mL，若干。

④采样瓶：1 L 或 2 L 具磨口塞的棕色玻璃细口瓶或深色聚乙烯瓶。

⑤离心机：转速 4 000 r/min。

⑥过滤装置。

⑦干燥器。

⑧棕色试剂瓶：容量 100 mL、1 000 mL。

⑨量筒：容量 100 mL、200 mL、1 000 mL。

⑩定量加液器：容量 10 mL。

⑪一般实验室常用设备。

12.1.6　前处理

①量取 500～1 000 mL 海水样品，加入 3 mL 碳酸镁悬浮液（12.1.4），混匀，用玻璃纤维滤膜（WhatmanGF/C，Φ47 mm）或孔径为 0.45 μm 的纤维素酯微孔滤膜过滤，过滤负压不应超过 50 kPa。

②将过滤了样品的滤膜放入具塞离心管，加 10 mL 丙酮溶液（12.1.4），摇荡，放置冰箱贮存室中 14～24 h，提取叶绿素 a。若滤得样品不能及时提取，应将该滤膜抽干、对折，再套上一张滤张，置于装有硅胶的干燥器内，贮存在低于 1℃的冰箱中。

③样品离心。离心速度为 3 000～4 000 r/min，离心时间为 10 min。

12.1.7 分析测试

（1）样品测定

小心将离心的上清液注入测定池。用丙酮溶液（12.1.4）作参比，分别在 750 nm、664 nm、647 nm、630 nm 波长处测定吸光值。其中，750 nm 处的测定用以校正提取液的浊度，当 1 cm 测定池光程的吸光值超过 0.005 时，提取液应重新离心。

（2）结果计算

分别把在波长 664 mn、647 nm、630 nm 上测得的吸光值减去 750 nm 下的吸光值，得到校正后吸光值 E_{664}、E_{647}、E_{630}。再按式（12-1）、式（12-2）、式（12-3）计算叶绿素 a、b、c 含量。

$$\rho_{\text{chl-a}} = (11.85E_{664} - 1.54E_{647} - 0.08E_{630}) \times \frac{\upsilon}{V \cdot L} \quad (12\text{-}1)$$

$$\rho_{\text{chl-b}} = (21.03E_{664} - 5.43E_{647} - 2.66E_{630}) \times \frac{\upsilon}{V \cdot L} \quad (12\text{-}2)$$

$$\rho_{\text{chl-c}} = (24.52E_{664} - 1.67E_{647} - 7.60E_{630}) \times \frac{\upsilon}{V \cdot L} \quad (12\text{-}3)$$

式中，$\rho_{\text{chl-a}}$——样品中叶绿素 a 含量，μg/L；

$\rho_{\text{chl-b}}$——样品中叶绿素 b 含量，μg/L；

$\rho_{\text{chl-c}}$——样品中叶绿素 c 含量，μg/L；

υ——样品提取液体积，mL；

V——海水样品实际用量，L；

L——测定池光程，cm。

测定结果小于 10.0 μg/L 时，结果保留小数点后 1 位；测定结果大于等于 10 μg/L 时，结果保留 3 位有效数字。

12.1.8 质量保证与控制

①每批样品应至少测定 10%的平行双样。若样品数量少于 10，应至少测定 1 个平行双样，测定结果相对偏差应小于 20%。

②每批样品应至少测定 2～5 个空白样，计算结果时需要进行空白校正。

12.1.9　注意事项

①丙酮对人体健康有一定的危害，废液应妥善安全处理。

②实验室应由专人负责废物的收集、处理和管理工作，应按废弃物类别备有相应的收集容器，收集容器上应有明显标识，定期交给有资质的单位进行处理。

编写人员：
贾海波（浙江省海洋生态环境监测中心）
孟伟杰（浙江省海洋生态环境监测中心）

12.2　海水　叶绿素 a 的测定　荧光分光光度法

本方法依据《海洋监测规范　第 7 部分：近海污染生态调查和生物监测》（GB 17378.7—2007）［荧光分光光度法（8.1）］编写，作为全国近岸海域水质监测统一方法使用。方法在 GB 17378.7—2007 标准基础上，补充了相关规定和注意事项，以便减少监测执行单位在方法使用中的差别。

12.2.1　适用范围

本方法适用于海水中叶绿素 a 的测定。检出限的确定按 HJ 168—2010 执行。

12.2.2　方法原理

用丙酮溶液提取浮游植物色素进行荧光测定，根据提取液酸化前后的荧光值，可分别计算叶绿素 a 及脱镁色素的含量。

12.2.3　干扰与消除

由于叶绿素对光敏感，应严格控制水样的保存时间及方法。样品应尽快分析，且所有操作应在低温、弱光条件下进行，实验室最好配有遮光帘。

12.2.4 试剂和材料

①丙酮溶液（9+1）：量取 900 mL 丙酮（CH_3COCH_3）与 100 mL 水混合，保存在棕色试剂瓶中。

②碳酸镁悬浮液（10 g/L）：称取 1 g 碳酸镁（$MgCO_3$），加水至 100 mL，搅匀，盛试剂瓶中待用，用时需再摇匀。

③盐酸（HCl）：ρ =1.18 g/mL。

④盐酸溶液（5+95）：在搅拌下，将 5 mL 盐酸（ρ =1.18 g/mL）缓慢地加到 95 mL 水中，混匀，保存于滴瓶中。

⑤硅胶。

注：除非另作说明，所用试剂均为分析纯，水为蒸馏水或等效纯水。

12.2.5 仪器和设备

①荧光计。

②冰箱。

③离心机：4 000 r/min。

④电动吸引器。

⑤过滤装置。

⑥玻璃纤维滤膜：直径为 25 mm 的 Whatman GF/C 或孔径为 0.45μm 的纤维素酯微孔滤膜。

⑦具塞离心管：容量 10 mL。

⑧干燥器。

⑨棕色试剂瓶：容量 100 mL、1 000 mL。

⑩量筒：容量 100 mL、200 mL、1 000 mL。

⑪定量加液器：容量 10 mL。

⑫滴瓶：容量 100 mL。

⑬镊子。

⑭一般实验室常用设备。

12.2.6　前处理

①量取一定体积海水（通常大洋水 250～500 mL，近岸或港湾水 50～250 mL），加 2 mL 碳酸镁悬浮液［12.2.4②］，混匀，用玻璃纤维滤膜（Whatman GF/C，Φ25 mm）或孔径为 0.45 μm 的纤维素酯微孔滤膜过滤，过滤负压不得超过 50 kPa。

②样品提取：将过滤了样品的滤膜放入具塞离心管，加入 10 mL 丙酮溶液［12.2.4①］，摇荡，放置冰箱冷藏室中 14～24 h，提取叶绿素 a。若滤得的样品不能及时提取，应将该滤膜抽干、对折，再套上一张滤纸，置于含硅胶的干燥器内，贮存在低于 1°C 的冰箱中。

③样品离心：离心速度为 3 000～4 000 r/min，离心时间为 10 min。

12.2.7　分析测试

12.2.7.1　仪器校正

①用标准叶绿素 a 校正。

②用分光光度计校正：取一定体积正处于指数生长期的单细胞藻类培养液，依上述方法提取其叶绿素 a，用分光光度法测定，计算该提取液的叶绿素 a 浓度。将它稀释至荧光计可测范围的浓度（$\rho_{\text{chl-a}}$），用荧光计最低灵敏度量程测定此稀释液酸化前后的荧光值，按式（12-4）和式（12-5）计算该量程的换算因子和酸化因子：

$$F_{\text{D}} = \frac{\rho_{\text{chl-a}}}{R_{\text{chl-b}}} \tag{12-4}$$

$$R=\frac{R_{\text{chl-a}}}{R_{\text{chl-b}}} \tag{12-5}$$

式中，F_{D}——测定量程的换算因子；

$\rho_{\text{chl-a}}$——叶绿素 a 稀释液的浓度，μg/mL；

R——酸化因子；

$R_{\text{chl-b}}$——酸化前测定的荧光值；

$R_{\text{chl-a}}$——酸化后测定的荧光值。

按此法依次稀释原提取液，在荧光计其他量程上分别测定，即可得到各量程换算因子（F_D）。仪器校正应定期进行。

12.2.7.2 样品测定

荧光计激发波长为 436 nm，发射波长 670 nm。

零点调节：用丙酮溶液［12.2.4①］调节，使荧光计指针指零。

将提取的上层提取液注入测定池。

选择相应量程，测定样品的荧光值 R_b。

加 2 滴盐酸溶液［12.2.4③］至测定池，摇匀，经 30 s 后再测其荧光值 R_a。

12.2.7.3 结果计算

按式（12-6）分别计算叶绿素 a 和脱镁色素的浓度：

$$\begin{cases} \rho_1 = F_D \dfrac{R}{R-1}\left(R_b - R_a\right)\dfrac{\upsilon}{V} \\ \rho_2 = F_D \dfrac{R}{R-1}\left(R.R_a - R_b\right)\dfrac{\upsilon}{V} \end{cases} \tag{12-6}$$

式中，ρ_1——样品中叶绿素 a 的浓度，μg/L；

ρ_2——样品中脱镁色素浓度，μg/L；

F_D——测定时所用量程的换算因子；

R——纯叶绿素 a 的酸化因子；

R_b——样品酸化前的荧光值；

R_a——样品酸化后的荧光值；

υ——丙酮提取液的体积，mL；

V——海水样品的实用体积，L。

测定结果小于 10.0 μg/L 时，结果保留小数点后 1 位；测定结果大于等于 10 μg/L 时，结果保留 3 位有效数字。

12.2.8 质量保证与控制

每批样品应至少测定 10%的平行双样。样品数量少于 10 个时，应至少测定 1 个平行双样，测定结果相对偏差应小于 20%。

12.2.9　注意事项

①丙酮对人体健康有一定的危害，废液应妥善安全处理。

②实验室应由专人负责废物的收集、处理和管理工作，应按废弃物类别备有相应的收集容器，收集容器上应有明显标识，定期交给有资质的单位进行处理。

编写人员：
贾海波（浙江省海洋生态环境监测中心）
孟伟杰（浙江省海洋生态环境监测中心）

第13章 海水 粪大肠菌群和大肠菌群的测定操作规程

13.1 海水 粪大肠菌群和大肠菌群的测定 多管发酵法

本方法依据《海洋监测规范 第7部分：近海污染生态调查和生物监测》(GB 17378.7—2007)（9.1 发酵法）编写。方法在GB 17378.7—2007标准基础上，补充了相关规定和注意事项，以便减少监测执行单位在方法使用中的差别。

13.1.1 适用范围

本方法适用于海水中粪大肠菌群和大肠菌群的测定。本方法的检出限为20 MPN/L（检出限来源自HJ 755—2015）。

13.1.2 方法原理

大肠菌群是一群在37℃或44℃温度下繁殖能使乳糖发酵，在24 h内产酸产气的需氧及兼性厌氧的革兰氏阴性无芽孢杆菌。大肠菌群数是指每升水样中所含的“大肠菌群”数目。一般在37℃培养繁殖的称为“总大肠菌群”，在44℃培养繁殖的称为“粪大肠菌群”。海水检验采用44℃培养法，以检测粪大肠菌群；采用37℃培养法，以检测总大肠菌群（大肠菌群）。

13.1.3 试剂和材料

除非另有说明，分析时均使用符合国家标准的分析纯试剂，实验用水为纯水。

反应试剂配制时，可根据实际样品量的多少合理配制试剂量。

13.1.3.1　溴甲酚紫乙醇溶液

称取 1.6 g 的溴甲酚紫（$C_{21}H_{16}Br_2O_5S$）溶于 2～3 mL 乙醇（C_2H_5OH）中，然后用纯水定容到 100 mL。

13.1.3.2　碳酸钠溶液

称取 10.6 g 碳酸钠（Na_2CO_3）溶于纯水，并定容到 100 mL。

13.1.3.3　单倍乳糖蛋白胨培养液

（1）成分

蛋白胨	10.0 g
牛肉膏	3.0 g
乳糖	5.0 g
氯化钠	5.0 g
1.6%溴甲酚紫乙醇溶液	1 mL
纯水	1 000 mL

（2）制法

将上述蛋白胨、牛肉膏、乳糖及氯化钠加热溶解于 1 000 mL 纯水中，用碳酸钠溶液（13.1.3.2）调节 pH 为 7.2～7.4。加入 1 mL 溴甲酚紫乙醇溶液（13.1.3.1），混匀，分装于置有导管的试管内（10 mL）。置高压蒸汽灭菌器中，于 115℃灭菌 20 min。

13.1.3.4　三倍乳糖蛋白胨溶液

按上述配方比例 3 倍（纯水除外），配成 3 倍乳糖蛋白胨溶液，制法同上。

13.1.3.5　EC 培养基

（1）成分

胰蛋白胨	20.0 g
乳糖	5.0 g

胆盐混合物或 3 号胆盐	1.5 g
磷酸氢二钾（K_2HPO_4）	4.0 g
磷酸二氢钾（KH_2PO_4）	1.5 g
氯化钠	5.0 g
纯水	1 000 mL

（2）制法

将上述成分加热溶解，分装于内装倒管的试管中。置于高压蒸汽灭菌器中，于 115℃下灭菌 20 min 后 pH 应为 6.9。

注：①可购买市售商品化培养基，经实验室验证合格后代替上述培养基。

②EC 培养基灭菌前 pH 应调节到 7.0～7.1，根据配制的培养基灭菌后 pH 的变化情况，在灭菌前进行调节。

（3）稀释水

清洁海水，分装 9 mL 到试管中，121℃高压蒸汽灭菌 20 min，备用。

13.1.4 仪器与设备

①恒温培养箱：37±1℃及 44±0.5℃。

②干热灭菌箱：160～180℃。

③高压蒸汽灭菌器：115℃及 121℃。

④接种环。

⑤吸量管：容量 1 mL、10 mL 或自动移液装置。

⑥试管：15 mm×150 mm，18 mm × 150 mm。

⑦发酵倒管：5 mm×30 mm。

⑧纱布及棉花：塞试管用。

⑨脱脂棉或白绒布：过滤培养基用（配制非市售商品化培养基时用）。

⑩锥形瓶：容量 500 mL。

⑪烧杯：2 000 mL。

⑫广口采水样瓶：容量 500 mL。

⑬折叠式接种箱或生物安全柜或无菌室。

⑭pH 计。

⑮量筒：1 000 mL。

13.1.5 样品采集、保存和交接

13.1.5.1 样品采集

（1）采样瓶

可采用耐灭菌处理的广口玻璃瓶或无毒的塑料瓶。玻璃瓶灭菌，应将采样瓶的瓶顶和瓶颈用铝箔或厚的牛皮纸包裹，瓶顶系一长绳，于 121℃高压蒸汽灭菌 15 min（或 160～170℃干热灭菌 2 h）；塑料瓶可采用低温的氯化乙烯气体灭菌。

（2）水样采集

①沿岸水域样品采集。

开瓶塞时，要连同铝箔或牛皮纸一起拿开，以免沾污。手执长绳的末端，将采样瓶投入选定的海水内，采集水下约 10 cm 处的水样（若分层采样则采用击开式或颠倒式采水器），应确保水样在瓶内要留下足够的空间（至少 2.5 cm），以便在检验前振荡混匀。盖好瓶塞，做好记录。

②调查船采样。

需要用采水器（击开式、复背式或 Niskin 采水器）采样。按预先选定的采样水层，挂好选定的采水器，以 1 m/s 的速度下放采水器。测量钢丝绳的倾斜角，以便校正采水深度。采水器开启后，应停留一段时间，使水样注满容器；采到样品后，迅速把水样转移至无菌瓶中，水样量必须满足两个平行测定之用，发酵法的水样量不少于 100 mL，滤膜法的水样量不少于 300 mL。

13.1.5.2 样品保存

采集的水样应立即送检，时间不超过 2 h，否则应将样品置于冰瓶或冰箱或冷藏保温箱中，但不得超过 24 h，否则影响检验结果。

13.1.5.3 样品接收及检查

分析人员在接收样品时，需按照第 6 章中样品交接内容的要求进行样品检查。检查样品是否进行固定、有无沉淀及沉淀的沉降等现象，并对照采样记录，检查每个样品是

否在有效保存期内。

13.1.6 分析测试

13.1.6.1 初发酵试验

①以无菌操作方法，等量吸取 10 mL 经充分混匀的水样，分别加入 5 支内装 5 mL 已灭菌的 3 倍浓缩乳糖蛋白胨培养液的试管中（内有倒管）。

②等量吸取 1 mL 水样，分别加入 5 支内装 10 mL 已灭菌的单倍乳糖蛋白胨培养液的试管中（内有倒管）。

③吸取 1 mL 水样注入内装 9 mL 已灭菌的清洁海水的试管中，摇匀。另换一吸量管吸取此稀释水样 1 mL，分别加入 5 支内装 10 mL 已灭菌的单倍乳糖蛋白胨培养液的试管中（内有倒管）。

④将上述 15 支试管充分混匀后，置于 44℃（检测粪大肠菌群）或 37℃（检测大肠菌群）恒温培养箱中培养 24 h。

13.1.6.2 复发酵试验

经培养 24 h 后，将产酸（培养液变成黄色）产气（导管上端积有气泡）及只产酸的发酵管，用无菌接种环转接入 EC 培养液中，摇匀后置于 44±0.5℃（检测粪大肠菌群）或 37±1℃（检测大肠菌群）恒温培养箱中培养 24±2 h。在此期间内所得的产气阳性管即证实有粪大肠菌群或大肠菌群存在。

注：应根据以往经验、采样现场环境情况、近期气象状况以及水质本身外观情况等进行综合预判，适当增加几个稀释梯度，以确保能够得到准确的大肠菌群监测结果。

13.1.6.3 结果计算与表示

依据阳性管数查大肠菌群检数表（表 13-1），即可得每 100 mL 水样中粪大肠菌群或大肠菌群的最近似值（MPN），此数值再乘以 10，即求得每升水样中粪大肠菌群数或大肠菌群数；若水样经过稀释，在计算中应该乘以相应的稀释倍数。

注：结果的单位为 MPN/L（等同于个/L）。

表 13-1　大肠菌群检数表

（接种 5 份 10 mL 水样、5 份 1 mL 水样、5 份 0.1 mL 水样）

各接种量阳性份数			100 mL 水样中大肠菌群数最近似值	95%置信限		各接种量阳性份数			100 mL 水样中大肠菌群数最近似值	95%置信限	
10 mL	1 mL	0.1 mL		下限	上限	10 mL	1 mL	0.1 mL		下限	上限
0	0	0	<2	—	—	4	2	1	26	9	78
0	0	1	2	<0.5	7	4	3	0	27	9	80
0	1	0	2	<0.5	7	4	3	1	33	11	93
0	2	0	4	<0.5	11	4	4	0	34	12	93
1	0	0	2	<0.5	7	5	0	0	23	7	70
1	0	1	4	<0.5	11	5	0	1	31	11	89
1	1	0	4	<0.5	11	5	0	2	43	15	110
1	1	1	6	<0.5	15	5	1	0	33	11	93
1	2	0	6	<0.5	15	5	1	1	46	16	120
2	0	0	5	<0.5	13	5	1	2	63	21	150
2	0	1	7	1	17	5	2	0	49	17	130
2	1	0	7	1	17	5	2	1	70	23	170
2	1	1	9	2	21	5	2	2	94	28	220
2	2	0	9	2	21	5	3	0	79	25	190
2	3	0	12	3	28	5	3	1	110	31	250
3	0	0	8	1	19	5	3	2	140	37	340
3	0	1	11	2	25	5	3	3	180	44	500
3	1	0	11	2	25	5	4	0	130	35	300
3	1	1	14	4	34	5	4	1	170	43	490
3	2	0	14	4	34	5	4	2	220	57	700
3	2	1	17	5	46	5	4	3	280	90	850
3	3	0	17	5	46	5	4	4	350	120	1 000
4	0	0	13	3	31	5	5	0	240	68	750
4	0	1	17	5	46	5	5	1	350	120	1 000
4	1	0	17	5	46	5	5	2	540	180	1 400
4	1	1	21	7	63	5	5	3	920	300	3 200
4	1	2	26	9	78	5	5	4	1 600	640	5 800
4	2	0	22	7	67	5	5	5	≥2 400	—	—

13.1.7 质量控制与保证

13.1.7.1 培养基

（1）培养基的验收

①每批新购培养基，均应进行外观检查（包括生产日期和保质期等），并用标准样品或标准菌株进行技术性验收，填写相应的培养基验收记录。培养基必须满足验收参数要求方可使用，否则做退回处理。

②验收时应使用有证标准样品或标准菌株，可使用来自（英国）国家菌种保藏中心（NCTC）、美国菌种保藏中心（ATCC）、中国工业微生物菌种保藏管理中心（CICC）、中国医学微生物菌种保藏中心（CMCC）的产品。

（2）培养基的制备

①应按照厂商提供的说明对培养基进行配制并灭菌，同时进行灭菌效果监测（温控胶带），填写相应的培养基配制记录和压力蒸汽灭菌器灭菌监控及使用记录。

②若温控效果不合格，则该批培养基不能使用，应查找原因，采取纠正措施后重新配制。

（3）培养基的期间核查和新开封核查

①培养基开封后，若在保质期内但已超过 6 个月未使用完，应在开封后每 6 个月进行一次期间核查；每新开封一瓶培养基时，也应对其进行技术性检查，并填写相应的培养基期间核查监控记录。培养基必须满足技术性参数要求方可继续使用，否则应做作废处理。超过保质期的培养基应做作废处理。

②用标准样品或标准菌株对培养基进行期间核查，新开瓶培养基检查可用标准样品或标准菌株，也可用已知阳性样品（已知阳性样品，是指已分析样品中阳性管中的菌液，用以替代标准样品或标准菌株）。

（4）培养基的贮存和使用

①商品化的即用型培养基，严格按照厂商提供的贮存条件、有效期和使用方法进行保存和使用。

②配制好的培养基，按照《水和废水监测分析方法》（第四版）的要求贮存和使用，以少量勤配为宜，同时应注明配制日期。

（5）培养基的弃置

使用后的培养基（包括结果显示阴性的培养基）应在实验完成后立即灭菌弃置，未使用的培养基超过规定保存期限后也应灭菌弃置，并填写压力蒸汽灭菌器灭菌监控及使用记录。

13.1.7.2　对照试验

（1）空白对照

使用无菌纯水进行实验室空白测定，培养后的结果应为阴性，否则该批次测定结果无效，应重新测定。

（2）阴性及阳性对照

使用标准菌株/标准样品进行对照试验。阳性菌株/标准样品可参考使用大肠埃希氏菌，阴性菌株/标准样品可参考使用产气肠杆菌等（检测粪大肠菌群）和金黄色葡萄球菌等（检测大肠菌群）。菌株/标准样品可按上述分析步骤要求操作，阳性菌株/标准样品应呈阳性反应，阴性菌株/标准样品应呈阴性反应，否则该批次测定结果无效，应重新测定。

13.1.7.3　灭菌设备

每期监测之前用生物指示剂进行一次灭菌效果监测。

13.1.8　注意事项

①粪大肠菌群和大肠菌群的检验应按照无菌操作的要求进行，同时应做平行样品的测定。

②稀释水要用清洁海水。

③EC 培养基使用前不宜放置在冰箱内，以防检测时出现假阳性。

④若海水水样污染较重，根据实际情况可将接种量逐级减少 1/10，即 1 mL 的 5 管，0.1 mL（1+9 稀释的 1 mL）5 管，0.01 mL（1+99 稀释的 1 mL）5 管……以此类推。

⑤待灭菌的物品不要摆放得过于拥挤，应保留一定的空间。

⑥灭菌后的物品应置于无菌室专门空间存放或置于消毒柜中暂存。

⑦灭菌后的物品两周内未使用，需重新灭菌。

编写人员：

王中卫（辽宁省大连生态环境监测中心）

孙沛雯（辽宁省大连生态环境监测中心）

13.2 海水 粪大肠菌群的测定 滤膜法

本方法依据《海洋监测规范 第7部分：近海污染生态调查和生物监测》（GB 17378.7—2007）（9.2 滤膜法）编写。方法在GB 17378.7—2007标准基础上，补充了相关规定和注意事项，以便减少监测执行单位在方法使用中的差别。

13.2.1 适用范围

本方法适用于海水中粪大肠菌群的测定。

13.2.2 方法原理

将水样注入已灭菌的放有微孔滤膜的滤器中，经过抽滤，细菌被截留在滤膜上，然后将滤膜贴于合适的培养基上进行培养。计数与鉴定滤膜上生长的大肠菌群菌落，计算出每升水样中含有的大肠菌群数。

13.2.3 试剂与材料

除非另有说明，分析时均使用符合国家标准的分析纯试剂，实验用水为纯水。

反应试剂配制时，可根据实际样品量的多少合理配制试剂量。

（1）M-TEC培养基的成分

蛋白胨	5 g
乳糖	10 g
酵母浸膏	3.0 g
氯化钠（NaCl）	7.5 g
磷酸氢二钾（$K_2HPO_4 \cdot 3H_2O$）	3.3 g
磷酸二氢钾（KH_2PO_4）	1.0 g

十二烷基磺酸钠{$CH_3(CH_2)10CH_2SO_3Na$}	0.2 g
去氧胆酸钠（$C_{24}H_{39}O_4Na$）	0.1 g
溴甲酚紫{$C_6H_4SO_2OC(C_6H_2CH_3OHBr)_2$}	0.08 g
溴酚红（$C_{21}H_{16}Br_2O_5S$）	0.08 g
琼脂	15.0 g
纯水	1 000 mL

（2）M-TEC 培养基的制法

按上述成分的规定量置于 1 000 mL 纯水中，加热溶解，用碳酸钠溶液（13.1.3.2）调 pH 为 7.4，分装于小烧瓶内，每瓶 100 mL，于 115℃高压蒸汽灭菌器中灭菌 15 min，将此培养基分别倒入经灭菌的平皿中，每平皿约 15 mL，待其冷却凝固，贮于冰箱中备用。

注：可购买市售商品化培养基，经实验室验证合格后代替上述培养基。

13.2.4　仪器与设备

①滤膜过滤器。

②硝化纤维滤膜：孔径 0.45 μm。

③真空泵或其他抽气设备。

④无齿镊子。

⑤抽滤瓶。

⑥培养皿：6 cm 或 9 cm。

⑦其他有关仪器设备同 13.1.4。

13.2.5　样品采集、保存和交接

样品采集、保存和交接同 13.1.5。

13.2.6　分析步骤

13.2.6.1　准备工作

（1）滤膜灭菌

将滤膜放入烧杯中，加入纯水，置于沸水浴中煮沸灭菌 3 次，每次 15 min。前两次

煮沸后需要换水并洗涤 2～3 次以除去膜内残余溶剂。

（2）滤器灭菌

用点燃的酒精棉球火焰灭菌，也可用 121℃高压蒸汽灭菌 20 min。

13.2.6.2 过滤水样

①用无菌镊子夹取灭菌滤膜边缘（粗糙面向上），贴放在已灭菌的滤器上，稳妥地固定好滤器，连接好抽气系统。

②滤器内预先加入约 10 mL 已灭菌的清洁海水，然后再用已灭菌吸量管吸取一定量的（一般为 1 mL 左右，随海水水样污染程度而异）充分混匀的待测水样，加入滤器中。

③在负压 50 kPa 下进行抽滤，快滤完前再加入灭菌清洁海水少许以冲洗滤器内壁，使水样内细菌全部集聚于滤膜上。

④水样滤完后，再抽滤约 5 s 即停止抽气，取下滤器，用灭菌镊子夹取滤膜边缘部分，移放在 M-TEC 培养基上，滤膜截留细菌面向上，滤膜应与培养基面完全紧贴，两者之间不应留有气泡，然后将平板倒置，放入 37℃恒温培养箱内培养 0.5 h，再移至 44℃恒温培养箱内培养 18～24 h。

13.2.6.3 结果计算与表示

在 M-TEC 培养基上，粪大肠菌群菌落呈黄色，计数滤膜上此类菌落的数目。对某些不典型或疑难的菌落，可取其一部分进行涂片、革兰氏染色、镜检。另一部分接种于 EC 培养液内（内有倒管），经 44℃培养 24 h 后观察是否产气，以决定此类可疑菌落是否为粪大肠菌群细菌。根据过滤的海水水样量及滤膜上的粪大肠菌群数，计算出每升海水中的粪大肠菌群数。

13.2.7 质量控制与保证

①滤膜：采用新滤膜前，应对滤膜进行鉴定，即将已知的大肠埃希氏菌置于水样中用此种滤膜过滤，此时在滤液中不得检出大肠埃希氏菌。

②其他质量控制与保证措施同 13.1.7。

13.2.8　注意事项

①如海水水样浑浊，过滤的水量又较多时，滤膜易被堵塞而影响检测，应采用“多管发酵法”为宜。

②水样过滤前，应将水样充分摇匀，使附着于颗粒、杂质上的细菌分散，以利于正确地检测。

③滤膜上所产生的菌落数一般以不超过 50 个为宜，如菌落数过多则不易分散生长，影响菌落准确计数，遇此情况应将过滤水样量减少，或同一水样做几个不同稀释度，再进行过滤，以选择其中合适的一个滤膜进行计数。同时需要做平行样品测定。

编写人员：

王中卫（辽宁省大连生态环境监测中心）

孙沛雯（辽宁省大连生态环境监测中心）

第 14 章 海水 溶解氧的测定 碘量法测定操作规程

本方法依据《海洋监测规范 第 4 部分：海水分析》（GB 17378.4—2007）（31 溶解氧 碘量法）编写。方法在 GB 17378.4—2007 标准基础上，补充了相关规定和注意事项，以便减少监测执行单位在方法使用中的差别。

14.1 适用范围

本法适用于大洋和近岸海水及河水、河口水溶解氧的测定。本方法的检出限为 0.08 mg/L（检出限来源于 GB 12763.4—2007）。

14.2 方法原理

水样中溶解氧与氯化锰和氢氧化钠反应，生成高价锰棕色沉淀。加酸溶解后，在碘离子存在下即释出与溶解氧含量相当的游离碘，然后用硫代硫酸钠标准溶液滴定游离碘，换算溶解氧含量。

14.3 干扰与消除

①水样中含有氧化性物质可以析出碘产生正干扰，可以加入叠氮化钠破坏氧化性物质干扰，将叠氮化钠和碱性碘化钾配制在一起即可。

②水样中含有还原性物质消耗碘产生负干扰，可以加入 $HgCl_2$ 去除干扰。

③游离碘的挥发会影响测定结果，可以加入大量过量碘离子，使 I_2 和 I^- 形成络合物，减少游离 I_2 浓度，防止碘挥发。

14.4 试剂与材料

除另有说明，所用试剂均为分析纯，水为蒸馏水或等效纯水。

①氯化锰溶液：称取 210 g 氯化锰（$MnCl_2 \cdot 4H_2O$），溶于水，并稀释至 500 mL。

②碱性碘化钾溶液：称取 250 g 氢氧化钠（NaOH），在搅拌下溶于 250 mL 水中，冷却后，加 75 g 碘化钾（KI），稀释至 500 mL，盛于具橡皮塞的棕色试剂瓶中。

③硫酸溶液：1+1：在搅拌下，将 50 mL 浓硫酸（H_2SO_4，ρ =1.84 g/mL）小心地加到同体积的水中，混匀，盛于试剂瓶中。

④碘酸钾标准溶液［$c(1/6KIO_3)$=0.010 0 mol/L］：称取 3.567 g 碘酸钾：（KIO_3，优级纯，预先在 120℃烘 2 h，置于硅胶干燥器中冷却），溶于水中，全量移入 1 000 mL 棕色量瓶中，加水至标线，混匀。置于冷暗处，有效期为 1 个月。使用时量取 10.00 mL 加水稀释至 100 mL，此时液体浓度为 0.010 0 mol/L。此外，也可购买市售碘酸钾标准溶液。

⑤淀粉溶液（5 g/L）：称取 1 g 可溶性淀粉，用少量水搅成糊状，加入 100 mL 煮沸的水，混匀，继续煮至透明。冷却后加入 1 mL 乙酸，稀释至 200 mL，盛于试剂瓶中。

⑥硫代硫酸钠溶液［$c(Na_2S_2O_3 \cdot 5H_2O)$=0.01 mol/L］：称取 25 g 硫代硫酸钠（$Na_2S_2O_3 \cdot 5H_2O$），用刚煮沸冷却的水溶解，加入约 2 g 碳酸钠，移入棕色试剂瓶中，稀释至 1 L，混匀。置于阴凉处。滴定时取 100 mL 0.10 mol/L 的硫代硫酸钠溶液稀释至 1 L，然后进行标定。每次使用前需进行现场标定。

⑦浓度的标定：移取 10.00 mL 碘酸钾标准溶液（④），沿壁流入碘量瓶中，用少量水冲洗瓶壁，加入 0.5 g 碘化钾（KI，化学纯，干燥，约半勺），沿壁注入 0.5 mL 硫酸溶液（1+1），塞好瓶塞，轻荡混匀，加少许水封口，在暗处放置 2 min。轻轻旋开瓶塞，沿壁加入 50 mL 水，在不断振摇下，用硫代硫酸钠溶液（⑥）滴定至溶液呈淡黄色，加入 1 mL 淀粉溶液，继续滴定至溶液蓝色刚褪去为止。重复标定，至两次滴定读数差小于 0.05 mL 为止。按式（14-1）计算其浓度：

$$c_{Na_2S_2O_3} = \frac{10.00 \times 0.010\,0}{V_{Na_2S_2O_3}} \qquad (14\text{-}1)$$

式中，$c_{Na_2S_2O_3}$——硫代硫酸钠标准溶液浓度，mol/L；

$V_{Na_2S_2O_3}$——硫代硫酸钠标准溶液体积，mL。

14.5 仪器与设备

①水样瓶（市售溶解氧瓶）；

②玻璃管（直径 5～6 mm，长 12 cm）；

③乳胶管（直径同玻璃管，长 20～30 cm）；

④溶解氧滴定管（25 mL，分刻度 0.05 mL）或数字瓶口滴定器（最小分量：0.01 mL），需定期校准；

⑤碘量瓶（250 mL）；

⑥量筒（100 mL）；

⑦试剂瓶；

⑧定量加液器或大肚移液管；

⑨移液吸管（20 mL）；

⑩一般实验室常备仪器和设备。

14.6 样品检查

分析人员在接收样品时，需按照第 6 章中样品交接内容的要求进行样品检查。检查样品是否进行固定、有无沉淀及沉淀的沉降等现象，并对照采样记录，检查每个样品是否在有效保存期内。

14.7 分析测试

①样品固定后约 1 h 或沉淀完全后便可进行滴定。

②全量滴定：将水样瓶上层清液倒入 250 mL 锥形烧瓶中，立即用定量加液器注入 2.0 mL（1+1）硫酸溶液（硫酸体积与氯化锰和碱性碘化钾的体积相同），塞好瓶塞，反复颠倒样品瓶至沉淀全部溶解。静置 5 min 后，小心打开溶解氧瓶塞，将样品转入之前的碘量瓶中，将已标定的硫代硫酸钠溶液注满溶解氧滴定管或注入数字瓶口滴定器的试

剂瓶中，进行滴定。待溶液呈淡黄色时，加 1 mL 淀粉溶液，继续滴定至蓝色刚刚褪去。用碘量瓶中的少量试液荡洗原水样瓶，再将其倒回碘量瓶中，继续滴定至无色，待 20 s 后，如试液不呈现淡蓝色即为终点。将滴定管读数记于溶解氧分析记录表中。

③定量滴定：打开瓶塞，加入 2.0 mL（1+1）硫酸溶液，盖紧瓶塞，反复颠倒样品至沉淀完全溶解。量取 100 mL（或适量）经上述处理后的水样，移入碘量瓶，将碘量瓶置于滴定台上。将已标定的硫代硫酸钠溶液注满溶解氧滴定管或注入数字瓶口滴定器的试剂瓶中，进行滴定。待溶液呈淡黄色时，加 1 mL 淀粉溶液，继续滴定至蓝色刚刚褪去。用洗瓶冲洗碘量瓶，继续滴定至无色，待 20 s 后，如试液不呈现淡蓝色即为终点。将滴定管读数记于溶解氧分析记录表中。定量滴定可以从同一瓶样品中取样两次进行滴定以测定滴定平行，要求两次滴定读数差小于 0.10 mL。平行滴定次数控制在样品数的 20%，少于 10 个样品时至少要做 1 组滴定平行。

④空白试验：取 100 mL 海水样品，加入 2.0 mL（1+1）硫酸溶液、2.0 mL 碱性碘化钾溶液和 2.0 mL 氯化锰溶液，混合均匀，放置 10 min 后加入 1 mL 淀粉溶液，混匀。此时若溶液呈现淡蓝色，用硫代硫酸钠进行滴定。如果硫代硫酸钠用量超过 0.1 mL，则应检查碘化钾和氯化锰试剂的可靠性并重新配制试剂。如果硫代硫酸钠用量小于或等于 0.1 mL，或加入淀粉后溶液不呈现淡蓝色，且加入 1 滴碘酸钾标准溶液后溶液立即呈现蓝色，则试剂空白可以忽略不计。每批新配制的试剂应进行 1 次空白试验。

⑤结果计算与表示

水样中溶解氧浓度按下式计算：

$$\rho_{O_2}=\frac{c\times V\times 8}{V_0}\times 1\,000 \tag{14-2}$$

式中，ρ_{O_2}——水样中溶解氧浓度，mg/L；

V——滴定样品时用去硫代硫酸钠溶液体积，mL；

c——硫代硫酸钠溶液的浓度，mol/L；

V_0——滴定用的实际水样体积（即水样瓶体积 – 固定水样的固定剂体积），mL；

饱和度的计算：

$$\text{氧的饱和度（\%）}=\rho_{O_2}/\rho_{O_2'}\times 100 \tag{14-3}$$

式中，ρ_{O_2}——测得的含氧量，mg/L；

$\rho_{O_2'}$——现场的水温及盐度条件下，样品中氧的饱和含量，mg/L。

14.8 质量控制与保证

①精密度：精密度通过计算平行样相对偏差进行判断，合格判定依据见第 6 章质量保证和质量控制表 6-2。每批样品应至少测定 20%的滴定平行（一瓶样品分两次取样分别滴定）和现场平行，样品数量少于 10 个时，应至少测定 1 个平行样。

②平行滴定两次读数差小于 0.10 mL。

14.9 注意事项

①滴定临近终点时，速度不宜太慢，否则终点变色不敏锐。如终点前溶液显紫红色，表示淀粉溶液变质，应重新配制。

②固定后放置时间不可超出 24 h。

③全量滴定的溶解氧样品瓶应进行容积校正：将水样瓶装满蒸馏水，塞上瓶塞、擦干，称重。减去干燥的空瓶重量，除以该水温时蒸馏水的密度，测得水样瓶的容积。将瓶号及相应的水样瓶容积测量结果记录备查。

编写人员：
胡序朋（浙江省海洋生态环境监测中心）
庄彤晖（浙江省海洋生态环境监测中心）

第 15 章 海水 化学需氧量 碱性高锰酸钾法测定操作规程

本方法依据《海洋监测规范 第 4 部分：海水分析》（GB 17378.4—2007）（32 化学需氧量 碱性高锰酸钾法）编写。方法在 GB 17378.4—2007 标准基础上，补充了相关规定和注意事项，以便减少监测执行单位在方法使用中的差别。

15.1 适用范围

本法适用于大洋和近岸海水及河口水化学需氧量的测定。本方法检出限为 0.15 mg/L。

15.2 方法原理

在碱性加热条件下，用已知量并且是过量的高锰酸钾氧化海水中的需氧物质。然后在酸性条件下，用碘化钾还原过量的高锰酸钾和二氧化锰，所生成的游离碘用硫代硫酸钠标准溶液滴定。

15.3 试剂与材料

除非另作说明，本方法所用试剂均为分析纯，水为蒸馏水或等效纯水。

①氢氧化钠溶液（250 g/L）：称取 250 g 氢氧化钠（NaOH），溶于 1 000 mL 水中，盛于聚乙烯瓶中。

②硫酸溶液（1+3）：在搅拌下将 1 体积浓硫酸（H_2SO_4，ρ=1.84 g/mL）慢慢加入 3 体积水中，趁热滴加高锰酸钾溶液（15.3.3），至溶液略呈微红色不褪为止，盛于棕色试剂瓶中。

③高锰酸钾溶液［$c(1/5KMnO_4)$=0.01 mol/L］：称取 3.2 g 高锰酸钾（$KMnO_4$）溶于 200 mL 水中，加热煮沸 10 min 后冷却，移入棕色试剂瓶中，稀释至 10 L 混匀。放置 7 d 左右，用玻璃砂芯漏斗过滤。

④淀粉溶液（5 g/L）：称取 1 g 可溶性淀粉，用少量水搅成糊状，加入 100 mL 煮沸的水，混匀后继续煮至透明。冷却后加入 1 mL 乙酸，稀释至 200 mL，盛于试剂瓶中。

⑤碘酸钾标准溶液［$c(1/6KIO_3)$=0.0100 mol/L］：称取 3.567 g 碘酸钾（KIO_3，优级纯，预先在 120℃条件下烘 2 h，置于干燥器中冷却）溶于水中，全量移入 1 000 mL 棕色量瓶中，稀释至标线后混匀。置于阴暗处，有效期为 1 个月，此溶液为 0.100 mol/L。使用时稀释 10 倍，即得 0.010 0 mol/L 碘酸钾标准溶液。也可购买市售碘酸钾标准溶液。

⑥硫代硫酸钠溶液［$c(Na_2S_2O_3\cdot 5H_2O)$=0.01 mol/L］：称取 25 g 硫代硫酸钠（$Na_2S_2O_3\cdot 5H_2O$），用刚煮沸冷却的水溶解，加入约 2 g 碳酸钠，移入棕色试剂瓶中，稀释至 1 L，混匀。置于阴凉处。滴定时取 100 mL 0.10 mol/L 的硫代硫酸钠溶液稀释至 1 L，然后进行标定。每次使用前需进行现场标定。

硫代硫酸钠标准溶液的标定：

移取 10.00 mL 碘酸钾标准溶液（15.3.5），沿壁流入碘量瓶中，用少量水冲洗瓶壁，加入 0.5 g 碘化钾（⑦），沿壁注入 1 mL 硫酸溶液（②），塞好瓶塞，轻荡混匀，加少许水封口，在暗处放置 2 min。轻轻旋开瓶塞，沿壁加入 50 mL 水，在不断振摇下，用硫代硫酸钠溶液（⑥）滴定至溶液呈淡黄色，加入 1 mL 淀粉溶液（④），继续滴定至溶液蓝色刚褪去为止。重复标定，至两次滴定读数误差小于 0.05 mL 为止。按以下公式计算其浓度：

$$c = \frac{10.00 \times 0.010\,0}{V} \tag{15-1}$$

式中，c——硫代硫酸钠标准溶液浓度，mol/L；

V——硫代硫酸钠标准溶液体积，mL。

⑦碘化钾（KI）：分析纯。

15.4 仪器与设备

①溶解氧滴定管（25 mL）或数字瓶口滴定器（最小分量：0.01 mL）；

②定量加液器：5 mL、10 mL；

③移液管：10 mL；

④碘量瓶：250 mL；

⑤具塞三角烧瓶：250 mL；

⑥试剂瓶：500 mL、棕色瓶 1 000 mL、聚乙烯瓶 1 000 mL；

⑦量筒：100 mL、500 mL、1 000 mL；

⑧滴瓶：125 mL；

⑨冷却装置（样品冷却）；

⑩定时钟或秒表；

⑪电热板：1 kW；

⑫一般实验室常备仪器和设备。

15.5 样品检查

分析人员在接收样品时，需按照第 6 章中样品交接内容的要求进行样品检查。检查样品是否进行固定、有无沉淀及沉淀的沉降等现象，并对照采样记录，检查每个样品是否在有效保存期内。

15.6 分析测试

①取 100 mL 水样于 250 mL 锥形瓶中（若有机物含量高，可少取水样，加水稀释至 100 mL）。加入 1 mL 氢氧化钠溶液（15.3①）混匀，加 10.00 mL 高锰酸钾溶液（15.3②）混匀。

②于电热板上加热至沸，准确煮沸 10 min（从冒出第一个气泡开始计时），然后迅速冷却至室温。

③加入 5 mL 硫酸溶液（15.3②），加 0.5 g 碘化钾（15.3⑦），加塞后用水封口，混匀，在暗处放置 5 min。在不断振摇下，用硫代硫酸钠标准溶液（15.3⑥）滴定至溶液呈淡黄色，加入 1 mL 淀粉溶液（15.3④），继续滴定至溶液蓝色刚褪去为止，记下读数 V_1。两平行样滴定读数相差不超过 0.10 mL。

④另取 100 mL 重蒸馏水代替水样，按上述步骤分析空白滴定值 V_0。

⑤结果计算与表示。

将滴定管读数记入数据记录表中，按以下公式计算化学需氧量：

$$\text{COD}=\frac{c(V_0-V_1)\times 8.0}{V}\times 1\,000 \tag{15-2}$$

式中，COD——水样的化学需氧量，mg/L；

c——硫代硫酸钠溶液的浓度，mol/L；

V_0——分析空白滴定消耗硫代硫酸钠溶液的体积，mL；

V_1——滴定样品时消耗硫代硫酸钠溶液的体积，mL；

V——取水样体积，mL。

15.7 质量控制与保证

15.7.1 精密度

精密度通过计算平行样相对偏差进行判断，合格判定依据见第 6 章质量保证和质量控制表 6-2。每批样品应至少测定 10%的平行样，样品数量少于 10 个时，应至少测定 1 个平行样。

15.7.2 准确度

准确度通过测试标准样品判断。每批样品至少需要测定 1 个标准样品，标准样品合格依据证书的不确定度判定。

15.8　注意事项

①水样加热完毕，应冷却至室温，再加入硫酸和碘化钾，否则游离碘挥发会造成误差。

②化学需氧量的测定是在一定反应条件下试验的结果，是一个相对值，所以测定时应严格控制条件，如试剂的用量、加入试剂的次序、加热时间及加热温度的高低，加热前溶液的总体积等都必须保持一致。

③用于制备碘酸钾标准溶液的纯水和玻璃器皿须经煮沸处理，否则碘酸钾溶液易分解。

编写人员：
胡序朋（浙江省海洋生态环境监测中心）
庄彤晖（浙江省海洋生态环境监测中心）

第 16 章 海水 生化需氧量的测定 五日培养法测定操作规程

本方法依据《海洋监测规范 第 4 部分：海水分析》（GB 17378.4—2007）（33.1 生化需氧量 五日培养法）编写。方法在 GB 17378.4—2007 标准基础上，补充了相关规定和注意事项，以便减少监测执行单位在方法使用中的差别。

16.1 适用范围

本方法适用于海水生化需氧量的测定。本方法检出限为 1 mg/L。

16.2 方法原理

水体中有机物在微生物降解的生化过程中，消耗水中溶解氧。通常情况下是指水样充满完全密闭的溶解氧瓶中，在 20±1℃的暗处培养 5 d±4 h 后，用碘量法测定培养前和培养后两者的溶解氧含量之差，即为生化需氧量，以氧的含量（mg/L）计算。水中有机质越多，生物降解需氧量也越多，一般水中溶解氧有限，因此，须用氧饱和的蒸馏水稀释。为提高测定的准确度，培养后减少的溶解氧要求占培养前溶解氧的 40%～70%为适宜。若样品中的有机物含量较多，BOD_5 的质量浓度大于 6 mg/L，样品需适当稀释后测定。

16.3 试剂与材料

除非另作说明，本方法所用试剂均为化学纯，水为蒸馏水或等效纯水。

①氯化钙溶液（27.5 g/L）：溶解 27.5 g 氯化钙（$CaCl_2$）于水中，稀释至 1 L，盛于试剂瓶中。

②三氯化铁溶液（0.25 g/L）：溶解 0.25 g 三氯化铁（$FeCl_3·6H_2O$）于水中，稀释至 1 L，盛于试剂瓶中。

③硫酸镁溶液（22.5 g/L）：溶解 22.5 g 硫酸镁（$MgSO_4·7H_2O$）于水中，稀释至 1 L，盛于试剂瓶中。

④磷酸盐缓冲溶液（pH≈7.2）：溶解 8.5 g 磷酸二氢钾（KH_2PO_4），21.75 g 磷酸氢二钾（K_2HPO_4），33.4 g 磷酸二氢钾（$Na_2HPO_4·7H_2O$）和 1.7 g 氯化铵（NH_4Cl）于 500 mL 水中，稀释至 1 L，此缓冲溶液 pH 为 7.2，无须再做调节。

⑤氯化锰溶液：称取 210 g 氯化锰（$MnCl_2·4H_2O$）于水中溶解，并稀释至 500 mL。

⑥碱性碘化钾溶液：称取 250 g 氢氧化钠（NaOH），在搅拌下溶于 250 mL 水中，待冷却后加 75 g 碘化钾（16.3⑪），稀释至 500 mL，盛于具橡皮塞的棕色试剂瓶中。

⑦硫酸溶液（1+1）：在搅拌下将同体积浓硫酸（H_2SO_4，ρ=1.84 g/mL）慢慢加入同体积水中，混匀，盛于试剂瓶中。

⑧硫代硫酸钠溶液［$c(Na_2S_2O_3·5H_2O)$=0.01 mol/L］：称取 25 g 硫代硫酸钠（$Na_2S_2O_3·5H_2O$），用刚煮沸冷却的水溶解，加入约 2 g 碳酸钠，移入棕色试剂瓶中，稀释至 1 L，混匀。置于阴凉处。滴定时取 100 mL 0.10 mol/L 的硫代硫酸钠溶液稀释至 1 L，然后进行标定。每次使用前需进行现场标定。

硫代硫酸钠标准溶液的标定：

移取 10.00 mL 碘酸钾标准溶液（16.3⑩），沿壁流入碘量瓶中，用少量水冲洗瓶壁，加入 0.5 g 碘化钾（16.3⑪），沿壁注入 0.5 mL 硫酸溶液（16.3⑦），塞好瓶塞，轻荡混匀，加少许水封口，在暗处放置 2 min。轻轻旋开瓶塞，沿壁加入 50 mL 水，在不断振摇下，用硫代硫酸钠溶液（16.3⑧）滴定至溶液呈淡黄色，加入 1 mL 淀粉溶液（16.3⑨），继续滴定至溶液蓝色刚褪去为止。重复标定，至两次滴定读数误差小于 0.05 mL 为止。按以下公式计算其浓度：

$$c=\frac{10.00\times 0.010\,0}{V} \tag{16-1}$$

式中，c——硫代硫酸钠标准溶液浓度，mol/L；

V——硫代硫酸钠标准溶液体积，mL。

⑨淀粉溶液（5 g/L）：称取 1 g 可溶性淀粉，用少量水搅成糊状，加入 100 mL 煮沸的水，混匀后继续煮至透明。冷却后加入 1 mL 乙酸，稀释至 200 mL，盛于试剂瓶中。

⑩碘酸钾标准溶液［$c(1/6KIO_3)$=0.010 0 mol/L］：称取 3.567 g 碘酸钾（KIO_3，优级纯，预先在 120℃烘 2 h，置于干燥器中冷却）溶于水中，全量移入 1 000 mL 棕色量瓶中，稀释至标线后混匀。置于阴暗处，有效期为 1 个月，此溶液为 0.100 mol/L。使用时稀释 10 倍，即得 0.010 0 mol/L 碘酸钾标准溶液。也可购买市售碘酸钾标准溶液。

⑪碘化钾（KI）：化学纯。

16.4 仪器与设备

①生化培养箱：自动调温（20±1℃）培养箱，要求不透光，以防光合作用产生溶解氧。

②水样瓶（市售溶解氧瓶）：250 mL。

③溶解氧滴定管（25 mL）或数字瓶口滴定器（最小分量：0.01 mL）。

④定量加液器：2 mL。

⑤移液管：10 mL。

⑥碘量瓶：250 mL。

⑦试剂瓶：500 mL、棕色瓶 2 500 mL、10 000 mL、聚乙烯瓶 1 000 mL。

⑧量筒：100 mL、500 mL、1 000 mL、2 000 mL。

⑨滴瓶：125 mL。

⑩玻璃管：直径 5～6 mm，长 12 cm。

⑪乳胶管：直径 5～6 mm，长 20～30 cm。

⑫一般实验室常备仪器和设备。

16.5 样品检查

分析人员在接收样品时，需按照第 6 章中样品交接内容的要求进行样品检查。检查样品是否进行固定、有无沉淀及沉淀的沉降等现象，并对照采样记录，检查每个样品是否在有效保存期内。

16.6 分析测试

（1）稀释水的制备

在 20 L 玻璃瓶中加入一定体积的水，经过 8～12 h 曝气后，使溶解氧接近饱和，盖严静置，备用。使用前于每升水中各加 1 mL 磷酸盐缓冲溶液（16.3④）、1 mL 硫酸镁溶液（16.3③）、1 mL 氯化钙溶液（16.3①）和 1 mL 三氯化铁溶液（16.3②），混匀。

（2）水样的采集和培养

水样的采集和培养按以下步骤进行：

①水样采集后应在 6 h 内开始分析（最好采样完成立即培养），若不能，则在 4℃或 4℃以下保存，且不得超过 24 h，并将贮存时间和温度与分析结果一起报告。

②对未受污染海区的水样可直接取样。分装样品时，虹吸管的一头要插入培养瓶的底部，慢慢放水，以免带入气泡。直接测定当天水样和经过 5 d 培养后水样中溶解氧的差值。

③对于已受污染海区的水样，必须经过稀释水稀释后再进行培养和测定。稀释倍数的选择可根据培养后溶解氧的减少量而定，剩余溶解氧至少有 1 mg/L。一般采用 20%～75%的稀释量。初次操作时，可对每个水样同时做 2～3 个不同的稀释倍数。

（3）稀释方法

①量取一定体积的水样于 2 000 mL 量筒中，用虹吸管引入稀释水至 2 000 mL 刻度，用一插棒式混合棒（在玻璃棒一端插入一块略小于所用量筒直径、约 2 mm 厚的橡皮板），小心上下搅动，不可露出水面，以免带入气泡。

②用虹吸管将稀释后的水样装入 4 个培养瓶中，至完全充满后轻敲瓶壁，使瓶中可能混有的小气泡逸出，塞紧瓶盖，用水封口。

③另取 4 个编号的培养瓶，全部装入稀释水，盖紧后水封，作为空白样品。

④将各瓶的编号按操作顺序记入数据表中，每种样品各取两瓶立即测定溶解氧，其余放入 20±1℃的培养箱中；培养期间每天需检查水封和生化培养箱温度波动。

⑤从开始培养的时间算起，经 5 昼夜后取出样品，测得其溶解氧的剩余量。

（4）溶解氧的测定及其浓度计算

溶解氧的测定及其浓度计算可参照《海水　溶解氧的测定　碘量法　测定操作规程》。

（5）结果计算与表示

将每种水样的测定结果记入数据记录表中，按以下公式计算五日生化需氧量：

$$\mathrm{BOD}_5=\frac{(D_1-D_2)-(D_3-D_4)\times f_1}{f_2} \tag{16-2}$$

式中，BOD_5——五日生化需氧量，mg/L；

D_1——样品在培养前的溶解氧含量，mg/L；

D_2——样品在培养后的溶解氧含量，mg/L；

D_3——稀释水在培养前的溶解氧含量，mg/L；

D_4——稀释水在培养后的溶解氧含量，mg/L；

f_1——稀释水（V_3）在水样（V_4）中所占的比例；

f_2——水样（V_4）在稀释水（V_3）中所占的比例；

其中，$f_1=\frac{V_3}{V_3+V_4}$；$f_2=\frac{V_4}{V_3+V_4}$。

16.7 质量控制与保证

（1）精密度

精密度通过计算平行样相对偏差进行判断，合格判定依据见第 6 章质量保证和质量控制表 6-2。每批样品应至少测定 10%的平行样，样品数量少于 10 个时，应至少测定 1 个平行样。

（2）准确度

准确度通过测试标准样品判断。每批样品至少需要测定 1 个标准样品，标准样品合格依据证书的不确定度判定。

16.8　注意事项

①用于制备碘酸钾标准溶液的纯水和玻璃器皿须经煮沸处理，否则碘酸钾溶液易分解。

②滴定临近终点时，速度不宜太慢，否则终点变色不敏锐。如终点前溶液显紫红色，表示淀粉溶液变质，应重新配制。

③水样中含有氧化物性质可以析出碘产生正干扰，含有还原性物质消耗碘产生负干扰。

④配制试剂和稀释水所用的蒸馏水应不含有机质、苛性碱和酸。

⑤稀释水也可采用新鲜天然海水，稀释水应保持在 20℃左右，并在培养 5 d 后，溶解氧的减少量应在 0.5 mg/L 以下。

⑥在培养期间，培养瓶封口处应始终保持有水，可用锡纸或塑料帽盖在瓶口上以减少培养期间封口水的蒸发。经常检查培养箱的温度是否保持在 20±1℃。样品在培养期间不应见光，以防止光合作用产生溶解氧。

⑦为使测定正确，尤其对初次操作者来说，可使用标准物质进行校验。常用的标准物质有葡萄糖和谷氨酸混合液。将葡萄糖和谷氨酸在 103℃的烘箱中干燥 1 h，精确称取葡萄糖 150 mg 加谷氨酸 150 mg 溶解在 100 mL 蒸馏水中，其 20℃时 BOD_5 为 200±37 mg/L。

编写人员：
胡序朋（浙江省海洋生态环境监测中心）
庄彤晖（浙江省海洋生态环境监测中心）

第 17 章 海水 氨氮的测定操作规程

17.1 海水 氨氮的测定 靛酚蓝分光光度法

本方法依据《海洋监测规范 第 4 部分：海水分析》（GB 17378.4—2007）（36.1 靛酚蓝分光光度法）编写。方法在 GB 17378.4—2007 标准基础上，补充了相关规定和注意事项，以便减少监测执行单位在方法使用中的差别。

17.1.1 适用范围

本法适用于大洋和近岸海水及河口水中氨氮的测定。

本方法检出限为 0.000 7 mg/L（检出限来自 GB 12763.4—2007）。

17.1.2 方法原理

在弱碱性介质中，以亚硝酰铁氰化钠为催化剂，氨与苯酚和次氯酸盐反应生成靛酚蓝，在 640 nm 处测定吸光值，吸光值与样品中氨含量成正比。

17.1.3 试剂与材料

除非另有说明，分析时所用试剂均使用符合国家标准的分析纯化学试剂，实验用水均为无氨水，所用的容量器具和量器均经过检定。

反应试剂配制时，可根据实际样品量的多少合理配制试剂量。

17.1.3.1 无氨水

在无氨环境中用下述方法之一制备。

（1）离子交换法

蒸馏水通过强酸性阳离子交换树脂（氢型）柱，将流出液收集在带有磨口玻璃塞的玻璃瓶内。每升流出液加 10 g 同样的树脂，以利于保存。

（2）蒸馏法

在 1 000 mL 的蒸馏水中，加 0.1 mL 硫酸（ρ =1.84 g/mL），在全玻璃蒸馏器中重蒸馏，弃去前 50 mL 馏出液，然后将约 800 mL 馏出液收集在带有磨口玻璃塞的玻璃瓶内。每升馏出液加 10 g 强酸性阳离子交换树脂（氢型）。

（3）纯水器法

用市售纯水器直接制备。

17.1.3.2　硫酸溶液［c（H_2SO_4）=0.5 mol/L］

移取 28 mL 硫酸（H_2SO_4，ρ =1.84 g/mL）缓慢地倾入水中，并稀释至 1 L，混匀。

17.1.3.3　氢氧化钠溶液[c（NaOH）=0.50 mol/L]

称取 10.0 g 氢氧化钠（NaOH），溶于 1 000 mL 水中，加热蒸发至 500 mL。盛于聚乙烯瓶中。

17.1.3.4　柠檬酸钠溶液（480 g/L）

称取 240 g 柠檬酸钠（$Na_3C_6H_5O_7\cdot 2H_2O$），溶于 500 mL 水中，加入 20 mL 氢氧化钠溶液（17.1.3.3），加入数粒防暴沸石，煮沸除氨直至溶液体积小于 500 mL。冷却后用水稀释至 500 mL，盛于聚乙烯瓶中。此溶液长期稳定。

17.1.3.5　苯酚溶液

称取 38 g 苯酚（C_6H_5OH）和 400 mg 亚硝酰基铁氰化钠［$Na_2Fe(CN)_5NO\cdot 2H_2O$］，溶于少量水中，稀释至 1 000 mL，混匀。盛于棕色试剂瓶中，冰箱内保存。此溶液可稳定数月。

17.1.3.6　硫代硫酸钠溶液［c（$Na_2S_2O_3\cdot 5H_2O$）=0.10 mol/L］

称取 25.0 g 硫代硫酸钠溶液（$Na_2S_2O_3\cdot 5H_2O$），溶于少量水中，稀释至 1 000 mL。

加 1 g 碳酸钠（Na_2CO_3），混匀。转入棕色试剂瓶中保存。

17.1.3.7　淀粉溶液（5 g/L）

称取 1 g 可溶性淀粉，加少量水搅成糊状，加入 100 mL 沸水，搅匀，电炉上煮至透明。取下冷却后加入 1 mL 冰醋酸（CH_3COOH），用水稀释至 200 mL，盛于试剂瓶中。

17.1.3.8　次氯酸钠溶液（市售品有效氯含量不少于 5.2%）

此溶液使用时按以下方法标定：加 50 mL 硫酸溶液（17.1.3.2）至 100 mL 锥形瓶中，加入约 0.5 g 碘化钾（KI），混匀。加 1.00 mL 次氯酸钠溶液（17.1.3.9），以硫代硫酸钠溶液（17.1.3.6）滴定至淡黄色，加入 1 mL 淀粉溶液（17.1.3.7），继续滴定至蓝色消失。记下硫代硫酸钠溶液的体积，1.00 mL 相当于 3.54 mg 有效氯。

17.1.3.9　次氯酸钠使用液（1.50 mg/mL 有效氯）

用氢氧化钠溶液（17.1.3.3）稀释一定量的次氯酸钠溶液（17.1.3.8），使其每 1.00 mL 中含有 1.50 mg 有效氯。此溶液盛于聚乙烯瓶中置冰箱内保存，可稳定数周。

17.1.3.10　无氨海水

采集氨氮低于 0.8 μg/L 的海水，用 0.45 μm 滤膜过滤后贮于聚乙烯桶中，每升海水加 1 mL 三氯甲烷，混合后即可作为无氨海水使用。

17.1.3.11　铵标准贮备溶液（100 mg/L-N）

准确称量 0.4716 g 硫酸铵［$(NH_4)_2SO_4$，预先在 110℃烘 1 h，置于干燥器中冷却］，溶于少量水中，全量转入 1 000 mL 容量瓶中，加水至标线，混匀。加 1 mL 三氯甲烷（$CHCl_3$），振摇混合。贮于棕色试剂瓶中，冰箱内保存，有效期半年。或直接购买市售有证标准溶液。

17.1.3.12　铵标准使用溶液（10.0 mg/L-N）

吸取 5.00 mL 铵标准贮备溶液（17.1.3.11）于 50 mL 容量瓶中，稀释至刻度，混匀。临用前配制。

17.1.4　仪器与设备

①分光光度计：具 5 cm 比色皿。

②具塞比色管：50 mL。

③刻度吸管或移液枪：容量 1 mL、5 mL、10 mL。

④一般实验室常用仪器和设备。

17.1.5　样品检查

分析人员在接收样品时，需按照第 6 章中样品交接内容的要求进行样品检查。检查样品是否进行固定、有无沉淀及沉淀的沉降等现象，并对照采样记录，检查每个样品是否在有效保存期内。

17.1.6　前处理

取 50.0 mL 样品经 0.45 μm 滤膜过滤，取样时应仔细摇匀。如样品中含氨氮浓度较高，试样体积可以减少。

17.1.7　分析测试

17.1.7.1　标准曲线的绘制

标准曲线应在每批样品分析时绘制；若使用已有的标准曲线，需要加入一个浓度中间点进行校准，与理论值偏差在 5%以内［参照《水和废水监测分析方法》（第四版）］时可使用该标准曲线。

标准曲线按以下步骤绘制：取 6 个 100 mL 容量瓶，分别加入 0.00 mL、0.30 mL、0.60 mL、0.90 mL、1.20 mL、1.50 mL 铵标准使用溶液（17.1.3.12），其所对应的氨氮含量分别为 0.00 μg、3.00 μg、6.00 μg、9.00 μg、12.00 μg、15.00 μg，加无氨海水（17.1.3.10）至标线，混匀；移取 35.0 mL 上述各点溶液，分别置于 50 mL 具塞比色管中；各加入 1.0 mL 柠檬酸钠溶液（17.1.3.4），混匀；各加入 1.0 mL 苯酚溶液（17.1.3.5），混匀；各加入 1.0 mL 次氯酸钠使用溶液（17.1.3.9），混匀。放置 6 h 以上；选 640 nm 波长，5 cm 比色皿，以水作参比溶液，测定吸光值 A_i，其中 0 浓度为 A_0；以吸光值（A_i-A_0）为纵坐标，氨氮加入量（μg）为横坐标，绘制标准曲线。

注：根据实际样品的浓度范围，曲线浓度范围可适当调整，至少 6 个点（包含 0 点）。曲线浓度范围不超过两个数量级。

17.1.7.2 空白与自控样品分析

（1）空白实验

以无氨水（17.1.3.1）代替水样，做空白实验测定 A_b。

（2）自控样品

能够获得海水标样时，应将标样与实际样品一同处理和分析，检查分析结果的准确性。在不能获得海水样品时，应采用加标回收实验检查分析结果的准确性。分析结果的精密性检查采用实验室平行样控制方式进行。

17.1.7.3 样品测定

移取 35.0 mL 已过滤水样（若水样中氨氮浓度较高，可适当减少取样体积），置于 50 mL 具塞比色管中；按照 17.1.7.1 中绘制标准曲线步骤测定水样的吸光度 A_w。

每批样品需同时测定全程序空白、10%平行样、一个标准曲线中间浓度点，并进行加标回收试验，或者同时分析有证标准样品。

17.1.7.4 结果与计算

（1）结果计算

按以下不同情况计算水样中氨氮的浓度：

①测定海水样品时，若绘制标准曲线用盐度相近的无氨海水，水样中氨氮的质量浓度（以 N 计）按以下公式数据计算：

$$\rho(NH_3\text{-}N) = \frac{A_w - A_b - a}{b \times V} \tag{17-1}$$

式中，ρ（NH_3-N）——水样中氨氮的质量浓度，mg/L；

A_w——水样的吸光度；

A_b——空白实验的吸光度；

a——标准曲线的截距；

b——标准曲线的斜率；

V——所取水样的体积，mL；

②对于海水或河口区水样，若绘制标准曲线时用无氨水，应进行盐度校正：即水样的吸光度（A_w-A_b），应根据所测水样的盐度乘以相应的盐误差校正系数 f（见表 17-1），再用校正过的吸光度值 f（A_w-A_b）按照上述方法进行计算。

表 17-1 盐误差校正系数表

S	0～8	11	14	17	20	23	27	30	33	36
f	1.00	1.01	1.02	1.03	1.04	1.05	1.06	1.07	1.08	1.09

注：S 表示盐度，单位‰。

（2）结果表示

分析结果的有效保留的最小数位不能低于分析方法检出限的最小数位，最多保留 3 位有效数字。

17.1.8 质量控制与保证

①空白实验：空白值应低于方法检出限。

②标准曲线：线性相关系数 r 应≥0.999。

③精密度控制：精密度通过计算平行样相对偏差进行判断，合格判定依据见实验室质量控制参考标准表。每批样品应至少测定 10%的平行双样，样品数量少于 10 个时，应至少测定 1 个平行双样。

④准确度控制：准确度通过测试标准样品或计算加标样品回收率判断。每批样品至少需要测定 1 个标准样品或 1 个加标回收，标准样品合格依据证书的不确定度判定，加标回收率的合格判定依据见第 6 章质量保证和质量控制表 6-2。

17.1.9 注意事项

①若绘制标准曲线时用无氨海水，则空白实验应以无氨海水代替水样进行，并进行盐度校正。

②测定中要避免空气中的氨对水样或试剂的沾污；测定应在无氨的实验环境中进行。

③直接购买精制苯酚，但要注意药品有效期。

④样品和标准溶液的显色时间保持一致，并避免阳光照射。

⑤该法重现性好，空白值低，有机氮化物不被测定，但反应慢，灵敏度略低。

编写人员：
彭　晓（辽宁省大连生态环境监测中心）
包艳英（辽宁省大连生态环境监测中心）
刘　扬（辽宁省大连生态环境监测中心）

17.2 海水　氨氮的测定　次溴酸盐氧化法

本方法依据《海洋监测规范 第 4 部分：海水分析》（GB 17378.4－2007）（36.2 次溴酸盐氧化法）编写。方法在 GB 17378.4—2007 标准基础上，补充了相关规定和注意事项，以便减少监测执行单位在方法使用中的差别。

17.2.1 适用范围

本法适用于大洋和近岸海水及河口水中氨氮的测定，不适用于污染较重，含有机物较多的养殖水体。本方法检出限为 0.000 4 mg/L（检出限来自 GB 12763.4—2007）。

17.2.2 方法原理

在碱性介质中次溴酸盐将氨氧化为亚硝酸盐，然后以重氮-偶氮分光光度法测定亚硝酸盐氮的总量，扣除原有亚硝酸盐氮的浓度，得到氨氮的浓度。

17.2.3 试剂和材料

除非另有说明，分析时所用试剂均使用符合国家标准的分析纯化学试剂，实验用水均为无氨水，所用的容量器具和量器均经过检定。

反应试剂配制时，可根据实际样品量的多少合理配制试剂量。

（1）无氨水（在无氨环境中用下述方法之一制备）

①离子交换法。

蒸馏水通过强酸性阳离子交换树脂（氢型）柱，将流出液收集在带有磨口玻璃塞的玻璃瓶内。每升流出液加 10 g 同样的树脂，以利于保存。

②蒸馏法。

在 1 000 mL 的蒸馏水中，加 0.1 mL 硫酸（ρ =1.84 g/mL），在全玻璃蒸馏器中重蒸馏，弃去前 50 mL 馏出液，然后将约 800 mL 馏出液收集在带有磨口玻璃塞的玻璃瓶内。每升馏出液加 10 g 强酸性阳离子交换树脂（氢型）。

③纯水器法。

用市售纯水器直接制备。

（2）氢氧化钠溶液（400 g/L）

称取 200 g 氢氧化钠（NaOH）溶于 1 000 mL 水中，加热蒸发至 500 mL，贮于聚乙烯瓶中。

（3）盐酸（1+1）

将同体积盐酸（HCl，ρ = 1.19 g/mL）与同体积的水混匀。

（4）溴酸钾-溴化钾贮备溶液

称取 2.8 g 溴酸钾（$KBrO_3$）和 20 g 溴化钾（KBr），溶解于 1 000 mL 水中，摇匀，贮于棕色玻璃瓶中，室温避光可以保存 1 年。

注：溴酸钾易光解，须避光保存。

（5）次溴酸钠溶液

量取 1.0 mL 溴酸钾-溴化钾贮备溶液在（4）于 250 mL 聚乙烯瓶中，加入 49 mL 水及 3.0 mL 盐酸（3），立即密塞，充分摇匀，于暗处放置 5 min 后，加入 50 mL 上述氢氧化钠，充分摇匀，待小气泡逸尽后使用。该试剂应临用时现配。

注：使用前须充分摇匀。

（6）磺胺溶液（2.0 g/L）

称取 2.0 g 磺胺（$NH_2SO_2C_6H_4NH_2$），溶于 1 000 mL 盐酸溶液（3）中，贮于棕色试剂瓶中，有效期为 2 个月。

（7）盐酸萘乙二胺溶液（1.0 g/L）

称取 0.50 g 盐酸萘乙二胺（$C_{10}H_7NHCH_2CH_2NH_2 \cdot 2HCl$），溶于 500 mL 水中，贮于

棕色试剂瓶中，冰箱4℃保存，有效期为1个月。

（8）铵标准贮备溶液（100 mg/L-N）

称取0.471 6 g 硫酸铵［$(NH_4)_2SO_4$预先在110℃下干燥1 h］，溶于少量水中，全量移入1 000 mL容量瓶中，稀释至标线，混匀。加1 mL三氯甲烷（$CHCl_3$），混匀。贮于1 000 mL棕色试剂瓶中，冰箱内保存，有效期半年，或直接购买市售有证标准溶液。

（9）铵标准使用溶液（1.00 mg/L-N）

吸取5.00 mL上述铵标准贮备溶液于500 mL容量瓶中，稀释至刻度，混匀。临用前配制。

17.2.4 仪器和设备

①可见分光光度计：具5 cm比色皿。

②具塞磨口玻璃比色管：50 mL。

③具塞容量瓶：100 mL、500 mL、1 000 mL。

④移液管：容量1.00 mL、5.00 mL、10 mL、50 mL或自动移液装置。

⑤一般实验室常用仪器和设备。

17.2.5 样品检查

分析人员在接收样品时，需按照第6章中样品交接内容的要求进行样品检查。检查样品是否进行固定、有无沉淀及沉淀的沉降等现象，并对照采样记录，检查每个样品是否在有效保存期内。

17.2.6 样品前处理

取50.0 mL样品经0.45 μm滤膜过滤，取样时应仔细摇匀。如样品中含氨氮浓度较高，试样体积可以减少。

17.2.7 分析测试

（1）标准曲线的绘制

每一期海水调查应至少做一次标准曲线；若使用已有的校准曲线，需要加入一个浓度中间点进行校准，与理论值偏差在5%以内［参照《水和废水监测分析方法》（第四版）］

时可使用该校准曲线。

标准曲线按以下步骤绘制：在 6 个 50 mL 具塞比色管中，分别加入 0.00 mL、0.50 mL、1.00 mL、2.00 mL、3.00 mL、4.00 mL 铵标准使用溶液［17.2.3（9）］，加无氨水至标线，混匀；其所对应的氨氮含量分别为 0.00 μg、0.50 μg、1.00 μg、2.00 μg、3.00 μg、4.00 μg；各加入 5.0 mL 次溴酸钠溶液［17.2.3（5）］，混匀，放置 30 min；各加入 5.0 mL 磺胺溶液［17.2.3（6）］，混匀，放置 5 min；各加入 1.0 mL 盐酸萘乙二胺溶液［17.2.3（7）］，混匀，放置 15 min；在波长 543 nm 下，用 5 cm 比色皿，以无氨水作参比，测量吸光度 A_i，其中 0 浓度为 A_0。以吸光度 A_i-A_0 为纵坐标，相应的氨氮含量（μg）为横坐标，绘制标准曲线。

注：根据实际样品的浓度范围，曲线浓度范围可适当调整，至少 6 个点（包含 0 点）。曲线浓度范围不超过两个数量级。

（2）空白实验与自控样品分析

①空白实验：以无氨水代替水样作为空白，按照样品测定步骤进行测定。

②自控样品：能够获得海水标样时，应将标样与实际样品一同处理和分析，检查分析结果的准确性。在不能获得海水样品时，应采用加标回收实验检查分析结果的准确性。分析结果的精密性检查采用实验室平行样控制方式进行。

（3）样品测定

取经预处理的水样 50.0 mL（若水样中氨氮浓度较高，可适当减少取样体积）于 50 mL 具塞磨口玻璃比色管中，按与标准曲线相同的步骤测量吸光度 A_s。

注：比色皿光程根据样品浓度范围可以适当调整，但须重新按照 HJ 168—2010 要求计算检出限，检出限必须满足一类海水水质标准要求。

每批样品需同时测定全程序空白、10%平行样和 1 个标准曲线中间浓度点，并进行加标回收试验，或者同时分析有证标准样品。

（4）结果计算

水样中氨氮的质量浓度（以 N 计）按以下公式计算：

$$\rho(NH_3\text{-}N)=\rho(N_{总})-\rho(NO_2\text{-}N) \tag{17-2}$$

$$\rho(N_{总})=\frac{A_s-A_b-a}{b\times V} \tag{17-3}$$

式中，$\rho(NH_3\text{-}N)$ ——水样中氨氮的质量浓度，mg/L；

$\rho(N_{总})$——由标准曲线得到氨氮（包括亚硝酸盐氮）的质量浓度，mg/L；

$\rho(NO_2\text{-}N)$——水样中亚硝酸盐氮的质量浓度（按海水亚硝酸盐氮规定标准方法测定），mg/L；

A_s——水样的吸光度；

A_b——空白试验的吸光度；

a——标准曲线的截距；

b——标准曲线的斜率；

V——所取水样的体积，mL。

（5）结果表示

分析结果的有效保留最小数位不能低于分析方法检出限的最小数位，最多保留 3 位有效数字。

17.2.8 质量控制与保证

①空白实验：空白值应低于方法检出限。

②标准曲线：线性相关系数 r 应≥0.999。

③精密度控制：精密度通过计算平行样相对偏差进行判断，合格判定依据见实验室质量控制参考标准表。每批样品应至少测定 10%的平行双样，样品数量少于 10 个时，应至少测定 1 个平行双样。

④准确度控制：准确度通过测试标准样品或计算加标样品回收率判断。每批样品至少需要测定 1 个标准样品或 1 个加标回收，标准样品合格依据证书的不确定度判定，加标回收率的合格判定依据见第 6 章质量保证和质量控制表 6-2。

17.2.9 注意事项

①实验应在无氨的实验室环境中进行，避免环境交叉污染对测定结果产生影响。

②实验所用的器皿等均应无氨污染。实验中所用的玻璃器皿应用盐酸溶液或硫酸溶液浸泡，用自来水冲洗后再用无氨水冲洗数次，洗净后立即使用。

③当水温高于 10℃时，氧化 30 min 即可，若低于 10℃时，氧化时间应适当延长。

④在条件许可下，最好用无氮海水绘制工作曲线。

⑤加盐酸萘乙二胺试剂后，应在 2 h 内测定完毕，并避免阳光照射。

编写人员：
张　倩（辽宁省大连生态环境监测中心）
彭　晓（辽宁省大连生态环境监测中心）

17.3　海水　氨氮的测定　流动注射比色法

本方法依据《近岸海域环境监测规范》（HJ 442—2008）（附录 G 流动注射比色法测定河口与近岸海水中的氨）编写。本方法在 HJ 442—2008 标准基础上，补充了相关规定和注意事项，以便减少监测执行单位在方法使用中的差别。

17.3.1　适用范围

本法适用于河口及近岸海水中氨氮的测定。

本方法的检出限为 0.005 mg/L（检出限来自 HJ 442—2008）。

17.3.2　方法原理

在 60℃的碱性溶液中，氨与苯酚和次氯酸盐在亚硝酰基铁氰化钠的催化作用下反应，生成靛酚蓝。靛酚蓝在 640 nm 的吸光值与样品中氨含量成正比。

17.3.3　干扰与消除

①硫化氢浓度（以 S 计）高于 2 mg/L 时有负效应。可加入硫酸调节 pH 为 3 左右，再通氮气吹除。

②在 pH 约为 13 的碱性溶液中，海水中的钙和镁易形成氢氧化物沉淀，可加入柠檬酸钠和 EDTA 除去。

17.3.4　试剂和材料

除非另有说明，分析时所用试剂均使用符合国家标准的分析纯化学试剂，实验用水为无氨水，所用的容量器具和量器均经过检定。

反应试剂配制时，可根据实际样品量的多少合理配制试剂量。

（1）无氨水（在无氨环境中用下述方法之一制备）

①离子交换法。

蒸馏水通过强酸性阳离子交换树脂（氢型）柱，将流出液收集在带有磨口玻璃塞的玻璃瓶内。每升流出液加 10 g 同样的树脂，以利于保存。

②蒸馏法。

在 1 000 mL 的蒸馏水中，加 0.1 mL 硫酸（ρ =1.84 g/mL），在全玻璃蒸馏器中重蒸馏，弃去前 50 mL 馏出液，然后将约 800 mL 馏出液收集在带有磨口玻璃塞的玻璃瓶内。每升馏出液加 10 g 强酸性阳离子交换树脂（氢型）。

③纯水器法。

用市售纯水器直接制备。

（2）络合剂贮备液

溶解 140 g 二水合柠檬酸钠（$Na_3C_6H_5O_7 \cdot 2H_2O$）、5 g 氢氧化钠（NaOH）、10 g EDTA（$Na_2C_{10}H_{14}O_8N_2 \cdot 2H_2O$）于 800 mL 水中，混匀后稀释至 1 L。该溶液的 pH 约为 13，可稳定 2 个月。

（3）无氨海水

采集氨氮低于 0.8 μg/L 的海水，用 0.45 μm 滤膜过滤后贮于聚乙烯桶中，每升海水加 1 mL 三氯甲烷，混合后即可作为无氨海水使用。

（4）亚硝酰铁氰化钠溶液

溶解 0.25 g 亚硝酰铁氰化钠［$Na_2Fe(CN)_5NO \cdot 2H_2O$］于 400 mL 水中，混匀，稀释至 500 mL，室温下贮存于棕色瓶中。

（5）苯酚溶液

溶解 1.8 g 固体苯酚（C_6H_5OH）和 1.5 g 氢氧化钠于 100 mL 水中，临用时配制。

（6）次氯酸盐溶液

溶解 0.5 g 氢氧化钠和 0.2 g 二氯异氰脲酸钠盐（NaDTT，$NaC_3Cl_2N_3O_3$）于 100 mL 水中，临用时配制。

（7）硫酸铵标准贮备液（100 mg/L-N）

准确称量 0.4716 g 硫酸铵［$(NH_4)_2SO_4$，预先在 110℃烘 1 h，置于干燥器中冷却］，溶于少量水中，全量转入 1 000 mL 容量瓶中，加水至标线，混匀。加 1 mL 三氯甲烷（$CHCl_3$），振摇混合。贮于棕色试剂瓶中，冰箱内保存，有效期半年，或直接购买市售有证标准溶液。

（8）铵标准使用溶液（1.00 mg/L-N）

吸取 5.00 mL 铵标准贮备溶液（4.7）于 500 mL 容量瓶中，稀释至刻度，混匀。临用前配制。

注：反应试剂可能因仪器不同而有所差异，根据仪器要求进行配制。

17.3.5 仪器和设备

①连续流动自动分析仪：由自动进样器、反应分析模块和加热器、蠕动泵、装有钨灯（380～800 nm）的分光光度计或装有 640 nm 滤光片的光度计（最大狭缝宽度为 2 nm）、计算机数据处理系统及其所需附件组成的分析系统。

②超声波清洗器。

③孔径为 0.45 μm 的薄膜过滤器。

④可精确到 0.1 mg 的分析天平，用于配制标准溶液。

⑤刻度吸管或移液枪：容量 1 mL、2 mL、5 mL、10 mL。

⑥一般实验室常用仪器和设备。

注：仪器条件可能因仪器不同而有所差异，根据仪器要求进行调整。

17.3.6 样品检查

分析人员在接收样品时，需按照第 6 章中样品交接内容的要求进行样品检查。检查样品是否进行固定、有无沉淀及沉淀的沉降等现象，并对照采样记录，检查每个样品是否在有效保存期内。

17.3.7 样品前处理

样品采集后需经 0.45 μm 滤膜过滤预处理，过滤后应尽快分析。

17.3.8 分析测试

（1）标准曲线

标准曲线应在每次分析样品的当天绘制。

标准曲线按以下步骤绘制：取 7 个 100 mL 容量瓶，分别加入 0.00 mL、1.00 mL、2.00 mL、

4.00 mL、8.00 mL、10.0 mL 铵标准使用溶液［17.3.4（8）］，其所对应的氨氮含量分别为 0.00 μg、1.00 μg、2.00 μg、4.00 μg、8.00 μg、10.00 μg，加无氨水［17.3.4（1）］或无氨海水［17.3.4（3）］至标线，混匀。

注：根据实际样品的浓度范围，曲线浓度范围可适当调整，至少 6 个点（包含 0 点）。曲线浓度范围不超过两个数量级。

（2）空白与自控样品分析

①空白实验

以无氨水或无氨海水代替水样置于样品杯中作为空白，空白试剂的选择应与标准曲线系列溶液保持一致。

②自控样品

能够获得海水标样时，应将标样与实际样品一同处理和分析，检查分析结果的准确性。在不能获得海水样品时，应采用加标回收实验检查分析结果的准确性。分析结果的精密性检查采用实验室平行样控制方式进行。

（3）样品测定

①冰冻样品应先在室温下解冻。

②开机预热 30 min。

③调整分析流程和泵管。

④调整分光光度计的波长为 640 nm，打开灯。

⑤根据所测样品最高氨浓度设置合适的光度计量程。

⑥准备好所有的试剂和标准溶液。

⑦选择合适的载流。测定盐度波动不大（＜±2）或氨浓度较低（＜20 μg/L-N）的样品时，建议采用与样品盐度接近的无氨海水作载液。测定盐度波动较大和样品浓度较高（＞20 μg/L-N）的样品时，建议采用无氨水作载液，同时进行盐度校正。

⑧泵入无氨水至基线稳定后，加入试剂到进样通道，达到试剂基线稳定。

⑨准备好干净的进样管，将标准曲线系列溶液、待分析样品、实验室全程序空白、实验室试剂空白、实验室空白加标样、实验室基体加标样和质控样分别放置进样盘内，每 10 个样品测定 1 个空白。

⑩开始分析测试。

⑪分析结束后，泵入无氨水清洗所有试剂管路。

（4）结果与计算

①结果计算。

本方法标准曲线是以标准系列点的氨氮浓度（mg/L-N）为横坐标，相关的响应峰值为纵坐标，样品的测量结果通过软件计算直接输出。

河口和近岸海水需进行基体效应校正。常用基体校正方程如下：

$$\rho（校正后氨氮浓度）=\rho（校正前氨浓度）/1.17$$

结果以 mg/L 或 μg/L 表示。

②结果表示。

分析结果的有效保留的最小数位不能低于分析方法检出限的最小数位，最多保留 3 位有效数字。

17.3.9　质量控制与保证

①空白实验：空白值应低于方法检出限。

②标准曲线：曲线浓度范围不超过两个数量级。线性相关系数 r 应≥0.999。当样品量大时，每 20 个样品须用中间浓度点进行 1 次连续校准，连续校准的相对误差应在±10%以内。

③精密度控制：精密度通过计算平行样相对偏差进行判断，合格判定依据见实验室质量控制参考标准表。每批样品应至少测定 10%的平行双样，样品数量少于 10 个时，应至少测定 1 个平行双样。

④准确度控制：准确度通过测试标准样品或计算加标样品回收率判断。每批样品至少需要测定 1 个标准样品或 1 个加标回收，标准样品合格依据证书的不确定度判定，加标回收率的合格判定依据见实验室质量控制参考标准表。

17.3.10　注意事项

①如样品在 3 h 内不能分析，则应快速冷冻至−20℃保存。样品融化后立即分析。

②海水与无氨水的不同折射率可引起负误差，不同的基体可引起正误差，应进行相应的校正。

③载流和标准曲线溶液的盐度与样品不一致时，存在折射率和盐误差而需校正。对于低浓度样品（＜20 μg/L-N），可用无氨海水配制与样品盐度接近的载流和校准溶液来

消除基体干扰。

④应尽量减少实验室空气中的氨浓度，以避免污染样品或试剂。放置在实验室里的氨水溶液应转移，严禁吸烟。如有必要，使用空气过滤器以获取无氨实验环境。

⑤实验中使用的所有玻璃器皿都应无氨残留，以避免污染样品或试剂。测定高浓度氨样品时，玻璃器皿依次用洗涤剂、自来水、10%HCl（*V*/*V*）、无氨水清洗。因氨具有较强的表面反应性，在测定低浓度氨样品（＜20 μg/L-N）时，需要更严格地清洗。塑料瓶和玻璃容量瓶应放置于纯水中，用超声波清洗 60 min。玻璃材质的瓶子和样品管可用无氨水煮沸清洗。如有必要更换无氨水重复清洗。

⑥保证实验所用试剂无颗粒物，如有必要应先行过滤。

编写人员：
彭　晓（辽宁省大连生态环境监测中心）
包艳英（辽宁省大连生态环境监测中心）
刘　扬（辽宁省大连生态环境监测中心）

第 18 章　海水 硝酸盐氮和亚硝酸盐氮的测定操作规程

18.1　海水 硝酸盐氮和亚硝酸盐氮 连续流动比色法

本方法依据《近岸海域环境监测规范》（HJ 442—2008）（附录 H 硝酸盐氮和亚硝酸盐氮的测定-连续流动比色法）编写，作为全国近岸海域水质监测统一方法使用。本方法在 HJ 442—2008（附录 H）基础上，补充了相关规定和注意事项，以便减少监测执行单位在方法使用中的差别。

18.1.1　适用范围

本方法适用于河口与近岸海水中硝酸盐氮和亚硝酸盐氮的测定。本方法的检出限硝酸盐氮为 0.003 mg/L，亚硝酸盐氮为 0.001 mg/L。

18.1.2　方法原理

样品通过镀铜的镉还原柱，在缓冲溶液中硝酸盐氮被还原为亚硝酸盐氮。亚硝酸盐氮通过与磺胺和 *N*-（1-萘基）-乙二胺盐酸盐发生重氮偶氮反应，生成含氮的染料，然后在 540 nm 波长处测定。其吸光值与样品中的亚硝酸盐氮和硝酸盐氮的总浓度呈线性关系。硝酸盐浓度通过从亚硝酸盐氮和硝酸盐氮的总浓度中减去亚硝酸盐氮浓度获得，亚硝酸盐氮浓度是在没有通过镉柱的程序中测定的。本方法不存在明显的盐误差。

18.1.3　干扰与消除

①硫化氢含量（以 S 计）大于 0.1 mg/L 时会在镉柱形成沉淀而干扰硝酸盐氮的分析，硫化氢应先与镉或者铜盐形成沉淀而被除去。

②溶液中的铁、铜或者其他重金属大于 1 mg/L 时会降低镉柱的还原率，加入 EDTA 可以络合这些金属离子。

③磷酸盐含量（以 P 计）大于 0.1 mg/L 会降低镉柱的还原率，在分析之前应先稀释溶液或者用氢氧化铁除去磷酸盐。

18.1.4　试剂与材料

除非另有说明，分析时均使用符合国家标准的分析纯试剂，实验用水为纯水。

（1）磺胺溶液（ρ =10 g/L）

溶解 10 g 磺胺（$NH_2SO_2C_6H_4NH_2$）到 1 L 10%的盐酸溶液中。

（2）硝酸盐贮备液：ρ（NO_3^--N）=100 mg/L

准确称取 0.721 7 g 硝酸钾（KNO_3，105℃烘干 1 h），用纯水溶解后，转移到 1 L 的容量瓶中，用水稀释到标线。此溶液贮存在聚乙烯瓶中，在 4℃以下冷藏，可保存 6 个月，也可购买市售有证标准溶液。

（3）亚硝酸盐贮备液：ρ（NO_2^--N）=100 mg/L

准确称取 0.492 8 g 亚硝酸钠，用纯水溶解后，转移到 1 L 的容量瓶中，用水稀释到标线。此溶液贮存在聚乙烯瓶 4℃以下冷藏，可保存 3 个月，也可直接购买市售有证标准溶液。

（4）聚氧乙烯月桂醚溶液

向 1 000 mL 纯水中添加 2 mL 聚氧乙烯月桂醚（Brij-35，$C_{58}H_{118}O_{24}$，30%），轻轻摇匀。

（5）磺胺使用溶液

200 mL 磺胺溶液（1）中加入 1 mL 上述 Brij-35 溶液（4），轻轻混匀。

注：在磺胺溶液中加入 Brij 溶液而不是在缓冲液中加入，是为了避免因 Brij 吸附作用降低镉柱的表面活性而缩短镉柱的使用寿命。

（6）盐酸萘乙二胺溶液（ρ =1 g/L）

在 1 L 纯水中溶解 1 g 盐酸萘乙二胺（$C_{10}H_7NHCH_2NH_2 \cdot 2H_2O$）。

（7）硫酸铜溶液（ρ =20 g/L）

溶解 20 g 硫酸铜（$CuSO_4 \cdot 5H_2O$）于 1 L 纯水中。

（8）硝酸盐中间液：ρ（NO_3^--N）=5.00 mg/L

用纯水稀释 5 mL 标准贮备液［18.1.4（2）］到 100 mL，当天配制。

注：这种溶液作为一种中间液是为进一步配制标准溶液而准备的，所以初级标准稀释液的浓度应该是根据标准溶液的浓度范围来调整。

（9）氯化铵缓冲液

称取 41.0 g 氯化铵（NH_4Cl，优级纯）溶于 1 L 水中，混匀，用氨水（$NH_3 \cdot H_2O$，ρ =0.90 g/mL，优级纯）调节 pH 至 8.5±0.1。

（10）镉还原柱

可以使用市售的镉还原柱，也可以使用实验室制备的镀铜镉粒还原柱。

①市售镉还原柱的活化：

在 3 个 50 mL 的烧杯里分别准备好纯水、0.5 mol/L 盐酸溶液和 20 g/L 的硫酸铜溶液［18.1.4（7）］，准备 3 个 10 mL 注射器。首先用 10 mL 纯水冲洗镉还原柱，然后在 10 s 内用 10 mL 0.5 mol/L 的盐酸溶液冲洗，立即用 20 mL 的纯水冲洗。然后缓慢地用硫酸铜溶液［18.1.4（7）］冲洗直到镉还原柱流出大量黑色的铜沉淀后停止。最后用纯水冲洗镉还原柱。

②镉还原柱的制备。

- 购买粒径为 0.25～0.71 mm（25～60 目）的镉屑。
- 先用 10%的盐酸冲洗镉屑两次，然后用纯水冲洗至中性。
- 轻轻倒出纯水，加入 50 mL 2%的硫酸铜溶液［18.1.4（7）］，倒入时，出现褐色的胶状铜，溶液蓝色褪去。倒出褐色的溶液再加入新的硫酸铜溶液［18.1.4（7）］后摇晃并使其产生漩涡。重复这个步骤直到蓝色不再褪去（此过程避免用玻璃棒搅拌）。
- 用纯水冲洗镉屑直到蓝色溶液全部流出，镉屑表面露出镀匀的铜微粒。保持镉屑浸没在水下，避免镉粒暴露在空气中。
- 还原柱可以用 2 mm 直径的塑料或者玻璃管制备。用玻璃纤维装填还原柱底部。

把还原柱注满水，用一个连接在还原柱上端的 10 mL 移液管尖端转移镉屑。轻轻敲打管子和移液管尖端，让镉粒分布均匀且紧密，防止气泡进入。

- 在还原柱管上部装填玻璃纤维。如果使用 U 形管，移液管尖端连接在另一端，重复以上步骤。用一个充满缓冲溶液的塑料管连接圆柱管的两端以形成一个封闭的循环。
- 如果镉还原柱有几天没有使用，那么在分析样品之前应该先活化。

③镉柱还原性和稳定性的测定。

- 泵入缓冲溶液和其他试剂溶液通过测试系统，以获得稳定的基线。
- 连续从进样管中抽吸 0.7 mg/L 的亚硝酸盐氮溶液，并记录稳定的信号。
- 停止抽吸，在系统中安装镉还原柱，在安装时应确保没有气泡进入系统。重新抽吸并形成稳定的基线。
- 连续从进样管中抽吸 0.7 mg/L 硝酸盐氮溶液，记录信号，这个信号会缓慢地增大直到 10～15 min 后趋于稳定。这个稳定的信号应该接近于未经过还原柱的同浓度亚硝酸盐溶液的信号强度。
- 通过测量硝酸盐标准溶液和同浓度的亚硝酸盐标准溶液的吸光值，可以确定还原柱的还原率，还原率大于 95%时镉柱可用，还原率通过下式计算：

$$\text{还原率}=\frac{\text{硝酸盐氮吸光值}}{\text{亚硝酸盐氮吸光值}}\times 100\% \qquad (18\text{-}1)$$

注：反应试剂可能因仪器不同而有所差异，根据仪器要求进行配制。

18.1.5　仪器与设备

（1）气体隔断连续流动自动分析仪组成部分

①自动取样器。

②带有硝酸盐反应管路的分析模块。

③镉圈或者实验室制备的镀铜镉还原柱。

④蠕动泵。

⑤配有钨灯的分光光度计或者装有 540 nm 滤光片（宽度 2 mm）的光度计。

⑥计算机数据处理系统。

（2）设备

①100～1 000 μL 和 1～10 mL 的自动移液管，配不同规格及使用方便的高品质移液管头。

②60 mL 的高密度聚乙烯样品瓶、玻璃容量瓶和塑料取样管。

③烘箱。

④一般实验室常用仪器和设备。

⑤针头过滤器：孔径 0.45 μm 的混合纤维滤膜。

18.1.6　样品检查

分析人员在接收样品时，需按照第 6 章中样品交接内容的要求进行样品检查。检查样品是否进行固定、有无沉淀及沉淀的沉降等现象，并对照采样记录，检查每个样品是否在有效保存期内。

18.1.7　分析测试

（1）标准曲线的建立

①硝酸盐氮曲线的建立。

标准系列溶液的浓度分别为 0.000 mg/L、0.025 mg/L、0. 050 mg/L、0.100 mg/L、0.200 mg/L、0.500 mg/L。

根据实际样品的浓度范围，自行调整硝酸盐氮和亚硝酸盐氮曲线浓度范围，至少 6 个点（包含 0 点）（参考浓度）。

②亚硝酸盐氮曲线的建立

标准系列溶液的浓度分别为 0 mg/L、0.020 mg/L、0.040 mg/L、0.080 mg/L、0.160 mg/L。

根据实际样品的浓度范围，自行调整硝酸盐氮和亚硝酸盐氮曲线浓度范围，至少 6 个点（包含 0 点）（参考浓度）。

（2）空白与自控样品

①空白实验：以纯水代替水样作为空白，按照样品测定步骤进行测定。

②自控样品：能够获得海水标样时，应将标样与实际样品一同处理和分析，检查分析结果的准确度；在不能获得海水标样时，应采用加标回收实验检查分析结果的准确度。

分析结果的精密度检查采用实验室平行样控制方式进行。

（3）样品分析

①冰冻样品应先在室温下解冻。

②打开连续流动分析仪器和数据处理系统，并至少预热 30 min。

③根据亚硝酸盐氮或硝酸盐氮设置分析通道，使镉柱开头处于关闭或打开状态。

④设置分光光度计的波长为 540 nm。

⑤根据样品中亚硝酸盐氮或硝酸盐氮最高浓度设定合适量程。

⑥运行系统使基线稳定。

⑦使用干净的样品杯，把标准曲线溶液、试剂空白、空白加标样、实验室基体加标样、质控样、待测样品分别放在取样架上，在每 10 个样品间放置 1 个空白。

⑧开始分析，亚硝酸盐氮的测定除了不通过还原柱外，其余各步骤均按硝酸盐氮的测定步骤进行。

⑨分析结束后，泵入纯水清洗所有试剂管路。

注：清洗时保证镉柱开头处于关闭状态。通过经常性向进样管交替泵入纯水、1 mol/L HCl 溶液、纯水、1 mol/L NaOH 来清洗管路系统尽量减少试剂基线的噪声。确认在 1 mol/L NaOH 泵入管路后用纯水清洗彻底，以免海水样进入后产生氢氧化镁沉淀。

（4）结果与计算

①样品中硝酸盐氮的浓度通过曲线的回归方程求得，其中浓度为自变量，相应的峰高是应变量。

②结果以 mg/L 或者 μg/L 表示。

③测定结果小数点位数与分析方法检出限一致，最多保留 3 位有效数字。

18.1.8 质量保证与控制

（1）空白实验

每批样品至少做 1 个实验室空白和全程序空白，空白值应低于方法检出限。

（2）标准曲线

新配系列标准曲线至少 5 个点（不包含 0 点），标准曲线的相关系数 r 应≥0.999。如果不是新配制标准曲线，应测定 1～2 个标准曲线浓度点，其测定结果与标准曲线该点浓度的相对误差应≤10%。否则，需重新绘制标准曲线。

（3）精密度

精密度通过计算平行样相对偏差进行判断，合格判定依据见第 6 章质量保证和质量控制表 6-2。每批样品应至少测定 10%的平行双样，样品数量少于 10 个时，应至少测定 1 个平行双样。测定结果以平行双样的平均值报出。

（4）准确度

准确度通过测试标准样品或计算加标样品回收率判断。每批样品至少需要测定 1 个标准样品或 1 个加标回收，标准样品的测定值应在要求的范围内，加标回收率的合格判定依据见第 6 章质量保证和质量控制表 6-2。

18.1.9 注意事项

①样品采集后需经 0.45 μm 滤膜过滤预处理，过滤后应立即分析。如若在 3 h 内不能分析，则应快速冷冻至−20℃保存。样品融化后立即分析。

②所有实验室器皿的实验室空白必须低于方法检出限，以免沾污样品和试剂。用清洁剂湿润器皿，然后依次用自来水、10%（*V*/*V*）的盐酸冲洗，最后用纯水彻底冲洗干净。

③保证试剂无颗粒物，如有必要应先行过滤。

编写人员：

鞠 青（山东省青岛生态环境监测中心）

18.2 海水 硝酸盐氮的测定 流动分析法

本方法依据《海洋监测技术规程》（HY/T 147.1—2013）（8.1 硝酸盐的测定-流动分析法）编写，作为全国近岸海域水质监测统一方法使用。本方法在 HY/T 147.1—2013（8.1）基础上，补充了相关规定和注意事项，以便减少监测执行单位在方法使用中的差别。

18.2.1 适用范围

本方法适用于海水、河口水及入海排污口水中硝酸盐氮的测定。样品量为 50 mL 时，本方法的检出限为 0.003 mg/L。

18.2.2 方法原理

水样通过铜-镉还原柱，将硝酸盐氮定量还原为亚硝酸盐氮，在酸性介质条件下与磺胺进行重氮化反应，再与盐酸萘乙二胺偶合生成红色偶氮染料，在 550 nm 波长处检测。先测定出亚硝酸盐氮总量，再扣除水样中原有的亚硝酸盐氮含量，即可得到硝酸盐氮的含量。

18.2.3 干扰与消除

①硫化氢含量（以 S 计）大于 0.1 mg/L 时会在镉柱形成沉淀而干扰亚硝酸盐的分析。硫化氢应先与镉或者铜盐形成沉淀而被除去。

②溶液中的铁、铜或者其他重金属大于 1 mg/L 时会降低镉柱的还原率。加入 EDTA 可以络合这些金属离子。

③磷酸盐含量（以 P 计）大于 0.1 mg/L 会降低镉柱的还原率，在分析之前应先稀释溶液或者用氢氧化铁除去磷酸盐。

18.2.4 试剂与材料

除非另有说明，分析时均使用符合国家标准的分析纯试剂，实验用水为纯水。

（1）硝酸钾（KNO_3）

优级纯，在 110～115℃下烘 1～2 h，置于干燥器中保存。

（2）聚氧乙烯月桂醚（Brij-35，$C_{58}H_{118}O_{24}$，30%）

（3）系统清洁液

取 6 mL Brij-35（18.2.4）溶于水并稀释至 1 L。

（4）镉粒

粒径为 0.3～0.8 mm。

（5）盐酸溶液（1+1）

将 500 mL 盐酸（HCl，ρ =1.19 g/mL）与同体积的水混匀。

（6）丙酮（C_3H_6O）：优级纯

（7）硫酸铜溶液：（ρ =20 g/L）

称取 32 g 硫酸铜（$CuSO_4 \cdot 5H_2O$）溶于水并稀释至 1 L，混匀。贮存于试剂瓶中。

（8）氯化铵缓冲液

称取 41.0 g 氯化铵（NH_4Cl，优级纯）溶于 1 L 水中，混匀，用氨水（$NH_3 \cdot H_2O$，ρ =0.90 g/mL，优级纯）调节 pH 至 8.5±0.1。再加入 0.5 mL Brij-35，混匀，此溶液在常温条件下可保存 7 d。

（9）显色剂

将 100 mL 磷酸（H_3PO_4）加入到约 700 mL 水中，加入 10.0 g 磺胺（$C_6H_6N_2O_2S$），完全溶解后，再加入 0.5 g 盐酸萘乙二胺（$C_{12}H_{16}N_2Cl_2$），用水稀释至 1 L，混匀，贮存于棕色试剂瓶中。此溶液在 4℃冷藏条件下可保存 1 个月。配制的溶液应是无色的，否则应重配。

注：若溶液为粉色，则可能是磷酸纯度不够。

（10）硝酸盐氮标准贮备液：ρ（NO_3^--N）=100 mg/L

称取 0.721 8 g 硝酸钾溶于 50 mL 水中后全量转入 1 000 mL 容量瓶中，加水至标线，混匀后加 1 mL 三氯甲烷（$CHCl_3$），混匀。贮存于棕色试剂瓶中。此溶液在 4℃冷藏条件下可保存 6 个月，也可购买市售有证标准溶液。

（11）硝酸盐氮标准使用溶液：ρ（NO_3^--N）=10.0 mg/L

移取 10.0 mL 硝酸盐氮标准贮备溶液于 100 mL 容量瓶中，加水稀释至标线，混匀，临用前配制。

（12）亚硝酸盐氮标准贮备液：ρ（NO_2^--N）=100 mg/L

称取 0.721 8 g 硝酸钾溶于 50 mL 水中后全量转入 1 000 mL 容量瓶中，加水至标线，混匀后加 1 mL 三氯甲烷（$CHCl_3$），混匀。贮存于棕色试剂瓶中。此溶液在 4℃冷藏条件下可保存 6 个月，也可购买市售有证标准溶液。

（13）亚硝酸盐氮标准使用溶液：ρ（NO_2^--N）=5.0 mg/L

移取 5.00 mL 亚硝酸盐氮标准贮备溶液于 100 mL 容量瓶中，加水稀释至标线，混匀，临用前配制。

（14）铜-镉还原柱

①镉粒制备

称取 10 g 镉粒于 100 mL 烧杯中，用盐酸溶液［18.2.4（5）］洗涤，除去表面氧化层，弃去酸液，用水洗至中性；加入 25 mL 丙酮［18.2.4（6）］去除镉粒上的有机物质，重复洗涤 3 次；再加入 25 mL 硫酸铜［18.2.4（7）］溶液。清洗镉粒直至溶液不再呈蓝色，弃去废液，用水冲洗至不含胶体铜时为止。

②装柱

将少许玻璃纤维塞入柱子的一端，并封闭住。将氯化铵［18.2.4（8）］缓冲溶液注满柱子，用注射器取已准备好的镉粒至柱中，注意不要有气泡。填好后再用少许玻璃纤维塞入柱子的另一端，并封闭住。

③铜-镉还原柱的活化

泵入 100 mg/L 的硝酸盐氮标准贮备溶液［18.2.4（10）］静置 5 min，然后泵入 100 mg/L 的亚硝酸盐氮标准贮备溶液静置 10 min。冲洗干净后，泵入硝酸盐氮标准系列溶液中最高浓度标准溶液静置 5 min，直至检测信号值稳定。

④铜-镉还原柱还原率测试

配制浓度为 200 μg/L 的硝酸盐氮溶液和 200 μg/L 亚硝酸盐氮溶液，在相同实验条件下测定，分别吸入每个标准溶液 10 min，观察结果，峰高相差应低于 10%，否则应重装铜-镉还原柱。如果重装后还是达不到要求，检查并校准氯化铵缓冲溶液［18.2.4（8）］的 pH。

注：反应试剂可能因仪器不同而有所差异，根据仪器要求进行配制。

18.2.5 仪器与设备

①流动分析仪，由下列各部分组成：自动进样器；蠕动泵；空气注入阀；加热池；流通池；检测器；滤光片；铜-镉还原柱或者选用仪器自带还原装置，硝酸盐氮还原效率达 90%以上。

②一般实验室常用设备。

18.2.6 样品检查

分析人员在接收样品时，需按照第 6 章中样品交接内容的要求进行样品检查。检查样品是否进行固定、有无沉淀及沉淀的沉降等现象，并对照采样记录，检查每个样品是否在有效保存期内。

18.2.7　分析测试

（1）标准曲线的建立

①硝酸盐氮曲线的建立

取 6 个 100 mL 容量瓶，分别加入 0.00 mL、0.25 mL、0.50 mL、1.00 mL、2.00 mL、5.00 mL 硝酸盐氮标准使用溶液［18.2.4（11）］，加水至标线，混匀。标准系列溶液的浓度分别为 0.000 mg/L、0.025 mg/L、0.050 mg/L、0.100 mg/L、0.200 mg/L、0.500 mg/L。

注：根据实际样品的浓度范围，曲线浓度范围可适当调整，至少 6 个点（包含 0 点）（参考浓度）。

②亚硝酸盐氮曲线的建立

分别移取 0.00 mL、0.50 mL、1.00 mL、2.00 mL、4.00 mL 亚硝盐氮标准使用溶液于 5 支 10 mL 比色管中，用水稀释至 5.0 mL，得到的浓度分别为 0 .000mg/L、0.020 mg/L、0.040 mg/L、0.080 mg/L 和 0.160 mg/L 的标准系列溶液。

注：根据实际样品的浓度范围，曲线浓度范围可适当调整，至少 6 个点（包含 0 点）（参考浓度）。

（2）空白与自控样品

①空白实验：以纯水代替水样作为空白，按照样品测定步骤进行测定。

②自控样品：能够获得海水标样时，应将标样与实际样品一同处理和分析，检查分析结果的准确度；在不能获得海水标样时，应采用加标回收实验检查分析结果的准确度。分析结果的精密度检查采用实验室平行样控制方式进行。

（3）系统安装与调试

安装硝酸盐氮测试的流动系统，按以下步骤进行系统调试：

①将仪器调试至最佳工作状态，检查系统是否流畅或漏液；

②用系统清洁液清洗管路，然后将泵管插入相应的试剂瓶中；

③在测试前整个流动系统先不经过铜-镉还原柱，通入试剂运行大约 10 min，然后经过铜-镉还原柱运行至试剂基线稳定，调节基线和增益，等待基线稳定后再次进行测定。

（4）样品测定

设定适宜的流动分析仪分析条件，测定标准系列溶液和水样的测定值。如样品浓度超出标准曲线的浓度范围，则应进行稀释，重新测定。亚硝酸盐氮的测定除了不通过还原柱外，其余各步骤均按硝酸盐氮氮的测定步骤进行。

（5）结果与计算

①记录仪器测定值和水样中原有亚硝酸盐氮浓度。

按式（18-2）计算水样中硝酸盐氮浓度：

$$C_{NO_3\text{-}N} = C_{总} - C_{NO_2\text{-}N} \tag{18-2}$$

式中，$C_{NO_3\text{-}N}$——水样中硝酸盐氮浓度，μg/L；

$C_{总}$——仪器测定值，μg/L；

$C_{NO_2\text{-}N}$——水样中原有亚硝酸盐氮浓度，μg/L。

②结果以 mg/L 或者 μg/L 表示。

③测定结果小数点位数与分析方法检出限一致，最多保留 3 位有效数字。

18.2.8 质量保证与控制

（1）空白实验

每批样品至少做 1 个实验室空白和全程序空白，空白值应低于方法检出限。

（2）标准曲线

新配系列标准曲线至少 5 个点（不包含 0 点），标准曲线的相关系数 r 应≥0.999。如果不是新配制标准曲线，应测定 1～2 个标准曲线浓度点，其测定结果与标准曲线该点浓度的相对误差应≤10%。否则，需重新绘制标准曲线。

（3）精密度

精密度通过计算平行样相对偏差进行判断，合格判定依据见第 6 章质量保证和质量控制表 6-2。每批样品应至少测定 10%的平行双样，样品数量少于 10 个时，应至少测定 1 个平行双样。测定结果以平行双样的平均值报出。

（4）准确度

准确度通过测试标准样品或计算加标样品回收率判断。每批样品至少需要测定 1 个标准样品或 1 个加标回收，标准样品的测定值应在要求的范围内，加标回收率的合格判定依据见第 6 章质量保证和质量控制表 6-2。

18.2.9 注意事项

①当海水样品中硝酸盐氮浓度较低时，宜用接近样品盐度的人工海水或已知低硝酸盐氮浓度的陈化海水配制标准系列溶液，并作为进样器清洁液，以扣除盐效应的影响。

②样品采集后需经 0.45 μm 滤膜过滤预处理，过滤后应立即分析。如若在 3 h 内不能分析，则应快速冷冻至−20℃保存。样品融化后立即分析。

③所有实验室器皿的硝酸盐氮残留必须很低，以免沾污样品和试剂。用清洁剂湿润器皿，然后依次用自来水、10%（*V*/*V*）的盐酸冲洗，最后用纯水彻底冲洗干净。

④保证试剂无颗粒物，如有必要应先行过滤。

编写人员：
鞠青（山东省青岛生态环境监测中心）

18.3 海水 硝酸盐氮的测定 镉柱还原法

本方法依据《海洋监测规范 第 4 部分：海水分析》（GB 17378.4—2007）（38.1 镉柱还原法）编写，作为全国近岸海域水质监测统一方法使用。本方法在标准 GB 17378.4—2007（38.1）基础上，补充了相关规定和注意事项，以便减少监测执行单位在方法使用中的差别。

18.3.1 适用范围

本方法适用于大洋和近岸海水、河口水中硝酸盐氮的测定。本方法的检出限为 0.003 mg/L，测定下限为 0.012 mg/L。

18.3.2 方法原理

水样通过镉还原柱，将硝酸盐氮定量还原为亚硝酸盐氮，然后按重氮-偶氮光度法测定亚硝酸盐氮氮的总量，扣除原有亚硝酸盐氮，得到硝酸盐氮的含量。

18.3.3 干扰与消除

①硫化氢含量（以 S 计）大于 0.1 mg/L 时会在镉柱形成沉淀而干扰亚硝酸盐氮的分析。硫化氢应先与镉或者铜盐形成沉淀而被除去。

②溶液中的铁、铜或者其他重金属大于 1 mg/L 时会降低镉柱的还原率。加入 EDTA 可以络合这些金属离子。

③磷酸盐含量（以 P 计）大于 0.1 mg/L 会降低镉柱的还原率，在分析之前应先稀释溶液或者用氢氧化铁除去磷酸盐。

18.3.4 试剂与材料

除非另有说明，分析时均使用符合国家标准的分析纯试剂，实验用水为纯水。

（1）镉屑

直径为 1 mm 的镉屑、镉粒或海绵镉。

（2）盐酸溶液（c=2 mo1/L）

量取 83.5 mL 盐酸（HC1，ρ =1.19 g/mL）加水稀释至 500 mL。

（3）硫酸铜溶液（ρ =10 g/L）

称取 10 g 硫酸铜（$CuSO_4 \cdot 5H_2O$）溶于水并稀释至 1 000 mL，混匀，盛放于试剂瓶中。

（4）硝酸盐氮标准贮备溶液：ρ（NO_3^--N）=100 mg/L

称取 0.721 8 g 硝酸钾（KNO_3，预先在 110℃下烘 1 h，置于干燥器中冷却）溶于少量水中，用水稀释至 1 000 mL，混匀。加 1 mL 三氯甲烷（$CHCl_3$），混合。贮于 1 000 mL 棕色试剂瓶中，于冰箱内保存，有效期为 6 个月，也可直接购买市售有证标准溶液。

（5）硝酸盐氮标准使用溶液 ρ（NO_3^--N）=10 mg/L

量取 10.0 mL 硝酸盐氮标准贮备溶液（4）于 100 mL 容量瓶中，加水稀释至标线，混匀。临用前配制。

（6）氯化铵缓冲溶液（ρ =10 g/L）

称取 10 g 氯化铵（NH_4Cl，优级纯）溶于 1 000 mL 水中，用 1.5 mL 氨水（$NH_3 \cdot H_2O$，ρ =0.90 g/mL）调节 pH 至 8.5（用精密 pH 试纸检验）。此溶液用量较大，可一次配制 5 L。

（7）磺胺溶液（10 g/L）

称取 5.0 g 磺胺（$NH_2SO_2C_6H_4NH_2$），溶于 350 mL 盐酸溶液（1+6），用水稀释至 500 mL，混匀。盛于棕色试剂瓶中，有效期为 2 个月。

（8）盐酸萘乙二胺溶液（1 g/L）

称取 0.50 g 盐酸萘乙二胺（$C_{10}H_7NHCH_2NH_2 \cdot 2HCl$），溶于 500 mL 水中，混匀。盛于棕色试剂瓶中，于冰箱内保存，有效期为 1 个月。

（9）活化溶液

量取 14 mL 硝酸盐氮标准贮备溶液（4）于 1 000 mL 容量瓶中，加氯化铵缓冲溶液（6）至标线，混匀，贮于试剂瓶中。

18.3.5 仪器和设备

（1）分光光度计（具 5 cm 比色皿）

（2）镉柱

①镉屑制备

称取 40 g 镉屑（或镉粒）于 150 mL 锥形分液漏斗中，用盐酸溶液［18.3.4（2）］洗涤，除去表面氧化层，弃去酸液，用水洗至中性，加入 100 mL 硫酸铜溶液［18.3.4（3）］振摇约 3 min，弃去废液，用水洗至不含有胶体铜时为止。

②装柱

将少许玻璃纤维塞入还原柱底部并注满水，然后将镀铜的镉屑［18.3.5（2）①］装入还原柱中，在还原柱的上部塞入少许玻璃纤维，已镀铜的镉屑要保持在水面之下以防接触空气，为此，柱中溶液的液面，在任何操作步骤中都不得低于镉屑。

③还原柱的活化

用 250 mL 活化溶液［18.3.4（9）］，以 7～10 mL/min 的流速通过还原柱使之活化，然后再用氯化铵缓冲溶液［18.3.4（6）］过柱洗涤 3 次，还原柱即可使用。

④还原柱的保存

还原柱每次用完后，需用氯化铵缓冲溶液［18.3.4（6）］洗涤 2 次，而后注入氯化铵缓冲溶液［18.3.4（6）］保存。如长期不用，可注满氯化铵缓冲溶液［18.3.4（6）］后密封保存。

⑤镉柱还原率的测定

分别配制浓度为 100 μg/L 的亚硝酸盐氮和硝酸盐氮溶液。按照 18.3.7（1）①～⑥

步骤测量硝酸盐氮吸光值，其双份平均吸光值记为 A（NO_3^-）。同时测量分析空白，其双份平均吸光值记为 A_b（NO_3^-）。亚硝酸盐氮的测定除了不通过还原柱外，其余各步骤均按硝酸盐氮的测定步骤进行，其双份平均吸光值记为 A（NO_2^-）。同时测定空白吸光值，其双份平均值记为 A_b（NO_2^-）。按以下公式计算硝酸盐氮还原率 R（%）：

$$R = \frac{A(NO_3^-) - A_b(NO_3^-)}{A(NO_2^-) - A_b(NO_2^-)} \times 100 \tag{18-3}$$

当 $R<95\%$时，还原柱须按上述 18.3.5（2）②③步骤重新进行活化或重新装柱。

（3）秒表

（4）具塞容量瓶

容量为 100 mL、1 000 mL。

（5）量筒

容量为 50 mL、1 000 mL。

（6）分液漏斗

容量为 150 mL。

（7）带具塞比色管

容量为 50 mL、100 mL。

（8）烧杯

容量为 100 mL、500 mL、1 000 mL。

（9）棕色试剂瓶

容量为 500 mL、1 000 mL。

（10）聚乙烯洗瓶

容量 500 mL。

（11）自动移液管

容量 1 mL。

（12）刻度吸管

容量为 2 mL、10 mL。

（13）一般实验室常备仪器和设备

注：比色皿光程可根据样品浓度范围适当调整，但须重新计算检出限，必须满足一类海水水质标准值要求。

18.3.6　样品检查

分析人员在接收样品时，需按照第 6 章中样品交接内容的要求进行样品检查。检查样品是否进行固定、有无沉淀及沉淀的沉降等现象，并对照采样记录，检查每个样品是否在有效保存期内。

18.3.7　分析测试

（1）工作曲线建立

①取 6 个 100 mL 容量瓶，分别加入 0.00 mL、0.25 mL、0.50 mL、1.00 mL、1.50 mL、2.00 mL 硝酸盐氮标准使用液（18.3.4），加水至标线，混匀。

注：根据实际样品的浓度范围，曲线浓度范围可适当调整，至少 6 个点（包含 0 点）。

②分别量取 50 mL 上述各浓度溶液，于 100 mL 具塞比色管中，再各加入 50 mL 氯化铵缓冲溶液［18.3.4（6）］，混匀。

③将上述混合后的溶液按浓度从低到高逐个倒入还原柱中约 30 mL，以 6～8 mL/min 的流速通过还原柱直至溶液液面接近镉屑上部，弃去流出液。然后重复上述操作，接取 25 mL 流出液于 50 mL 具塞比色管中，用水稀释至 50.0 mL，混匀。

④各加入 1.0 mL 磺胺溶液［18.3.4（7）］混匀，放置 2 min。

⑤各加入 1.0 mL 盐酸萘乙二胺溶液［18.3.4（8）］混匀，放置 20 min。

⑥于 543 nm 波长下，用 5 cm 玻璃比色皿，以纯水作参比，测其吸光值 A_i 和 A_0（标准空白）。

⑦以吸光值（$A_i - A_0$）为纵坐标，以浓度（mg/L）为横坐标，建立工作曲线。

（2）空白与自控样品

①空白实验：以纯水代替水样作为空白，按照样品测定步骤进行测定。

②自控样品：能够获得海水标样时，应将标样与实际样品一同处理和分析，检查分析结果的准确性；在不能获得海水标样时，应采用加标回收实验检查分析结果的准确性。分析结果的精密性采用实验室平行样控制方式进行。

（3）水样的测定

量取 50.0 mL 已过滤的水样，于 100 mL 具塞比色管中，加入 50.0 mL 氯化铵缓冲溶液［18.3.4（6）］，混匀。照上述步骤（1）中③～⑥测量水样的吸光值 A_w。

（4）结果与计算

①试样中硝酸盐氮的质量浓度（以氮计）按以下公式计算：

$$\rho_{NO_3\text{-}N}=\frac{A_w-A_b-a}{b\times V}-\rho_{NO_2\text{-}N} \tag{18-4}$$

式中，$\rho_{(NO_3\text{-}N)}$——水样中硝酸盐氮的质量浓度，mg/L；

A_w——试样的吸光度值；

A_b——空白实验的吸光度值；

a——标准曲线的截距值；

b——标准曲线的斜率；

V——试样的体积，mL。

②分析结果的有效保留的最小位数不能低于分析方法检出限的最小数位，最多保留3位有效数字。

18.3.8 质量保证与控制

（1）空白实验

每批样品至少做1个实验室空白和全程序空白，空白值应低于方法检出限。

（2）标准曲线

新配系列标准曲线至少5个点（不包含0点），标准曲线的相关系数 r 应≥0.999。如果不是新配制标准曲线，应测定 1～2 个标准曲线浓度点，其测定结果与标准曲线该点浓度的相对误差应≤10%。否则，需重新绘制标准曲线。

（3）精密度

精密度通过计算平行样相对偏差进行判断，合格判定依据见第6章质量保证和质量控制表6-2。每批样品应至少测定10%的平行双样，样品数量少于10个时，应至少测定1个平行双样。测定结果以平行双样的平均值报出。

（4）准确度

准确度通过测试标准样品或计算加标样品回收率判断。每批样品至少需要测定1个标准样品或1个加标回收，标准样品的测定值应在要求的范围内，加标回收率的合格判定依据见第6章质量保证和质量控制表6-2。

18.3.9　注意事项

①水样可用有机玻璃或塑料采水器采集，用 0.45 μm 滤膜过滤，贮于聚乙烯瓶中。样品应在 3 h 内进行分析。如暂不能分析，应快速冷冻至−20℃，样品融化后应立即分析。

②镉屑镀铜后水洗时，振摇要轻，以免将镀好的铜洗掉，影响硝酸盐氮还原效率。

③水样通过还原柱时，液面不能低于镉屑，否则会引进气泡，影响水样流速，如流速达不到要求，可在还原柱的流出处用乳胶管连接一段细玻璃管，即可加快流速。

④水样加盐酸萘乙二胺溶液后，应在 2 h 内测量完毕，并避免阳光照射；当测定样品的实验条件与制定工作曲线的条件相差较大时（如更换光源或光电管、温度变化较大时），应及时重制工作曲线。

⑤水样中的悬浮物会影响水样的流速，如吸附在镉屑上能降低硝酸盐氮的还原率，水样要预先通过 0.45 μm 滤膜过滤。

编写人员：
鞠青（山东省青岛生态环境监测中心）

18.4　海水 亚硝酸盐氮 萘乙二胺分光光度法

本方法依据《海洋监测规范 第 4 部分：海水分析》（GB 17378.4—2007）（37 萘乙二胺分光光度法）编写，作为全国近岸海域水质监测统一方法使用。本方法在 GB 17378.4—2007（37）基础上，补充了相关规定和注意事项，以便减少监测执行单位在方法使用中的差别。

18.4.1　适用范围

本方法适用于大洋和近岸海水、河口水中亚硝酸盐氮的测定。当样品量为 50 mL 时，本方法的检出限为 0.001 mg/L。

18.4.2 方法原理

在酸性介质中亚硝酸盐氮与磺胺进行重氮化反应，其产物再与盐酸萘乙二胺耦合生成红色偶氮染料，于 543 nm 波长测定吸光值。

18.4.3 试剂与材料

除非另有说明，分析时均使用符合国家标准的分析纯试剂，实验用水为纯水。

（1）磺胺溶液（ρ =10 g/L）

称取 5.0 g 磺胺（$NH_2SO_2C_6H_4NH_2$），溶于 350 mL 盐酸溶液（1+6），用水稀释至 500 mL，混匀。盛于棕色试剂瓶中，有效期为 2 个月。

（2）盐酸萘乙二胺溶液（ρ =1 g/L）

称取 0.50 g 盐酸萘乙二胺（$C_{10}H_7NHCH_2NH_2 \cdot 2HC1$），溶于 500 mL 水中，混匀。盛于棕色试剂瓶中，于 4℃冷藏保存，有效期为 1 个月。

（3）亚硝酸盐氮标准贮备溶液：ρ（NO_2^--N）= 100 mg/L

称取 0.492 6 g 亚硝酸钠（$NaNO_2$）经 110℃下烘干，溶于少量水中后全量转移入 1 000 mL 量瓶中，加水至标线，混匀。加 1 mL 三氯甲烷（$CHCl_3$），混匀。贮于棕色试剂瓶中于 4℃冷藏保存，有效期为 2 个月，或直接购买市售有证标准溶液。

（4）亚硝酸盐氮标准使用溶液：ρ（NO_2^--N）= 5.00 mg/L

量取 5.00 mL 上述亚硝酸盐氮标准贮备溶液（3）于 100 mL 容量瓶中，加水稀释至标线，混匀，临用前配制。

18.4.4 仪器和设备

①分光光度计：具 5 cm 比色皿。

②具塞容量瓶：容量 100 mL、1 000 mL。

③量筒：容量 50 mL、500 mL。

④具塞比色管：容量 50 mL。

⑤烧杯：容量 100 mL、500 mL。

⑥棕色试剂瓶：容量 500 mL、1 000 mL。

⑦聚乙烯洗瓶：容量 500 mL。

⑧自动移液管：容量 1 mL。

⑨刻度吸管：容量 2 mL、10 mL。

⑩一般实验室常备仪器和设备。

注：比色皿光程可根据样品浓度范围适当调整，但须重新计算检出限，必须满足一类海水水质标准值要求。

18.4.5 样品检查

分析人员在接收样品时，需按照第 6 章中样品交接内容的要求进行样品检查。检查样品是否进行固定、有无沉淀及沉淀的沉降等现象，并对照采样记录，检查每个样品是否在有效保存期内。

18.4.6 分析测试

18.4.6.1 标准曲线建立

①取 6 个 50 mL 比色管，分别加入 0.00 mL、0.10 mL、0.20 mL、0.30 mL、0.40 mL、0.50 mL 亚硝酸盐氮标准使用液［18.4.3（4）］加水至标线，混匀。

②各加入 1.0 mL 磺胺溶液［18.4.3（1）］混匀，放置 5 min。

③各加入 1.0 mL 盐酸萘乙二胺溶液［18.4.3（2）］混匀，放置 15 min。

④于 543 nm 波长下，用 5 cm 玻璃比色皿，以纯水作参比，测其吸光值 A_i。其零浓度为标准空白吸光值 A_0，以吸光值（A_i-A_0）为纵坐标，以浓度（mg/L）为横坐标，建立标准曲线。

18.4.6.2 空白与自控样品分析

①空白实验：以纯水代替水样作为空白，按照样品测定步骤进行测定。

②自控样品：能够获得海水标样时，应将标样与实际样品一同处理和分析，检查分析结果的准确性；在不能获得海水标样时，应采用加标回收实验检查分析结果的准确性。分析结果的精密性检查采用实验室平行样控制方式进行。

18.4.6.3 样品测定

移取 50.0 mL 已过滤的水样于具塞比色管中（若水样中亚硝酸盐氮浓度较高，可适当少取水样体积），按照步骤 18.4.6.1 中②～④测量水样的吸光值 A_w。

18.4.6.4 结果与计算

①试样中亚硝酸盐氮的质量浓度（以 N 计）按以下公式计算：

$$\rho_{NO_2\text{-}N} = \frac{A_w - A_b - a}{b \times V} \tag{18-5}$$

式中，$\rho_{NO_2\text{-}N}$——水样中亚硝酸盐氮的质量浓度，mg/L；

A_w——试样的吸光度值；

A_b——空白试验的吸光度值；

a——标准曲线的截距值；

b——标准曲线的斜率；

V——试样的体积，mL。

②分析结果的有效保留的最小位数不能低于分析方法检出限的最小数位，最多保留 3 位有效数字。

18.4.7 质量保证与控制

（1）空白实验

每批样品至少做 1 个实验室空白和全程序空白，空白值应低于方法检出限。

（2）标准曲线

新配系列标准曲线至少 5 个点（不包含 0 点），标准曲线的相关系数 r 应≥0.999。如果不是新配制标准曲线，应测定 1～2 个标准曲线浓度点，其测定结果与标准曲线该点浓度的相对误差应≤10%。否则，需重新绘制标准曲线。

（3）精密度

精密度通过计算平行样相对偏差进行判断，合格判定依据见第 6 章质量保证和质量控制表 6-2。每批样品应至少测定 10%的平行双样，样品数量少于 10 个时，应至少测定 1 个平行双样。测定结果以平行双样的平均值报出。

（4）准确度

准确度通过测试标准样品或计算加标样品回收率判断。每批样品至少需要测定 1 个标准样品或 1 个加标回收，标准样品的测定值应在要求的范围内，加标回收率的合格判定依据见第 6 章质量保证和质量控制表 6-2。

18.4.8 注意事项

①水样可用有机玻璃或塑料采水器采集，经 0.45 μm 滤膜过滤后贮于聚乙烯瓶中，应尽快分析，不能延迟 3 h 以上，否则应快速冷冻至–20℃保存，样品融化后应立即分析。

②大量的硫化氢干扰测定，可在加入磺胺后用氮气驱除硫化氢。

③水样加盐酸萘乙二胺溶液后，应在 2 h 内测量完毕，并避免阳光照射。

④温度对测定的影响不显著，但以 10～25℃内测定为宜。

编写人员：
鞠 青（山东省青岛生态环境监测中心）

第 19 章 海水 活性磷酸盐的测定操作规程

19.1 海水 活性磷酸盐的测定 磷钼蓝萃取分光光度法

本方法依据《海洋监测规范 第 4 部分：海水分析》（GB 17378.4—2007）（39.2 磷钼蓝萃取分光光度法）编写。方法在 GB 17378.4—2007 基础上，补充了相关规定和注意事项，以便减少监测执行单位在方法使用中的差别。

19.1.1 适用范围

本方法适用于测定海水中的活性磷酸盐。本方法的检出限为 0.2 μg/L。

19.1.2 方法原理

在酸性介质中，活性磷酸盐与钼酸铵反应生成磷钼黄，用抗坏血酸将其还原为磷钼蓝，用醇类有机溶剂萃取，于 700 nm 波长处测定吸光值。

19.1.3 干扰与消除

①硫化物含量大于 1 mg/L-S 时，对本方法有明显影响，此时将水样酸化后，通氮气 10 min，可有效除去硫化物干扰。

②砷酸盐含量大于 0.5 mg/L-As 时，对本方法有明显影响。通常海水中砷含量约 0.003 mg/L-As，其影响可忽略不计。

③硅酸盐含量大于 1.4 mg/L-Si 时，对本方法有影响。河口水和大洋深层水中硅酸盐含量常大于 1.4 mg/L-Si，应进行校正。

19.1.4 试剂与材料

除非另有说明，分析时均使用符合国家标准的分析纯试剂，实验用水为新制备的去离子水。

反应试剂配制时，可根据实际样品量的多少合理配制试剂量。

（1）正己醇［$CH_3(CH_2)_5OH$］

（2）无水乙醇（C_2H_5OH）

（3）硫酸溶液：（1+2）

在搅拌下将 100 mL 硫酸（H_2SO_4，ρ =1.84 g/mL）缓慢加入 200 mL 水中，冷却备用。

（4）钼酸铵溶液

溶解 14 g 钼酸铵［$(NH_4)_6Mo_7O_{24}\cdot 4H_2O$］于 100 mL 水中。溶液变浑浊时，则弃去重配。

（5）酒石酸锑钾溶液

溶解 3 g 酒石酸锑钾（$C_4H_4KO_7Sb\cdot 1/2H_2O$）于 100 mL 水中，贮存于聚乙烯瓶中，溶液变浑浊时，应弃去重配。

（6）混合溶液

在不断搅拌下，将 45 mL 上述钼酸铵溶液（4）缓慢加到 200 mL 上述硫酸溶液（3）中，加 5 mL 上述酒石酸锑钾溶液（5）并且混合均匀，贮存在棕色玻璃瓶中。溶液变浑浊时，应重新配置。

（7）抗坏血酸溶液

溶解 10 g 抗坏血酸（$C_6H_8O_6$）于水中，并稀释至 100 mL。贮于棕色试剂瓶或聚乙烯瓶，在 4℃下避光保存，可稳定 1 个月。如产生浑浊，则弃去重配。

（8）标准溶液的制备

可购买有资质机构生产的磷酸盐标准溶液。也可按下述方法自行配制，但必须定期校准。

①磷酸盐标准贮备液：0.300 mg/mL-P。

将磷酸二氢钾（KH_2PO_4，优级纯）于 110～115℃烘干 2 h，在干燥器中放冷至室温。称取 0.659 0 g 经上述处理的磷酸二氢钾溶于 5 mL 上述硫酸溶液［19.1.4（3）］中，全量转入 500 mL 容量瓶中，用水稀释至标线，混匀，加 0.5 mL 三氯甲烷（$CHCl_3$）。置于阴凉处，可以稳定半年。

②磷酸盐标准使用溶液：3.0 μg/mL-P。

吸取 1.00 mL 上述磷酸盐标准贮备液于 100 mL 容量瓶中，用水稀释至标线，混匀，加两滴三氯甲烷（$CHCl_3$），有效期为 1 周。

19.1.5　仪器及设备

①分光光度计，5 cm 比色皿。

②量筒：100 mL、250 mL、500 mL。

③容量瓶：100 mL、1 000 mL。

④刻度吸管：1 mL、5 mL、10 mL 或自动移液装置。

⑤可调加液器 5 mL。

⑥锥形分液漏斗：500 mL。

⑦带刻度具塞比色管。

⑧一般实验室常用仪器设备。

19.1.6　分析测试

（1）工作曲线的绘制

工作曲线应在每批样品分析时绘制；若使用已有的工作曲线，需要加入一个浓度中间点进行校准，与理论值偏差在 5%以内时可使用该工作曲线［参照《水和废水监测分析方法》（第四版，增补版）］。

取 6 个 500 mL 锥形分液漏斗，各加入 250 mL 水，分别移入 0.00 mL、0.25 mL、0.50 mL、1.00 mL、2.00 mL、3.00 mL 磷酸盐标准溶液，混匀。

加入 5 mL 混合溶液［19.1.4（6）］，5 mL 抗坏血酸溶液［19.1.4（7）］混匀，放置 10 min。加入 25.0 mL 正己醇，振荡 2 min，静置 10 min，弃去水相，将有机相放入 25 mL 刻度比色管中，加入 1.0 mL 无水乙醇混匀，放置 5 min。将萃取液注入 5 cm 比色皿中，以正己醇作参比，于 700 nm 波长处测定吸光值 A_i。A_0 为零浓度的标准空白吸光值。

以吸光值（$A_i - A_0$）为纵坐标，以相应的磷酸盐浓度（μg/L）为横坐标，绘制工作曲线或工作曲线的线性回归方程。

注：根据实际样品的浓度范围，曲线浓度范围可适当调整，至少6个点（包含0点）。比色皿光程选择根据曲线浓度范围合理确定。

（2）空白实验

以纯水代替水样作为空白，按上述绘制工作曲线的分析步骤测定分析空白吸光值 A_b。

（3）样品测定

取 250 mL 已过滤水样于 500 mL 锥形分液漏斗中，按上述绘制标准曲线的分析步骤测定水样吸光值 A_w。

19.1.7 结果与计算

（1）结果计算

将测定数据进行记录，根据（$A_w - A_b$）值在工作曲线上查得水样中活性磷酸盐浓度。或用工作曲线的线性回归方程式计算得水样中活性磷酸盐浓度，见式（19-1）。

$$\rho = \frac{\left(A_w - A_b\right) - a}{b} \times \frac{V_t}{V_n} \tag{19-1}$$

式中，ρ——样品中磷酸盐浓度（以P计），mg/L；

A_w——样品中吸光度；

A_b——空白吸光度；

a——工作曲线的截距；

b——工作曲线的斜率；

V_t——样品定容体积，mL；

V_n——样品实际取样量，mL。

当硅酸盐含量对本方法有影响时，由式（19-2）求出硅酸盐增加的吸光值 A_{Si}。

$$A_{Si}=F_{Si}\times\rho_{Si} \tag{19-2}$$

式中，F_{Si}——用本方法测定硅酸盐工作曲线的斜率；

ρ_{Si}——水样中硅酸盐浓度，mg/L-Si。

根据（$A_w - A_b - A_{Si}$）值在测定活性磷酸盐的工作曲线上查得其浓度。

（2）结果表示

分析结果的有效保留最小位数不能低于分析方法检出限的最小位数。

19.1.8 质量控制与保证

（1）工作曲线

工作曲线的相关系数 r 应≥0.999。

（2）精密度

通过计算平行样相对偏差进行判断，合格判定依据见第 6 章质量保证和质量控制表 6-2。每批样品应至少测定 10%的平行双样，样品数量少于 10 个时，应至少测定 1 个平行双样。

（3）准确度

通过测试标准样品或计算加标样品回收率判断。每批样品至少需要测定 1 个标准样品或 1 个加标回收，标准样品合格依据证书的不确定度判定，加标回收率的合格判定依据见第 6 章质量保证和质量控制表 6-2。

19.1.9 注意事项

①操作所用玻璃器皿需用 1+3 盐酸浸泡 24 h 以上并用纯水冲洗干净。

②过滤水样的微孔滤膜，需用 0.5 mol/L 盐酸浸泡，临用时用纯水洗至中性。

③空白实验时，所用去离子水必须和实际水样一样经过微孔滤膜过滤。

④若样品显色温度低于 20℃，须水浴恒温至 20～30℃显色。

编写人员：
任朝兴（广西壮族自治区海洋环境监测中心站）
龙慧琴（广西壮族自治区海洋环境监测中心站）
王晓旭（广西壮族自治区海洋环境监测中心站）

19.2　海水 活性磷酸盐的测定 磷钼蓝分光光度法

本方法依据《海洋监测规范 第 4 部分：海水分析》（GB 17378.4—2007）（39.1 磷钼蓝分光光度法）编写，作为全国近岸海域水质监测统一方法使用。本方法在 GB 17378.4—2007（39.1）基础上，补充了相关规定和注意事项，以便于减少监测执行单位在方法使用中的差别。

19.2.1　适用范围

本方法适用于海水中活性磷酸盐的测定。本方法的检出限为 0.001 mg/L（依据 HJ 168—2010 计算得出）。

19.2.2　方法原理

在酸性介质中，活性磷酸盐与钼酸铵反应生成磷钼黄，用抗坏血酸将其还原为磷钼蓝后，于 882 nm 波长处测定吸光值。

19.2.3　干扰与消除

硫化物含量高于 2 mg/L-S 时干扰测定，此时将水样用硫酸酸化后，通氮气 15 min 可以除去硫化物干扰。

19.2.4　试剂和材料

除非另有说明，分析时均使用符合国家标准的分析纯试剂，实验用水为新制备的去离子水。

反应试剂配制时，可根据实际样品量的多少合理配制试剂量。

19.2.4.1　**硫酸溶液（1+2）**

在搅拌下将 100 mL 硫酸（H_2SO_4，ρ =1.84 g/ml） 缓慢加入 200 mL 水中，冷却备用。

19.2.4.2 钼酸铵溶液

溶解 14 g 钼酸铵［$(NH_4)_6Mo_7O_{24}\cdot 4H_2O$］于 100 mL 水中，溶液变浑浊时应重配。

19.2.4.3 酒石酸锑钾溶液

溶解 3 g 酒石酸锑钾（$C_4H_4KO_7S_b\cdot 1/2H_2O$）于 100 mL 水中，贮存于聚乙烯瓶中。溶液变浑浊时应重配。

19.2.4.4 混合溶液

在不断搅拌下，将 45 mL 钼酸铵溶（19.2.4.2）液缓慢加到 200 mL 1+2 硫酸溶液（19.2.4.1）中，加入 5 mL 酒石酸锑钾溶液（19.2.4.3），混匀。贮于棕色玻璃瓶中，于 4 ℃保存。溶液变浑浊时，应重配。

19.2.4.5 抗坏血酸溶液

溶解 10 g 抗坏血酸（$C_6H_8O_6$）于水中，并稀释至 100 mL。贮于棕色试剂瓶或聚已烯瓶中，在 4℃避光保存，可稳定 1 个月。

19.2.4.6 标准溶液的制备

可购买有资质机构生产的磷酸盐标准溶液。也可按下述方法自行配制，但必须定期校准。

（1）磷酸盐标准贮备液：0.300 mg/mL-P

将磷酸二氢钾（KH_2PO_4，优级纯）于 110～115℃烘干 2 h，在干燥器中放冷至室温。称取 0.659 0 g 经上述处理的磷酸二氢钾溶于 5 mL 硫酸溶液（19.2.4.1）中，全量转入 500 mL 容量瓶中，用水稀释至标线，混匀，加 0.5 mL 三氯甲烷（$CHCl_3$）。置于阴凉处，可以稳定半年。

（2）磷酸盐标准使用溶液：3.0 μg/mL-P

吸取 1.00 mL 上述磷酸盐标准贮备液于 100 mL 容量瓶中，用水稀释至标线，混匀，加两滴三氯甲烷（$CHCl_3$），有效期为 1 周。

19.2.5　仪器及设备

①分光光度计，5 cm 比色皿。

②量筒：50 mL、100 mL、250 mL、500 mL。

③容量瓶：100 mL、1 000 mL。

④带刻度具塞比色管：50 mL。

⑤刻度移液管：1 mL、5 mL、10 mL 或自动移液装置。

⑥可调加液器 5 mL。

⑦一般实验室常用仪器设备。

19.2.6　分析步骤

标准曲线应在每批样品分析时绘制；若使用已有的标准曲线，需要加入 1 个浓度中间点进行校准，与理论值偏差在 5%以内［参照《水和废水监测分析方法》（第四版，增补版）］。

（1）标准曲线的绘制

①分别量取 0.00 mL、0.50 mL、1.00 mL、2.00 mL、3.00 mL、4.00 mL 磷酸盐标准使用溶液于 50 mL 带刻度具塞比色管中，加水至 50 mL 标线，混匀。

②各加入 1 mL 混合溶液（19.2.4.4），1 mL 抗坏血酸溶液（19.2.4.5）混匀。显色 5 min 后，注入 5 cm 比色皿中，以去离子水作参比，于 882 nm 波长处测定吸光值 A_i。其中零浓度为标准空白吸光值 A_0。

③以吸光值（$A_i - A_0$）为纵坐标，以相应的磷酸盐浓度（mg/L）为横坐标，绘制标准曲线。

注：根据实际样品的浓度范围，曲线浓度范围可适当调整，至少 6 个点（包含 0 点在内）。比色皿光程选择根据曲线浓度范围合理确定。

（2）空白实验

以去离子水代替水样作为空白，按上述绘制标准曲线的分析步骤测定分析空白吸光值 A_b。

（3）样品测定

取 50 mL 过滤后的水样于 50 mL 带刻度具塞比色管中，按上述分析步骤测定水样

吸光值 A_w。

19.2.7 结果与计算

（1）结果计算

将测定数据进行记录，根据（A_w − A_b）值在工作曲线上查得水样中活性磷酸盐浓度。或用工作曲线的线性回归方程式计算得水样中活性磷酸盐浓度，见式（19-3）。

$$\rho = \frac{(A_w - A_b) - a}{b} \times \frac{V_t}{V_n} \tag{19-3}$$

式中，ρ——样品中磷酸盐浓度（以 P 计），mg/L；

A_w——样品中吸光度；

A_b——空白吸光度；

a——工作曲线的截距；

b——工作曲线的斜率；

V_t——样品定容体积，mL；

V_n——样品实际取样量，mL。

（2）结果表示

分析结果的有效保留最小位数不能低于分析方法检出限的最小位数。

19.2.8 质控要求

（1）工作曲线

工作曲线的相关系数 r 应≥0.999。

（2）精密度

通过计算平行样相对偏差进行判断，合格判定依据见第 6 章质量保证和质量控制表 6-2。每批样品应至少测定 10%的平行双样，样品数量少于 10 个时，应至少测定 1 个平行双样。

（3）准确度

通过测试标准样品或计算加标样品回收率判断。每批样品至少需要测定 1 个标准样品或 1 个加标回收，标准样品合格依据证书的不确定度判定，加标回收率的合格判定依据见第 6 章质量保证和质量控制表 6-2。

19.2.9　注意事项

①操作所用玻璃器皿需用 1+3 盐酸浸泡 24 h 以上并用纯水冲洗干净。

②过滤水样的微孔滤膜，需用 0.5 mol/L 盐酸浸泡，临用时用纯水洗至中性。

③空白实验时，所用去离子水必须和实际水样一样经过微孔滤膜过滤。

④若样品显色温度低于 20℃，须水浴恒温至 20～30℃显色。

⑤磷钼蓝颜色在 4 h 内稳定。

编写人员：

任朝兴（广西壮族自治区海洋环境监测中心站）

黄翠梅（广西壮族自治区海洋环境监测中心站）

黄国娟（广西壮族自治区海洋环境监测中心站）

19.3　海水 活性磷酸盐的测定　流动注射比色法

本方法依据标准《近岸海域环境监测规范》（HJ 442—2008）（附录 I 流动注射比色法测定河口与近岸海水中活性磷酸盐）编写。本方法在标准 HJ 442—2008 基础上，补充了相关规定和注意事项，以便减少监测执行单位在方法使用中的差别。

19.3.1　适用范围

本方法适用于河口及近岸海水中活性磷酸盐的测定。本方法的检出限为 0.001 mg/L（检出限来自 HJ 442—2008）。

19.3.2　方法原理

在酸性介质中，低含量的活性磷酸盐与钼酸铵-酒石酸锑钾混合溶液反应生成磷钼酸锑盐（磷钼黄），磷钼黄被抗坏血酸溶液还原为磷钼蓝，磷钼蓝在 880 nm 的吸光值与样品中的活性磷酸盐含量成正比。

19.3.3 干扰与消除

在近岸海域水体中，铜、砷和硅的浓度一般较低，不会对活性磷酸盐测定产生干扰。高浓度的铁会引起沉淀并损失溶解态磷。水样如采自深海缺氧的盆地时，如有硫化物影响，可简单地通过水样稀释处理即可消除干扰，因含硫高的样品大多磷酸盐也高。

19.3.4 试剂和材料

除非另有说明，分析时所用试剂均使用符合国家标准的分析纯化学试剂，实验用水为纯水。

反应试剂配制时，可根据实际样品量的多少合理配制试剂量。

19.3.4.1 钼酸铵溶液（40 g/L）

在约 400 mL 纯水中溶解 20.0 g 四水合钼酸铵［$(NH_4)_6Mo_7O_{24}\cdot 4H_2O$］，并稀释到 500 mL，用聚乙烯瓶贮存并避免阳光直射，可稳定约 3 个月。

19.3.4.2 酒石酸锑钾溶液（3.0 g/L）

在约 800 mL 纯水中溶解 3.00 g 半水合酒石酸锑钾［$K(SbO)C_4H_4O_6C\cdot 1/2H_2O$］，或溶解 3.22 g 三水合酒石酸锑钾［$K(SbO)C_4H_4O_6C\cdot 3H_2O$］，稀释到 1 000 mL，棕色瓶中冷藏储存，可稳定约 3 个月。

19.3.4.3 抗坏血酸溶液

在约 700 mL 纯水中溶解 60.0 g 抗坏血酸（$C_6H_6O_6$）并稀释到 1 L，加入 1.0 g 十二烷基硫酸钠［$CH_3(CH_2)_{11}OSO_3Na$］，在加入十二烷基硫酸钠前脱气。每周制备，若颜色变黄应弃用。

19.3.4.4 钼酸盐显色剂

在 1 L 体积的容量瓶中，加入约 500 mL 纯水，缓慢加入 35.0 mL 浓硫酸（注意：溶液会发热），摇晃混合，然后加入 213 mL 钼酸铵溶液（19.3.4.1）和 72 mL 酒石酸锑钾溶液（19.3.4.2），稀释到 1 L，混匀，用超声波设备脱气。可在室温下保存，若颜色变蓝应弃用。

19.3.4.5 活性磷酸盐标准贮备液（100 mg/L-P）

称取 0.439 g 磷酸二氢钾（KH_2PO_4，105℃烘 1 h），溶解于纯水中并准确定容至 1 L（100 mg/L-P），在冰箱保存稳定期约为 3 个月，或直接购买市售有证标准溶液。

19.3.4.6 活性磷酸盐标准使用液（1.00 mg/L-P）

移取 1.00 mL 活性磷酸盐贮备液（19.3.4.5），用纯水准确稀释至 100 mL。放置于冰箱，每周重配。

注：反应试剂可能因仪器不同而有所差异，根据仪器要求进行配制。

19.3.5 仪器和设备

①连续流动自动分析仪：由取样器、单通道或多通道比例进样泵、反应单元和模块、比色检测器、加热单元、计算机数据处理系统及其所需附件组成的分析系统。

②无磷的玻璃器皿和聚乙烯瓶。

③孔径为 0.45 μm 的薄膜过滤器。

④刻度吸管或移液枪：容量 1 mL、5 mL、10 mL。

⑤一般实验室常用仪器和设备。

19.3.6 样品检查

分析人员在接收样品时，需按照第 6 章中样品交接内容的要求进行样品检查。检查样品是否进行固定、有无沉淀及沉淀的沉降等现象，并对照采样记录，检查每个样品是否在有效保存期内。

19.3.7 前处理

样品采集后需经 0.45 μm 滤膜过滤预处理，过滤后应尽快分析。

19.3.8 分析测试

（1）标准曲线的绘制

标准曲线应在每次分析样品的当天绘制。

标准曲线按以下步骤绘制：取 6 个 100 mL 容量瓶，分别加入 0.00 mL、0.50 mL、1.00 mL、1.50 mL、2.00 mL、4.00 mL 活性磷酸盐标准使用液（19.3.4.6），其所对应的活性磷酸盐含量分别为 0.00 μg、0.50 μg、1.00 μg、1.50 μg、2.00 μg、4.00 μg，加纯水（19.3.4.1）至标线，混匀，临用时配制。

注：根据实际样品的浓度范围，曲线浓度范围可适当调整，至少 6 个点（包含 0 点）。曲线浓度范围不超过两个数量级。

（2）空白与自控样品分析

①空白实验：以纯水代替水样置于样品杯中测定全程序空白。

②自控样品：能够获得海水标样时，应将标样与实际样品一同处理和分析，检查分析结果的准确性。在不能获得海水样品时，应采用加标回收实验检查分析结果的准确性。分析结果的精密性检查采用实验室平行样控制方式进行。

（3）样品测定

①冰冻样品应先在室温下解冻。

②调整分析流程并设置特性参数（管路、流速、进样量等参考仪器分析系统）。

注：仪器工作条件可能因仪器不同而有所差异，根据仪器进行设置。

③准备所有试剂和标准溶液。

④开机预热 30 min。泵入纯水通过所有试剂管路，检查管路是否泄漏，达到纯水基线稳定。泵入相应试剂到进样管道，达到试剂基线稳定。

⑤设定光度计波长为 880 nm，设定好合适的比色计量程。

⑥使用干净的样品杯，把工作曲线溶液、试剂空白、空白加标样、实验室基体加标样、质控样、待测样品分别放在取样架上，在每 10 个样品间放置 1 个空白样品。

⑦开始分析测试。

⑧分析结束后，泵入纯水清洗所有试剂管路。

（4）结果与计算

①结果计算

本方法标准曲线是以标准系列点的活性磷酸盐浓度（mg/L-P）为横坐标，相关的响应峰值为纵坐标，样品的测量结果通过软件计算直接输出。测量结果应处于标准曲线的最高点和最低点之间，当水样的测定结果超过最高点时，应进行稀释并重测。

结果以 mg/L-P 或 μg/L-P 表示。

②结果表示。

分析结果的有效保留的最小数位不能低于分析方法检出限的最小数位，最多保留 3 位有效数字。

19.3.9 质量控制与保证

（1）空白实验：空白值应低于方法检出限。

（2）标准曲线：线性相关系数 r 应≥0.999。当样品量大时，每 20 个样品须用中间浓度点进行 1 次连续校准，连续校准的相对误差应在±10%以内。

（3）精密度控制：精密度通过计算平行样相对偏差进行判断，合格判定依据见实验室质量控制参考标准表。每批样品应至少测定 10%的平行双样，样品数量少于 10 个时，应至少测定 1 个平行双样。

（4）准确度控制：准确度通过测试标准样品或计算加标样品回收率判断。每批样品至少需要测定 1 个标准样品或 1 个加标回收，标准样品合格依据证书的不确定度判定，加标回收率的合格判定依据见实验室质量控制参考标准表 6-2。

19.3.10 注意事项

①测定过程中的所有实验用品，其磷酸盐的残留应很低，对样品和试剂无沾污。可用 10% HCl（V/V）清洗并用纯水冲洗干净。

②保证试剂无颗粒物，如有必要应先行过滤。

③过滤水样的微孔滤膜，需用 0.5 mol/L 盐酸浸泡，临用时用纯水洗净。

编写人员：

彭　晓（辽宁省大连生态环境监测中心）

包艳英（辽宁省大连生态环境监测中心）

刘　扬（辽宁省大连生态环境监测中心）

第 20 章　海水 汞的测定操作规程

20.1　海水 汞的测定 原子荧光法

本方法依据《海洋监测规范 第 4 部分：海水分析》（GB 17378.4—2007）（5.1 原子荧光法）编写，作为全国近岸海域水质监测统一方法适用。本方法在 GB 17378.4—2007 基础上，补充了相关规定和注意事项，以便减少监测执行单位在方法使用中的差别。

20.1.1　适用范围

本方法适用于大洋和近岸海水及河口区海水中汞的测定。本方法汞的检出限为 0.007 μg/L（检出限源自 GB 17378.4—2007）。

20.1.2　方法原理

水样经硫酸-过硫酸钾消化后，在还原剂硼氢化钾的作用下，汞离子被还原成单质汞。以氩气为载气将汞蒸气带入原子荧光分光光度计的原子化器中，以特种汞空心阴极灯为激发光源，测定汞原子荧光强度，其强度与水样中汞的浓度成正比。

20.1.3　试剂和材料

除非另有说明，分析时均使用符合国家标准的分析纯化学试剂，实验用水为纯水。反应试剂配制时，可根据实际样品量的多少合理配制试剂量。

①实验室纯水：由实验室纯水机制备，经实验检验无汞检出。

②硫酸：ρ =1.84 g/mL，优级纯，达不到要求也可使用 MOS 级。

③硝酸：ρ =1.42 g/mL，优级纯。

④盐酸羟胺（$NH_2OH \cdot HCl$）

⑤过硫酸钾（$K_2S_2O_8$）

⑥硼氢化钾（KBH_4）：优级纯。

⑦氢氧化钾（KOH）：优级纯。

⑧盐酸羟胺溶液（100 g/L）：称取 25 g 上述盐酸羟胺（20.1.3④）溶于水中，稀释至 250 mL。

⑨过硫酸钾溶液（50 g/L）：称取 50 g 过硫酸钾（20.1.3⑤）用水溶解并稀释至 1 000 mL。

⑩硫酸溶液：在搅拌下，将 28 mL 硫酸（20.1.3②）缓慢地加到 500 mL 水中，稀释至 1 000 mL。

⑪硝酸溶液（1+19）：将 50 mL 硝酸（20.1.3③）缓慢地加到 1 000 mL 水中。

⑫硼氢化钾（KBH_4）溶液（0.05 g/L）：称取 1 g 氢氧化钾（20.1.3⑦）溶于 200 mL 水中，加入 0.5 g 硼氢化钾（20.1.3⑥）溶解后，取 20 mL 用水稀释至 1 000 mL。此溶液临用现配。

⑬汞标准储备液（1.00 mg/mL）：准确称取 0.1354 g 氯化汞（$HgCl_2$，优级纯，预先在硫酸干燥器中放置 24 h 以上）于 50 mL 干净的烧杯中，用少量硝酸溶液（20.1.3⑪）溶解后，全量转入 100 mL 容量瓶中，用硝酸溶液（20.1.3⑪）定容至标线，混匀。或者购买市售有证标准物质。

⑭汞标准中间液（10.0 μg/mL）：移取 1.00 mL 汞标准贮备液（20.1.3⑬）于 100 mL 容量瓶中，加入硝酸（20.1.3⑪）至标线，混匀。

⑮汞标准中间液（0.100 μg/mL）：移取 1.00 mL 汞标准中间液（20.1.3⑭）于 100 mL 容量瓶中，加入硝酸（20.1.3⑪）至标线，混匀。

⑯汞标准使用液（10.0 ng/mL）：移取 10.00 mL 汞标准中间液（20.1.3⑮）置于 100 mL 容量瓶中，加入硝酸溶液（20.1.3⑪）至标线，混匀。此溶液临用现配。

20.1.4　仪器和设备

①原子荧光分光光度计。

②元素灯（汞）。

③容量瓶：容量 100 mL、1 000 mL。

④移液管：容量 1 mL、2 mL、5 mL、10 mL 或自动移液装置。

⑤烧杯：容量 50 mL、1 000 mL。

⑥分析天平：精度为 0.000 1 g。

⑦一般实验室常备仪器和设备。

20.1.5 样品检查

分析人员在接收样品时，需按照第 6 章中样品交接内容的要求进行样品检查。检查样品是否进行固定、有无沉淀及沉淀的沉降等现象。并对照采样记录，检查每个样品是否在有效保存期内。

20.1.6 样品前处理

样品消化：量取 100 mL 水样于 250 mL 锥形瓶中，加入 2.0 mL 硫酸（20.1.3②），5.0 mL 过硫酸钾溶液（20.1.3⑨），放置在室温下消化 24 h，或加热煮沸 1 min 后，冷却至室温，滴加 2 mL 盐酸羟胺溶液（20.1.3⑧），混匀，此溶液为消化液。

20.1.7 分析步骤

20.1.7.1 仪器条件

依据仪器使用说明书调节仪器至最佳工作状态。参考条件参见表 20-1。

表 20-1 参考测量条件

元素	负高压/A	灯电流/mA	原子化器预热温度/℃	载气流量/（mL/min）	屏蔽气流量/（mL/min）	积分方式
汞	240～280	15～30	200	400	900～1 000	峰面积

20.1.7.2 标准曲线的绘制

标准曲线应在每次分析样品的当天绘制。

标准曲线按以下步骤绘制：分别移取 0.00 mL、0.25 mL、0.50 mL、1.00 mL、2.00 mL、4.00 mL、8.00 mL 汞标准使用液（20.1.3⑯）于 100 mL 容量瓶中，分别加入硫酸（20.1.3

⑩）至标线，混匀。其所对应的汞含量为 0.0 ng、2.5 ng、5.0 ng、10.0 ng、20.0 ng、40.0 ng、80.0 ng，分别进样 2.0 mL，依次测定标准系列各点荧光强度值（I_i），其中零浓度点为标准空白荧光强度值（I_0）。以（$I_i - I_0$）为纵坐标，汞含量（ng）为横坐标，绘制标准曲线，给出线性回归方程，并计算线性回归系数，记录结果。

20.1.7.3　空白实验与自控样品分析

（1）空白实验：以纯水代替水样，通过样品前处理（20.1.6）和分析测试步骤（20.1.7.4）进行测定，作为实验室空白。当每批样品不大于 20 个时，要测定实验室空白 2 个，每测定 20 个样品要增加测定实验室空白 1 个。

（2）自控样品：能够获得海水标样时，应将标样与实际样品一同处理和分析，检查分析结果的准确性。在不能获得海水样品时，应采用加标回收实验检查分析结果的准确性。分析结果的精密性检查采用实验室平行样控制方式进行。

20.1.7.4　试样测定

分别取 2.0 mL 样品消化液和空白分析液于氢化物发生器中，测定空白荧光强度值（I_b）和样品消化液的荧光强度（I_s）。以（$I_s - I_b$）值，由标准曲线查得汞含量（ng），或用线性回归方程计算得出汞含量（ng）。

每批样品需同时测定平行样，并进行加标回收实验，或者带入有证标准样品。

20.1.7.5　结果与计算

按式（20-1）计算海水中汞的含量：

$$\rho = \frac{m \times k}{V} \qquad (20\text{-}1)$$

式中，ρ——水样中汞的质量浓度，μg/L；

m——水样中汞含量，ng；

k——样品消化后体积校正系数为 1.09；

V——进样体积，mL。

20.1.7.6 结果表示

分析结果的有效保留最小数位不能低于分析方法检出限的最小数位，最多保留 3 位有效数字。

20.1.8 质量控制与保证

①空白实验：空白值应低于方法检出限。

②标准曲线：标准曲线的相关系数 r 应≥0.995。每测完 20 个样品进行 1 次标准曲线零点和中间点浓度的核查，零点值应低于空白值，中间点浓度测试结果的相对偏差参照实验室质量控制参考标准表。

③精密度控制：每批样品应至少测定 10%的平行双样，样品数量少于 10 个时，应至少测定 1 个平行双样，参照第 6 章质量保证和质量控制表 6-2。

④准确度控制：每批样品至少做 1 个加标回收试验，其测定值应在标准要求的范围内，参照实验室质量控制参考标准表；或者每批样品带入有证标准样品，其测定值应在其保证值范围内。

20.1.9 注意事项

①测试使用的所有器皿必须在 1+3 硝酸溶液中浸泡 24 h 后，再用纯水冲洗干净方可使用。

②测试中切勿使器皿受汞的沾污。

③盐酸羟胺的含汞量差别较大，使用前应进行试剂空白测试，以免因空白值过大，造成过大的测定误差。

④由于影响汞的测定的因素过多，如载气流量、负高压等，因此，每次测定均应测定标准系列。

⑤当测试样品浓度值超出曲线上限，应按照清洗程序对仪器进行清洗，重测校准曲线零点和中间点浓度，零点值应低于空白值，中间点浓度测试结果的相对偏差参照表 6-2。样品应经过稀释进行重新测定。

⑥实验室工作温度应保持恒定，波动范围在 5℃以内。

⑦硼氢化钾是强还原剂，极易与空气中的氧气和二氧化碳反应，在中性和酸性溶液

中易分解产生氢气，所以配制硼氢化钾还原剂时，要将硼氢化钾固体溶解在氢氧化钠溶液中，并临用现配。

⑧选用双层结构石英管原子化器，内外两层均通氩气，外面形成保护层隔绝空气，使待测元素的基态原子不与空气中的氧和氮碰撞，降低荧光淬灭对测定的影响。

⑨还原剂硼氢化钾的浓度可以根据本实验室仪器条件进行调整，并同时做试剂空白、准确度和精密度测试，符合要求方可使用。

编写人员：
孙　震（辽宁省大连生态环境监测中心）
朱玉亮（辽宁省大连生态环境监测中心）

20.2　海水 汞的测定 冷原子吸收分光光度法

本方法依据《海洋监测规范 第 4 部分：海水分析》（GB 17378.4—2007）（5.2 冷原子吸收光度法）编写。本方法在 GB 17378.4—2007 基础上，补充了相关规定和注意事项，以便减少监测执行单位在方法使用中的差别。

20.2.1　适用范围

本方法适用于大洋、近岸及河口区海水中汞的测定。当取样量为 100 mL 时，检出限为 0.001 μg/L，测定下限为 0.004 μg/L。

20.2.2　方法原理

水样经硫酸-过硫酸钾消化，在还原剂氯化亚锡的作用下，汞离子被还原为金属汞，采用气-液平衡开路吸气系统，在 253.7 nm 波长测定汞原子特征吸收值。

20.2.3　干扰与消除

对于非常低浓度水平的汞的测定，避免任何潜在污染源（实验室工作区域，玻璃仪器和采样瓶的痕量汞）是极其重要的。所有与样品接触的可重复使用的实验室用品要清洗后才能使用。干净的实验室用品必须存放在一个洁净的区域，直到准备使用。

20.2.4 试剂和材料

除非另有说明，分析时均使用符合国家标准的优级纯以上试剂，实验用水为无汞纯水，使用经过检定的容量器皿和量器。

①过硫酸钾溶液（50 g/L）：称取 50 g 过硫酸钾（$K_2S_2O_8$，优级纯）溶于水并稀释至 1 000 mL，贮存于试剂瓶中。

②干燥剂：无水氯化钙（$CaCl_2$），用于装填干燥管或其他等效干燥剂。

③低汞海水：表层海水经滤纸过滤，汞含量低于 0.005 μg/L。

④硝酸溶液（1+19）：将 50 mL 硝酸（ρ = 1.42 g/mL）缓慢地加到 1 000 mL 水中。

⑤硫酸溶液（1+1）：将 500 mL 硫酸（ρ = 1.84 g/mL）缓慢地加到 500 mL 水中。

⑥硫酸溶液（0.5 mol/L）：在搅拌下将 28 mL 硫酸（ρ = 1.84 g/mL）缓慢地加到水中，并稀释至 1 L。

⑦盐酸溶液（1+1）：将盐酸（ρ = 1.19 g/mL）用等体积水稀释。

⑧盐酸羟胺溶液（100 g/L）：称取 25 g 盐酸羟胺（$NH_2OH \cdot HCl$）溶于水中，并稀释至 250 mL。

⑨氯化亚锡溶液：称取 100 g 氯化亚锡（$SnCl_2 \cdot 2H_2O$）于烧杯中，加入 500 mL 盐酸溶液（20.2.4⑦），加热至氯化亚锡完全溶解后，冷却后盛于试剂瓶中。临用时加等体积水稀释。汞杂质高时，通入氮气除汞，直至汞含量检不出。

⑩汞标准贮备液（1.00 mg/mL-Hg）：称 0.135 4 g 氯化汞（$HgCl_2$，预先在硫酸干燥器中干燥）于 10 mL 烧杯中，用硝酸溶液（20.2.4④）溶解，全量移入 100 mL 量瓶中，加硝酸溶液（20.2.4④）稀释至刻度，混匀。盛于棕色硼硅玻璃试剂瓶中，此溶液可保存 1 年，亦可使用商业有证标准物质。

⑪汞标准中间溶液（10.0 μg/mL）：移取 1.00 mL 汞标准贮备液（20.2.4⑩）于 100 mL 量瓶中，加硝酸溶液（20.2.4④）稀释至标线，混匀。此溶液可保存 1 周。

⑫汞标准使用液（0.010 μg/mL）：移取 0.100 mL 汞标准中间溶液（20.2.4⑪）于 100 mL 量瓶中，加硫酸溶液（20.2.4⑥）稀释至标线，混匀。此溶液当日配制。

20.2.5　仪器和设备

①测汞装置见图 20-1 或相似的冷原子吸收测汞装置。

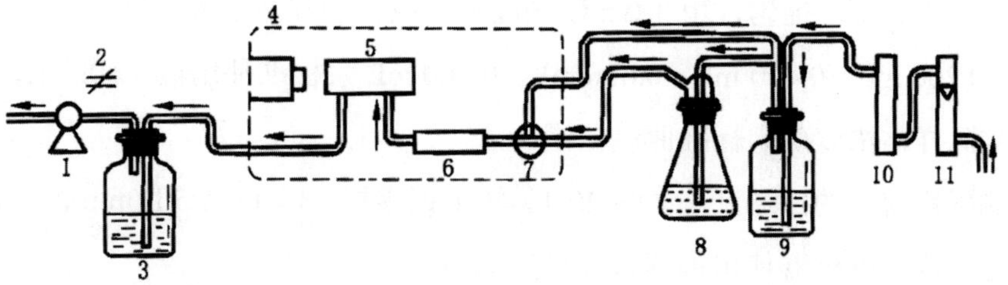

1—抽气泵；2—空气流量调节阀；3—含汞废气吸收器；4—测汞仪；5—光吸收池；6—干燥管；

7—三通阀；8—汞蒸气发生瓶；9—空气净化装置；10—活性炭吸收器；11—气体流量计

图 20-1　冷原子吸收测汞装置

②汞蒸气发生瓶：用 250 mL 锥形玻璃洗瓶改制而成，截割洗瓶通气管下端，恰使管端刚离开待测的液面，或其他类似商品化汞蒸气发生瓶。

③量瓶：容量 100 mL。

④刻度吸管或移液器：容量 0.2 mL、0.5 mL、1.0 mL、2.0 mL、5.0 mL。

⑤移液吸管或移液器：容量 1 mL。

⑥试剂瓶：容量 250 mL、500 mL、1 000 mL。

⑦空气净化装置和尾气吸收装置：装填活性炭或其他等效材料可吸附空气/废气中的汞蒸气的装置。

⑧一般实验室常备仪器和设备。

20.2.6　前处理

①量取 100 mL 水样于 250 mL 汞蒸气发生瓶中（20.2.5②），加 2.5 mL 硫酸（20.2.4⑤），5 mL 过硫酸钾（20.2.4①）放置在常温下消化 15 h 以上，或加热煮沸 1 min 后冷却至室温（采样时也可先按计量加入上述两种消化剂）。

②按上述消解完成后，滴加 2.0 mL 盐酸羟胺溶液（20.2.4⑧）。

20.2.7 分析步骤

（1）绘制标准曲线

①取 6 个汞蒸气发生瓶（20.2.5②），分别加入 100 mL 低汞海水（20.2.4③），2.5 mL 硫酸溶液（20.2.4⑤），摇匀，用 1.0 mL 刻度吸管或自动移液装置分别移入 0.000 mL，0.100 mL、0.200 mL、0.400 mL、0.600 mL、0.800 mL 汞标准使用液（20.2.4②），混匀。亦可根据实际样品浓度确定标准曲线范围。

②将测汞系统上的三通开关（图 20-1）转至调零挡，以 1～1.5 L/min 流量的空气通过光吸收池（或根据仪器使用推荐条件设置流量）。

③将汞蒸气发生瓶依次连接于测汞系统中，加入 2.0 mL 氯化亚锡溶液（20.2.4⑨），塞紧瓶塞，剧烈振摇 1 min。

④调节测汞仪零点，把三通开关转至测定档，测其吸光值 A_i。

⑤将吸光值 $A_i - A_0$（标准空白）为纵坐标，相应的汞量（μg）为横坐标，绘制标准曲线。

（2）空白样品分析

空白实验：以无汞纯水替水样作为空白，按照样品测定步骤进行测定，吸光值为 A_b。

（3）样品的测定

将消解完成水样转移入汞蒸气发生瓶（注意赶尽氯气）其余按照上述②～⑤步骤测定其吸光值 A_w。

（4）结果计算与表示

①结果计算。

将样品测定数据由（$A_w - A_b = A$）值查标准曲线得汞量 m，或用线性回归计算 m 值：$m = \dfrac{A - a}{b}$，按式（20-2）计算水样中汞浓度。

$$\rho = \frac{m}{V} \times 1\,000 \qquad (20\text{-}2)$$

式中，ρ——水样中汞浓度，μg/L；

m——水样中汞含量，μg；

V——水样体积，mL；

a——曲线截距；

b——曲线斜率。

②结果表示。

分析结果的有效保留的最小位数不能低于分析方法检出限的最小位数。

20.2.8　质控控制与保证

①每批样品应至少做 1 个空白试验，测定结果应小于 2.2 倍检出限，否则应检查试剂纯度，必要时更换试剂或重新提纯。

②每批样品均应绘制校准曲线，相关系数 r 应≥0.999。

③每批样品应至少测定 10%的平行样品，样品数不足 10 个时，应至少测定 1 个平行样品。

④每批样品至少需要测定 1 个标准样品或 1 个加标回收，标准样品合格依据证书的不确定度判定，加标回收率的合格判定依据见第 6 章质量保证和质量控制表 6-2。

20.2.9　注意事项

①试验所用试剂中的汞含量对空白试验测定值影响较大。因此，试验中应选择汞含量尽可能低的试剂，或通过重结晶、吸附、萃取等手段对试剂进行提纯。

②汞的测定易受到环境空气中的汞污染，在汞的测定过程中应加强对环境中汞的控制，保持清洁、加强通风。

③汞的吸附或解吸反应易在反应容器和玻璃器皿内壁上发生，故每次测定前应用 1+3 硝酸溶液将反应容器和玻璃器皿浸泡 1 d 以上。

④每测定一个样品后，弃去废液，用水清洗反应装置两次。

⑤反应装置的连接管宜采用硼硅玻璃、高密度聚乙烯、聚四氟乙烯、聚砜等材质，不宜采用硅胶管。

⑥起泡器与检测器间宜连接碱性干燥剂，用于去除吹扫气体、样品气体中的水分及酸雾，每次分析前应及时更换，确保保持干燥能力。

⑦汞离子在蒸馏水中极不稳定，因此汞的标准系列应配于过滤后的表层海水、2%的氯化钠溶液或 5%的硝酸溶液中。

⑧试验过程中产生的残渣、废液不能随意倾倒，应妥善处理。

编写人员：
邓元秋（广西壮族自治区海洋环境监测中心站）
彭梦微（广西壮族自治区海洋环境监测中心站）
贺　亮（广西壮族自治区海洋环境监测中心站）

20.3 海水 汞的测定 金捕集冷原子吸收光度法

本方法依据《海洋监测规范 第 4 部分：海水分析》（GB 17378.4—2007）（5.3 金捕集冷原子吸收光度法）编写。本方法在 GB 17378.4—2007 基础上，补充了相关规定和注意事项，以便减少监测执行单位在方法使用中的差别。

20.3.1 适用范围

本方法适用于大洋、近岸及河口区海水中汞的测定。

当取样量为 100 mL 时，检出限为 0.003 μg/L，测定下限为 0.012 μg/L。

20.3.2 方法原理

样品经过硫酸-过硫酸钾消化，有机汞转化为无机汞，在还原剂氯化亚锡的作用下，汞离子还原为金属汞，汞蒸气被载气带入金捕集器中与金丝生成金汞齐。加热金丝，释放汞蒸气，由载气导入测汞仪吸收池中。在 253.7 nm 波长，测定汞原子特征吸光值。

20.3.3 干扰与消除

对于非常低浓度水平的汞的测定，避免任何潜在污染源（实验室工作区域，玻璃仪器和采样瓶的痕量汞）是极其重要的。所有与样品接触的可重复使用的实验室用品要清洗后才能使用。干净的实验室用品必须存放在一个洁净的区域，直到准备使用。

20.3.4　试剂和材料

除非另有说明，分析时均使用符合国家标准的优级纯以上试剂，实验用水为无汞纯水，使用经过检定的容量器皿和量器。

①硝酸溶液（1+19）：量取 50 mL 硝酸（HNO_3，$\rho = 1.42$ g/mL，优级纯）加到 950 mL 去离子水中，混匀。

②硫酸（H_2SO_4）：$\rho = 1.84$ g/mL，工艺超纯。

③过硫酸钾溶液（50 g/L）：称取 5.0 g 过硫酸钾（$K_2S_2O_8$，优级纯）溶于水并稀释至 100 mL，贮存于试剂瓶中。

④盐酸羟胺溶液（100 g/L）：称取 25.0 g 盐酸羟胺（$NH_2OH \cdot HCl$）溶于水并稀释至 100 mL，贮存于试剂瓶中。

⑤盐酸溶液（1+1）：量取 250 mL 盐酸（HCl，ρ =1.19 g/mL，优级纯）缓慢加入到 50 mL 水中。

⑥氯化亚锡溶液（100 g/L）：称取 100 g 氯化亚锡（$SnCl_2 \cdot 2H_2O$）于烧杯中，加入 500 mL 盐酸溶液（20.3.4⑤），加热至氯化亚锡完全溶解，冷却后盛于试剂瓶中。临用时加等体积水稀释。汞杂质高时，通入氮气除汞，直至汞含量检不出。

⑦干燥剂：无水氯化钙（$CaCl_2$），用于装填干燥管或其他等效干燥剂。

⑧活性炭：III型颗粒，用于装填空气净化/尾气吸收装置。

⑨重铬酸钾溶液（0.5 g/L）：称取 0.5 g 重铬酸钾（$K_2Cr_2O_7$），溶于水，并稀释至 1 L。

⑩汞标准贮备液（1.00 mg/mL-Hg）：准确称取 0.135 4 g 氯化汞（$HgCl_2$，优级纯，预先在硫酸干燥器中干燥）于 10 mL 烧杯中，用硝酸溶液（20.3.4①）溶解，全量移入 100 mL 棕色容量瓶中，加入 1.00 mL 重铬酸钾溶液（20.3.4⑨），用硝酸溶液（20.3.4①）稀释至标线，混匀，冰箱保存。也可购买有证标准溶液。

⑪汞标准中间液（10.0 μg/mL）：量取 1.00 mL 汞标准贮备液（20.3.4⑩）至 100 mL 容量瓶中［瓶内预先加入约 50 mL 硝酸（20.3.4①）］，加入 1.00 mL 重铬酸钾溶液（20.3.4⑨），用硝酸溶液（20.3.4①）稀释至标线，混匀，冰箱保存。

⑫汞标准使用液：（0.010 μg/mL）：量取 0.10 mL 汞标准中间液（20.3.4⑪）至 100 mL 容量瓶中［瓶内预先加入约 50 mL 硝酸（20.3.4①）］，加入 1.00 mL 重铬酸钾溶液（20.3.4⑨），用硝酸溶液（20.3.4①）稀释至标线，混匀。此溶液应当日现配现用。

20.3.5 仪器和设备

（1）金捕集冷原子吸收测汞仪装置（或市售具备同类功能的商品化仪器）

功能结构图见图 20-2，各功能部件参考如下：

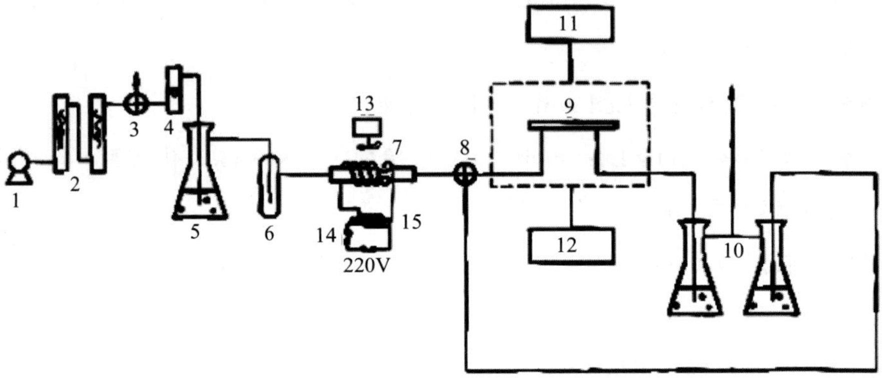

1—空气压缩机；2—气体净化装置；3—气体流量调节三通阀；4—转子流量计；5—反应瓶；
6—缓冲瓶；7—金捕集器；8—汞蒸气导入三通阀；9—测汞仪吸收池；10—尾气吸收瓶；
11—记录仪；12—交流稳压器；13—电吹风；14—金捕集器加热开关；15—调压变压器

图 20-2 金捕集冷原子吸收测汞装置

①气体压缩机。

②记录仪。

③空气净化装置：使用带气体进出口的、体积为 500 mL 左右的硬质玻璃瓶两个，一个装无水氯化钙（20.3.4⑦），另一个装活性炭（20.3.4⑧）。压缩空气从下口进入，通过固体试剂，由上口排出。空气先进入装有无水氯化钙的瓶以除去空气中水分，再进入有活性炭的瓶以除去汞。

④金捕集器：一支 150 mm、内径 5～8 mm 的石英管，在通仪器一端 1/3 处，管壁有一凹陷，以阻挡金丝移动。石英管内装 2 g 金丝（纯度 99.99%，Φ0.2 mm）。管外用电炉丝均匀缠绕数十圈。参考电流为 6 A。

⑤金捕集加热系统：2 kVA 调压变压器一台，开关一个。调压变压器 220 V，输出 40 V 左右。用于加热金丝，使汞蒸气从解析进入检测器。

⑥转子流量计：里程 300～3 000 mL/min。

⑦电吹风：用于冷却金丝。

⑧反应瓶：由 250 mL 玻璃瓶改装。

⑨定量吸液管：容量 2 mL。

⑩玻璃三通阀。

⑪缓冲瓶。

⑫玻璃磨口样品瓶：容量 250 mL、500 mL。

（2）微量进样器或移液器：容量 100 μL

（3）量瓶：容量 100 mL

（4）试剂瓶：容量 250 mL，500 mL

（5）一般实验室常用仪器设备

20.3.6　前处理

量取 100 mL 水样于锥形瓶中，加入 2.5 mL 硫酸（20.3.4②）和 5.0 mL 过硫酸钾溶液（20.3.4③），混匀，冷消化 15 h 以上。此为样品消化液。

20.3.7　分析步骤

20.3.7.1　绘制标准曲线

量取 100 mL 无汞纯水，移入反应瓶中，分别用微量进样器/移液器加入：0.0 mL、0.2 mL、0.4 mL、0.6 mL、0.8 mL、1.0 mL 汞标准使用溶液（20.3.4⑫）。按 20.3.7.3①～⑤步骤逐个测定吸收值 A_i。以吸收值 A_i-A_0（标准空白）为纵坐标，相应的汞量（μg）为横坐标，绘制标准曲线。

20.3.7.2　空白试验

用纯水代替样品，按照 20.3.7.3①～⑤步骤测定分析空白值 A_b。

20.3.7.3　样品测定

①将样品消化液全量转移至反应瓶中。

②将载气接至反应瓶进气端，另一端放空，提起载气进气端至液面上方。通入载气

半分钟，排除瓶内气相部分中的酸气。

注意：切勿使样品鼓泡。

③加入 2.0 mL 氯化亚锡溶液（20.3.4⑥），迅速按图 20-2 所示接好装置。玻璃三通阀转向尾气吸收瓶（20.3.5）。转动玻璃三通阀（20.3.5⑩），调载气流量为 2.0 L/min，鼓气 3 min。

④取下反应瓶（20.3.5⑧），并连接缓冲瓶（20.3.5⑪）和转子流量计（20.3.5⑥），继续通载气半分钟，排除金捕集器中残留水气。然后将玻璃三通阀（20.3.5⑩）转向仪器吸收池。调载气流量为 0.5 L/min，接通金捕集器加热开关，电阻丝红热，汞蒸气释放，并被载气导入吸收池。当仪器信号达最大值（A_w）时，立即关闭加热开关。

⑤调载气流量回到 2.0 L/min，打开电吹风，用冷风冷却电阻丝，准备下一次分析。

注意：或根据仪器使用推荐条件设置流量、鼓气时间等。

20.3.7.4　结果计算与表示

（1）结果计算

由 A_w-A_b 值从工作曲线上查得或线性回归方程，以式（20-3）计算水样中汞量；以式（20-4）计算水样中汞浓度。

$$m=\frac{A-a}{b} \tag{20-3}$$

式中，m——水样中汞含量，μg；

A——水样吸光值 A_w-A_b；

a——截距；

b——斜率。

$$\rho=\frac{m}{V}\times 1\,000 \tag{20-4}$$

式中，ρ——水样中汞浓度，μg/L

m——测得汞量，μg；

V——水样体积，100 mL。

（2）结果表示

分析结果的有效保留的最小位数不能低于分析方法检出限的最小位数。

20.3.8 质量控制与保证

①每批样品应至少做 1 个空白试验，测定结果应小于 2.2 倍方法检出限，否则应检查试剂纯度，必要时更换试剂或重新提纯。

②每批样品均应绘制标准曲线，相关系数 r 应≥0.999。

③每批样品应至少测定 10%的平行样品，样品数不足 10 个时，应至少测定 1 个平行样品。

④每批样品至少需要测定 1 个标准样品或 1 个加标回收，标准样品合格依据证书的不确定度判定，加标回收率的合格判定依据见第 6 章质量保证和质量控制表 6-2。

20.3.9 注意事项

①除非另有说明，本方法所用的水为无汞纯水或等效纯水；所用试剂中的汞含量对空白试验测定值影响较大。因此，试验中应选择汞含量尽可能低的试剂。

②汞的测定易受到环境中的汞污染，在汞的测定过程中应加强对环境中汞的控制，保持清洁、加强通风。

③本方法由于超痕量级分析，器皿必须按要求严格清洗。

④若遇到高含量汞样品，在测定该样品之后需要再通电加热金丝除掉残留汞，以防影响下一样品的测定。测定样品时，浓度应由低到高逐次进行。

⑤金丝的保护是延长其使用寿命的关键。大量的有机质和氧化物质会破坏金丝的捕集能力。金丝加热时间不宜过长。当吸收值达到最大时，应立即关闭加热开关，同时迅速冷却金丝。

⑥若金丝捕集能力下降，可取出金丝用 20%氢氧化钠溶液浸泡一周左右；若因含氧化性物质而引起的，可用盐酸羟胺溶液（20.3.4④）浸泡几天，然后用标准溶液检查其恢复情况。

⑦金丝置于石英管中，不要使其缠绕过紧，要呈网状丝团，长度大约 5 mm 与石英管壁紧贴。

⑧有机质、氧化性物质和其他易挥发物质，会减低或破坏金丝的捕集能力，当测定受污染较重的水体时，须先经高倍稀释。

⑨样品瓶及接触样品瓶的容器，须用 1+1 硝酸溶液浸泡 1 h 以上。

编写人员：

李业燕（广西壮族自治区海洋环境监测中心站）

陆　山（广西壮族自治区海洋环境监测中心站）

洪　鸣（广西壮族自治区海洋环境监测中心站）

第 21 章　海水 铜、铅、镉、锌的测定操作规程

21.1　海水 铜、铅、镉、锌的测定 阳极溶出伏安法

本方法依据《海洋监测规范 第 4 部分：海水分析》（GB 17378.4—2007）［6.2、7.2、8.2 阳极溶出伏安法（连续测定铜、铅和镉）和 9.2 阳极溶出伏安法（测定锌）］编写，作为全国近岸海域水质监测统一方法使用。本方法在 GB 17378.4—2007 的基础上，补充了相关规定和注意事项，以便减少监测执行单位在方法使用中的差别。

21.1.1　适用范围

本方法适用于盐度大于 0.5‰的河口水和海水中溶解的铜、铅、镉、锌的测定。

本方法检出限：铜为 0.6 μg/L，铅为 0.3 μg/L，镉为 0.09 μg/L，锌为 1.2 μg/L（检出限来源于 GB 17378.4—2007）。

21.1.2　方法原理

水样中金属离子在极限扩散电流电位范围内，铜、铅和镉离子于−0.90 V 恒压电解，锌离子于−1.30 V 恒压电解，金属离子在悬汞电极上还原生成汞齐，当电极电位均匀地由负向正方向扫描，电位到达可使该金属离子的汞齐发生氧化反应时，富集在电极上的该金属重新氧化成离子进入溶液，根据所得到的伏安曲线，测定铜、铅、镉、锌的含量。

21.1.3　试剂和材料

除非另有说明，分析时所用试剂均使用符合国家标准的分析纯试剂，实验用水均为超纯水。

反应试剂配制时，可根据实际样品量的多少合理配制试剂量。

①超纯水：实验室超纯水机新制备的超纯水或经石英蒸馏器蒸馏的纯水。

②硝酸（HNO_3，ρ =1.42 g/mL，优级纯）；经亚沸石英蒸馏器纯化（若实验室所使用的硝酸纯度符合要求，即对实验空白无影响可直接使用）。

③硝酸溶液（1+1）：硝酸（21.1.3②）与等体积水（21.1.3①）混匀。

④硝酸溶液（1+99）：1 体积硝酸（21.1.3②）与 99 体积水（21.1.3①）混匀。

⑤汞，纯度为 99.999%。

⑥铜、铅、镉、锌纯度为 99.99%。

⑦氨水溶液：氨水（$NH_3·H_2O$，ρ =0.9 g/mL），优级纯。

⑧CH_3COONH_4 缓冲溶液：将 59 mL 乙酸和 75 mL 氨水加入到 500 mL 容量瓶中，加水（21.1.3①）稀释至标线，摇匀。所使用的乙酸与氨水均为优级纯。

⑨铜、铅、镉、锌标准贮备溶液（1.00 g/L）。分别称取 0.2 000 g 铜、铅、镉、锌（见 21.1.3⑥）于 4 个 50 mL 烧杯中，用 6 mL 硝酸溶液（21.1.3③）溶解后，分别全量移入 4 个 200 mL 量瓶中，用硝酸溶液（21.1.3④）稀释至标线，摇匀。

⑩铜、铅、镉、锌标准中间溶液（浓度分别为 100 μg/mL、100 μg/mL、10.0μg/mL、100 μg/mL），标准贮备液可保存 1 年。

分别移取 5.00 mL 铜、铅、锌和 0.50 mL 镉标准贮备溶液（21.1.3⑨）于 4 个 50 mL 量瓶中，加硝酸溶液（21.1.3④）稀释至标线，混匀。该铜、铅、镉、锌标准中间溶液的浓度分别为 100 μg/mL、100 μg/mL、10 μg/mL、100 μg/mL。

⑪铜、铅、镉、锌标准使用溶液（浓度分别为 1.000 μg/mL、1.000 μg/mL、0.100 μg/mL、1.000 μg/mL）

分别移取 0.500 mL 铜、铅、镉、锌标准中间溶液（21.1.3⑩）于 4 个 50 mL 量瓶中，用硝酸溶液（21.1.3④）稀释至标线，混匀，有效期 7 d。

21.1.4 仪器及设备

①多功能极谱仪。

②悬汞电极，Ag/AgCl 参比电极和铂金丝辅助电极。

③钢瓶氮气（纯度 99.999%）。

④pH 计。

⑤微量吸液器：容量 50 μL、100 μL。

⑥移液吸管：容量 5 mL、10 mL。

⑦量瓶：容量 50 mL、200 mL。

⑧烧杯：容量 50 mL。

⑨亚沸石英蒸馏器。

⑩普通石英蒸馏器。

⑪一般实验室常备仪器和设备。

21.1.5 前处理

样品采集后需经 0.45 μm 滤膜过滤预处理，过滤后应尽快分析。

21.1.6 样品检查

分析人员在接收样品时，需按照第 6 章中样品交接内容的要求进行样品检查。检查样品是否进行固定、有无沉淀及沉淀的沉降等现象，并对照采样记录，检查每个样品是否在有效保存期内。

21.1.7 分析测试

（1）铜、铅和镉的分析步骤

准确量取 10.0 mL 经硝酸酸化成 pH 为 1.5～2.0 的过滤水样于电解池中，按选定的仪器参数（电解电压、富集时间、加入标液的体积、各元素出峰电压范围等）进行测定，记录铜、铅和镉的峰电流值。参考各元素的灵敏度，分别加入适量的铜、铅和镉标准使用溶液（21.1.3⑪）后依同法测定，记录加入标准溶液后各元素的峰电流值。

（2）锌的分析步骤

准确量取 10.0 mL 经硝酸酸化成 pH 为 1.5～2.0 的过滤水样于电解池中，滴加氨水溶液（21.1.3⑦），使得体系 pH 为 6.0～8.0，并按 21.1.7（1）进行测定。

注：测定铜、铅、镉和锌的样品在前处理之后，也可加入各实验室所使用的极谱仪厂家推荐的缓冲溶液，如 CH_3COONH_4（21.1.3⑧），将样品的 pH 调节至 6.0～8.0。

铜、铅和镉可在同一电解电压下连续测定，部分伏安极谱仪可在同一电解电压下连续测定铜、铅、锌、镉，各实验室可依据仪器规定自行选择。

（3）空白实验与自控样品分析

①空白实验：以硝酸溶液（21.1.3④）代替水样，做全程序空白试验。

②自控样品：能够获得海水标样时，应将标样与实际样品一同处理和分析，检查分析结果的准确性。在不能获得海水样品时，应采用加标回收实验检查分析结果的准确性。分析结果的精密性检查采用实验室平行样控制方式进行。

（4）结果与计算

①结果计算。

水样中各重金属的浓度按式（21-1）计算。

$$\rho_{\text{Me}} = \frac{I \times \rho'_{\text{Me}} \times V_{\text{Me}}}{(I' - I) \times V \times 1\,000} \tag{21-1}$$

式中，ρ_{Me}——水样中铜、铅、镉、锌的浓度，mg/L；

I——加入标准使用溶液前该金属的峰电流值，nA；

ρ'_{Me}——标准使用溶液的浓度，mg/L；

V_{Me}——添加的标准使用溶液的体积，μL；

I'——加入标准使用溶液后该金属的峰电流值，nA；

V——测定水样的体积，mL。

②结果表示。

分析结果的有效保留的最小位数不能低于分析方法检出限的最小数位，最多保留 3 位有效数字。

21.1.8　质量控制与保证

①空白实验：铅和镉的空白值应低于方法检出限，锌的空白值应低于 4.8 μg/L，铜的空白值应低于 2.4 μg/L。

②各实验室可根据自身情况增加加入标准使用溶液的次数及平行测定次数，以保证数据的准确性。

③精密度控制：精密度通过计算平行样相对偏差进行判断，合格判定依据见实验室质量控制参考标准表。每批样品应至少测定 10%的平行双样，样品数量少于 10 个时，应至少测定 1 个平行双样。

④准确度控制：准确度通过测试标准样品或计算加标样品回收率判断。每批样品至少做 1 个加标回收试验，其测定值应在标准要求的范围内；或者每批样品带入有证标准样品，其测定值应在其保证值范围内。加标回收率判定依据见第 6 章质量保证和质量控制表 6-2。

21.1.9 注意事项

①本方法测定的只是水样中具有电极反应活性的金属形态。

②海水中铜、铅、镉和锌的特征峰电压分别为–0.30V、–0.52V、–0.72V、–1.10V，其中铅、镉和锌的特征峰电压随盐度变化不大，但铜的特征峰电压随盐度变化明显，盐度为 0.5‰的河口水中铜的特征峰电压为–0.19V。

③用于酸化水样的硝酸为经亚沸石英蒸馏器重蒸馏的超纯酸，该试剂中的空白值可忽略不计。

④各实验室均应自行以所用的极谱仪，试验本方法的线性范围及灵敏度，必要时自行选定最佳仪器参数。

⑤加标准使用液时，应参考加入标准使用液前的峰电流值和金属灵敏度，选择合适体积的标准使用溶液，尽量使加入标准溶液后峰电流值的增值与未加入标准溶液的峰电流值相接近。必要时改变标准使用溶液的浓度，使所加入金属标准溶液的体积一般为 10～100 μL。

⑥每天做样前应调试汞电极以保证仪器能准确测定数据。

编写人员：
谭少卿（辽宁省大连生态环境监测中心）
刘　扬（辽宁省大连生态环境监测中心）

21.2 海水 铜、铅、镉、锌、总铬、镍、砷和硒的测定 在线稀释、氢化物发生、预富集 ICP-MS 法

本方法参考《海洋监测规范 第 4 部分：海水分析》（GB 17378.4—2007）和美国

EPA 200.10 方法编写，作为全国近岸海域水质监测统一方法使用。本方法在规范和 EPA 方法的基础上增加了部分元素，补充了相关规定和注意事项，以便减少监测执行单位在方法使用中的差别。

21.2.1 适用范围

本方法适用于大洋、近海、河口及咸淡混合水域。可用于海洋环境监测、常规水质监测、近岸浅水区环境污染调查监测，以及海洋倾废、疏浚物、赤潮和海洋污染事故的应急专项调查监测与海洋有关的海洋环境调查监测。样品的采集、处理与贮存参照 GB 173783—2007 执行。

方法检出限（依据 HJ 168—2010 计算得出）见表 21-1。

表 21-1 各元素方法检出限

元素	Cu	Pb	Zn	Cd	Cr	Ni	Co	V	As	Se
检出限/（μg/L）	0.050	0.003	0.100	0.005	0.010	0.010	0.005	0.100	0.050	0.050

21.2.2 方法原理

如图 21-1 所示，水样经自动进样器吸入 3 个定量环中，500μL 定量环的水样经过注射泵定量加入一定量的稀释溶液，样品中 Cr 经自动稀释后直接进入 ICP-MS 分析，稀释倍数可根据实际样品盐度调整；3 mL 定量环中的样品用于氢化物模式的分析，As、Se 在酸性条件下被硼氢化钠还原成气态氢化物进入 ICP-MS 测定；另外 3 mL 定量环中的样品，经螯合柱（Preconcentraion Column）富集，水样中 Cu、Pb、Zn、Cd、Co、Ni、V 等元素富集在柱床上，经纯水和缓冲溶液冲洗除去海水中的 Na^+、Ca^{2+}、Mg^{2+}、K^+、Cl^-等基质，最后用 10%硝酸溶液反冲洗柱子，样品被带入 ICP-MS 分析检测。

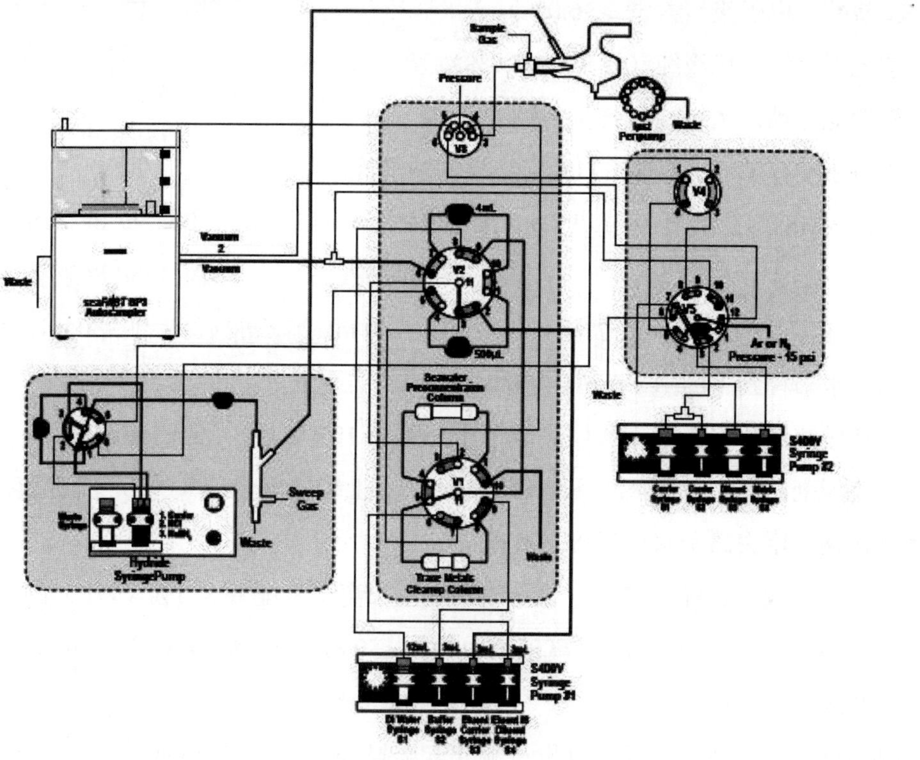

图 21-1　SP3 自动进样器示意图

21.2.3　干扰与消除

①质谱分析时常有同量异位数及多原子离子的干扰，应选择适宜的质荷比定量（21.2.7），ICP-MS 应具有碰撞反应池技术来消除干扰。

②Cr 采用在线稀释的方法进样分析，曲线与样品盐度不一致可能带来基质干扰，可通过在线基体匹配来消除干扰。

③采用内标法定量可以消除部分干扰。

21.2.4　试剂和材料

①硝酸：Optima 级（含量≥65.0%）。

②冰乙酸：电子级（含量≥99.8%）。

③氨水：电子级（含量≥28.0%）。

④盐酸：电子级（含量≥36.0%）。

⑤氢氧化钠：优级纯（含量≥97.0%）。

⑥硼氢化钠：优级纯（含量≥98.0%）。

⑦海水空白基质：10%～11%高纯氯化钠溶液。

⑧ICP-MS 调谐溶液：1μg/L Be、Ce、Fe、In、Li、Mg、Pb、U 混合溶液，含 1%硝酸。

⑨缓冲溶液：在 200 mL 去离子水中加入 280 mL 冰乙酸（②）与 280 mL 氨水（③），用去离子水稀释到 1 L，调节 pH 为 6.0±0.2。

⑩洗脱溶液：将上述硝酸用去离子水配置为 10%（*V*/*V*）的硝酸溶液。

⑪还原剂：用少量去离子水溶解 0.2～0.5 g 上述氢氧化钠（⑤），然后加入 6.0 g 上述硼氢化钠，用去离子水稀释到 200 mL。

⑫空白、载流和稀释溶液：将上述硝酸用去离子水配置为 1%（*V*/*V*）的硝酸溶液。

⑬盐酸溶液：向 200 mL 去离子水中加入 150 mL 上述盐酸（④），并用去离子水稀释到 500 mL。

⑭内标标准溶液：可根据分析待测元素选择 In、Sc、Rh、Ga 等。

⑮洗脱内标溶液：将硝酸（①）用去离子水配置为 10%（*V*/*V*）的硝酸溶液，加入内标溶液（⑭），使内标浓度为 10.0 μg/L。

⑯多元素标准溶液：根据所需分析项目购置。

⑰多元素标准储备溶液（1.00 mg/L）：将多元素混标（⑧）用 1%硝酸溶液（⑮）稀释为 1.00 mg/L，盛于 PFA 试剂瓶中，此溶液可保存 1 年。

⑱标准使用溶液（20.0 μg/L）：移取 5.00 mL 多元素标准储备溶液（⑰）于 250 mL 容量瓶中，用 1%硝酸溶液（①）定容，混匀。此溶液可保存 1 个月。

21.2.5 仪器与设备

①带碰撞反应池技术的 ICP-MS 1 台。

②自动稀释预浓缩进样系统 1 台，可实现在线稀释、在线富集及氢化物三种模式预处理。其中 Cr 采用在线稀释模式分析，Cu、Pb、Zn、Cd、Co、Ni、V 采用在线富集模式分析，As、Se 采用氢化物模式分析。

③15.0 mL PE 进样管。

④100.0 mL、250.0 mL PE 或 PFA 材质容量瓶。

⑤5.00 mL、1.00 mL、200 μL 移液器及移液枪头。

21.2.6 样品检查

分析人员在接收样品时，需按照第 6 章中“样品交接”的要求进行样品检查。

21.2.7 分析测试

21.2.7.1 工作曲线的绘制

①打开 ICP-MS，点炬，稳定 30 min，用调谐溶液（⑧）调节 ICP-MS 条件，使 Be 9.0122＞2 000；In 114.904＞40 000；U 238.05＞30 000；Bkgd 220≤1；CeO 155.9/Ce 139.905≤0.025；Ce^{++} 69.9527/Ce 139.905≤0.025。

②设定 ICP-MS 分析方法，可以根据分析的目标元素种类，单独选择在线稀释、在线富集及氢化物模式以及多种模式同时测定。设定标准空白及标准储备液的位置，设置各元素工作曲线各浓度点的值及相应的稀释倍数。各元素参考分析质量数为 ^{52}Cr、^{75}As、^{78}Se、^{82}Se、^{65}Cu、^{208}Pb、^{66}Zn、^{111}Cd、^{60}Ni、^{51}V、^{59}Co，内标物为 ^{115}In。

③将 SP3 自动进样器的样品管路连接至 ICP-MS 雾化器，打开 SP3 自动进样器，初始化，校准进样针位置、进样针高度以及样品架位置，确保各种使用溶液准备完毕及各管路连接正常，与 ICP-MS 联机，根据需要分析的目标元素，设定选择在线稀释、在线富集及氢化物模式或者多种模式同时测定，根据待分析的样品盐度设定需要基体匹配目标值，设定好 SP3 自动进样器的方法。

④仪器连接正常及方法设定完毕后，先分析样品空白溶液（21.2.4⑮）以清洗整个进样系统，待各元素空白进样信号自高到低逐渐稳定以及内标元素信号稳定后，再开始工作曲线绘制及样品分析。

⑤工作曲线应在每批样品分析时绘制。采用空白溶液（21.2.4⑮）和标准使用溶液（21.2.4⑱），利用仪器自动稀释进样功能，分别采集 0.000 μg/L、0.125 μg/L、0.250 μg/L、0.500 μg/L、2.000 μg/L、5.000 μg/L 标准系列信号。

注：根据实际样品的浓度范围，曲线浓度范围可适当调整，至少 6 个点（包含 0 点）。

⑥以标准系列信号除以相应内标信号扣除标准空白信号除以相应内标信号后数值

为横坐标，相应的浓度值为纵坐标绘制工作曲线，得到线性回归系数为 k。

21.2.7.2 空白实验

以空白溶液代替水样置于样品杯中作为空白，空白试剂的选择应与工作曲线系列溶液保持一致。

21.2.7.3 样品测定

①用 15 mL 样品管取样，并置于样品管架上。包括 10%平行样、空白样、10%加标样品、质控样等。

②编辑进样列表，自动分析样品。

21.2.7.4 结果计算与表示

通过测定的样品信号及相应内标信号，通过线性回归计算水样中浓度。按下式计算相应浓度值。

$$C_m = \frac{\left(\dfrac{A_i}{A_{inter-i}} - \dfrac{A_0}{A_{inter-0}}\right)}{k} \tag{21-2}$$

式中，C_m——水样中元素浓度，μg/L；

k——曲线斜率；

A_0——标准空白的信号响应值；

$A_{inter-0}$——标准空白的内标信号响应值；

A_i——样品的信号响应值；

$A_{inter-i}$——样品对应的内标信号响应值。

21.2.8 质量控制与保证

①准确度：通过分析标准参考物质以及加标回收率来判断分析准确度。每批样品应至少测定 10%的加标样品，样品数量少于 10 个时，应至少测定 1 个加标样品，加标回收率应为 60%～120%。

②精密度：每批样品应至少测定 10%的平行双样，样品数量少于 10 个时，应至少

测定 1 个平行双样。相对偏差允许限根据样品浓度确定。

③工作曲线的相关系数 r 应在 0.999 以上。

21.2.9 注意事项

①本方法中所用的各种试剂以及去离子水均应检查试剂空白，特别是 Pb、Zn 等元素，如果空白较高影响测定，应该纯化后使用或者更换更高纯度的试剂。

②配制试剂时，为避免沾污应佩戴手套，并避免使用玻璃器皿。

③分析曲线和样品前，应先分析空白样品溶液，以清洗整个进样系统，待空白信号降低并稳定，内标元素信号稳定后，方可进行曲线绘制及样品分析。

④分析加标样品时，样品应加入硝酸，使硝酸含量为 1%，防止加标重金属溶出。

⑤所用器皿均用 1+1 硝酸溶液浸泡 1 周后用去离子水冲洗干净。

⑥对于基体匹配度的选择，根据不同批次样品的盐度适当调整，尽量保证曲线分析最终匹配值与样品盐分一致。

⑦缓冲溶液的酸度对预富集模式分析影响较大，应确保 pH 在 6.0±0.2 范围内，过高或过低会影响海水中基体的去除效率或者待测元素回收率。

编写人员：
母清林（浙江省海洋生态环境监测中心）
佘运勇（浙江省海洋生态环境监测中心）

21.3 海水 铜、铅、镉、镍的测定 无火焰原子吸收分光光度法

本方法依据《海洋监测规范 第 4 部分：海水分析》（GB 17378.4—2007）（6.1 无火焰原子吸收分光光度法、42 镍-无火焰原子吸收分光光度法）编写。本方法在 GB 17378.4—2007 基础上，补充了相关规定和注意事项，以便减少监测执行单位在方法使用中的差别。

21.3.1　适用范围

本法适用于海水中痕量铜、铅、镉和镍的连续测定。

当取样量为 50 mL 时，铜的检出限为 0.20 μg/L、铅检出限为 0.03 μg/L、镉检出限为 0.01 μg/L、镍检出限为 0.50 μg/L（检出限源自 GB 17378.4—2007）。

21.3.2　方法原理

在 pH 为 5～6 的条件下，海水中的铜、铅、镉、镍与吡咯烷二硫代氨甲酸铵（APDC）和二乙氨基二硫代甲酸钠（DDTC）混合液螯合，经甲基异丁酮（MIBK）-环己烷混合溶液萃取分离后，用硝酸溶液进行反萃取，再于各自的特征波长下用石墨炉原子吸收光谱法测定其吸收值。

21.3.3　试剂与材料

除非另有说明，分析时均使用符合国家标准的分析纯试剂，实验用水为去离子水。

①硝酸（HNO_3）：ρ =1.42 g/mL，优级纯。

②硝酸溶液（1+1）：1 体积的水和 1 体积的硝酸混合。

③硝酸溶液（1+99）：1 体积的硝酸和 99 体积的水混合。

④氨水（$NH_3 \cdot H_2O$），等温扩散法提纯。

⑤盐酸（HCl），等温扩散法提纯。

⑥醋酸（CH_3COOH）：ρ =1.05 g/mL，优级纯。

⑦环己烷（C_6H_{12}）：优级纯。

⑧甲基异丁基酮（MIBK，$C_6H_{12}O$）：优级纯。如果含干扰杂质，用石英亚沸蒸馏器蒸馏提纯。

⑨甲基异丁基酮（MIBK）-环己烷混合液：将 240 mL 甲基异丁基酮（⑧）和 60 mL 环己烷（⑦）在锥形分液漏斗中混合，加 3 mL 硝酸（①），振荡 0.5 min，用水洗涤有机相 2 次。按此步骤重复 3 次。最后用水洗涤至水相 pH 6～7，收集有机相。

⑩吡咯烷二硫代甲酸铵（APDC）-二乙氨基二硫代甲酸钠（DDTC）溶液（1%）。分别称取吡咯烷二硫代甲酸铵（APDC）和二乙氨基二硫代甲酸钠（DDTC）各 1.0 g，溶于水中，经滤纸过滤后稀释至 100 mL，用 MIBK-环己烷（⑨）萃取提纯 3 次，每次

10 mL，收集的水溶液保存于冰箱中，1 周内有效。

⑪醋酸铵溶液：量取 100 mL 醋酸（⑥）于分液漏斗中，用氨水（④）中和至 pH 为 5，加 2 mLAPDC-DDTC 溶液（⑩），10 mL MIBK-环己烷（⑨），振摇 1 min，弃去有机相。重复萃取提纯 3 次，存于试剂瓶中。

⑫溴甲酚绿指示液（1 g/L）：称取 0.1 g 溴甲酚绿，溶于 100 mL 20%（体积分数）乙醇溶液中。

⑬铜、铅、镉、镍贮备溶液：铜、铅、镉标准贮备溶液（1.000 mg/L-Cu、Pb 和 Cd）：分别称取 0.1 000 g 金属铜、铅和镉（纯度 99.99%）于 3 只 50 mL 烧杯中，用适量硝酸溶液（②）溶解，必要时加热直至溶解完全后分别转入 3 只 100 mL 量瓶中，用水稀释至标线，混匀。镍标准贮备液（1.000 g/L）：称取 0.5000 g 镍（纯度 99.99%），用 5 mL 硝酸溶液（②）加热溶解，冷却后全量转入 500 mL 量瓶中，加硝酸溶液（③）稀释至标线，混匀。或购买市售有证标准物质。

⑭铜、铅、镉、镍标准中间溶液：铜、铅和镉标准中间液：分别移取移取 5.0 mL 铜标准贮备液，3.0 mL 铅标准贮备液，1.0 mL 镉标准贮备液，2.0 mL 镍标准贮备溶液（⑬），置于同一 100 mL 量瓶中，用硝酸溶液（③）稀释至标线，混匀。溶液中铜为 50.0 μg/mL、铅为 30.0 μg/mL、镉为 10.0 μg/mL，镍为 20.0 μg/mL；再移取 10.0 mL 该溶液于 100 mL 量瓶中，用硝酸溶液（③）稀释至标线，混匀。此溶液铜为 5 μg/mL，铅为 3.0 μg/mL，镉为 1.0 μg/mL，镍为 2.0 μg/mL。

⑮铜、铅、镉、镍标准使用液：铜、铅、镉和镍标准使用溶液：移取 1.0 mL 铜、铅、镉、镍标准中间液（⑭）于 100 mL 量瓶内，用硝酸溶液（③）稀释至标线，混匀。此溶液铜浓度为 0.05 μg/mL，铅为 0.03 μg/mL，镉浓度为 0.01 μg/mL，镍浓度为 0.02 μg/mL。

⑯二次去离子水：电导率小于 2×10^{-6} S/m。

21.3.4 仪器与设备

①无火焰原子吸收分光光度计。

②石英亚沸蒸馏器。

③移液管：容量 1 mL、2 mL、5 mL、10 mL。

④分液漏斗：容量 250 mL、500 mL。

⑤量瓶：容量 100 mL。

⑥具塞比色管：容量 10 mL。

⑦洁净台。

⑧一般实验室常用仪器设备。

21.3.5 样品检查

分析人员在接收样品时，需按照第 6 章中样品交接内容的要求进行样品检查。检查样品是否进行固定、有无沉淀及沉淀的沉降等现象，并对照采样记录，检查每个样品是否在有效保存期内。

21.3.6 前处理

①取 50 mL 水样置于 250 mL 分液漏斗中。

②加 1 滴溴甲酚绿指示液（⑫），用盐酸（⑤）和氨水（④）调至溶液呈蓝色（pH5～6）。

③加 1.0 mL 醋酸铵溶液（⑪），3.0 mL APDC–DDTC 混合液（⑩），10.0 mL MIBK-环己烷溶液（⑨），振荡 2 min，静置分层，弃去水相。

④加 10 mL 水（⑯）洗涤有机相，静置约 5 min，弃尽水相。

⑤加入 0.40 mL 硝酸（①），振荡 1 min，继续加入 9.6 mL 水（⑯），再振荡 1 min，静置分层，将硝酸反萃取液收集于 10 mL 比色管中。

21.3.7 分析测试

21.3.7.1 校准曲线的绘制

标准曲线应在每次分析样品的当天绘制。

①取 7 支 250 mL 分液漏斗，分别移入 0.00 mL、2.00 mL、4.00 mL、6.00 mL、8.00 mL、10.00 mL 铜、铅、镉、镍标准使用溶液（21.3.3⑮），加水稀释至 50 mL，混匀。

注：根据实际样品的浓度范围，曲线浓度范围可适当调整，至少 6 个点（包含 0 点）。

②按照样品前处理步骤（21.3.6 中①～⑤）进行前处理。

③按选定的仪器工作条件（见 21.3.7③），测定标准溶液的吸光值 A_i。

④以吸光值 $A_i - A_0$（标准空白）为纵坐标，相应的金属元素浓度（μg/L）为横坐标，绘制标准曲线。若使用计算机控制的石墨炉原子吸收分光光度计，可由计算机绘制出标准曲线。

21.3.7.2　空白样品分析

以纯水作为空白，空白试剂的选择应与标准曲线系列溶液保持一致。取 50 mL 纯水，按同样的步骤做全程序空白测定 A_b。

21.3.7.3　样品测定

①根据选定的原子吸收分光光度计工作条件，测定样品吸光值 A_w。

②仪器参数可参照仪器说明书进行选择。表 21-2 为推荐参考条件。

表 21-2　原子吸收分光光度法工作条件

名称	设定参数			
元素（波长，nm）	Cu（324.7）	Pb（283.3）	Ni（232.0）	Cd（228.8）
狭缝/nm	0.7	0.7	0.2	0.7
灯电流/mA	7	4	10	3
氩气流量/（L/min）	内 0.5，外 2.5	内 0.5，外 2.5	内 0.5，外 2.5	内 0.5，外 2.5
进样量/μg	20	20	20	20
干燥温度/℃	110～130	110～130	110～130	110～130
时间/s	30	30	30	30
灰化温度/℃	1 200	850	1 100	500
时间/s	20	20	20	20
原子化温度/℃	2 000～2 200	1 600～2 000	2 200～2 400	1 500～2 000
时间/s	10	10	10	10

注：根据所用的仪器设备选定最佳的工作条件。

21.3.7.4　结果与计算

（1）结果计算

以（$A_w - A_b$）由工作曲线查得或用线性回归方程计算得出样品中相应元素的浓度

（μg/L）。由计算机控制的原子吸收分光光度计，可直接计算出样品中相应金属元素的浓度（μg/L）。

（2）结果表示

分析结果的有效保留的最小数位不能低于分析方法检出限的最小数位。

21.3.8 质量控制与保证

①校准曲线的相关系数 r 应≥0.995。

②每批样品至少做 1 个实验室全程序空白，空白值应低于方法检出限。

③准确度：每批样品至少测定 10%的平行双样，样品数量少于 10 个时，应至少测定 1 个平行双样，控制指标见第 6 章质量保证和质量控制表 6-2。

④精密度：每批样品至少做 1 个加标回收试验，控制指标见第 6 章质量保证和质量控制表 6-2；或者每批样品带入有证标准样品，其测定值应在标准要求范围内。

21.3.9 注意事项

①所用器皿用 1+3 硝酸溶液浸泡，使用前用水清洗，防止沾污。

②所用试剂，在使用前做空白试验，对空白值高的试剂，应进行提纯处理或使用级别更高的试剂。

③根据所使用原子吸收分光光度计灵敏度高低，海水样品中铜、铅、镉、镍含量的高低，相应增加或减少海水样品取样量。海水取样量与标准溶液体积相同。

④在萃取与反萃取过程中，溶液放出前须用水洗净锥形分液漏斗出口管下端的内外壁，避免沾污。

⑤用细玻璃棒沾微量溶液实验其 pH 时，应防止沾污。

⑥实验过程中产生的废液应集中收集，并交由有资质的单位处置。

编写人员：

徐诗琴（海南省环境监测中心站）

陈　楠（海南省环境监测中心站）

王小菊（海南省环境监测中心站）

21.4　海水 铬、镍、铜、锌、镉、铅的测定 直接进样 电感耦合等离子体质谱法操作规程

本方法依据 *Water quality-Application of inductively coupled plasma mass spectrometry*（ICP-MS）（EN ISO 17294-2：2004）编写。本方法在 EN ISO 17294-2：2004 基础上，补充了相关规定和注意事项，以便减少监测执行单位在方法使用中的差别。

21.4.1　适用范围

本方法适用于大洋、近岸及河口附近海水中铬、镍、铜、锌、镉、铅的测定，各元素的方法检出限分别为铬，0.04 μg/L；镍，0.02 μg/L；铜，0.04 μg/L；锌，0.05 μg/L；镉，0.03 μg/L；铅，0.02 μg/L。

21.4.2　方法原理

海水样品经过耐高盐进样系统（HMI）后，在雾化室和炬管之间注入额外的氩气流，采用计算机控制的气溶胶稀释方法，减少载入等离子体中的样品基质和水蒸气，然后进入 ICP-MS 分析检测。

21.4.3　试剂与材料

本标准所用试剂除非另有说明，分析时均使用符合国家标准的优级纯化学试剂。

①实验用水：电导率≥18 MΩ·cm（25℃），其余指标满足 GB/T 6682 中的一级标准。

②硝酸：ρ（HNO_3）=1.42 g/mL，优级纯或优级纯以上，必要时经纯化处理。

③氯化钠（NaCl），纯度≥99.99%。

④硝酸溶液：1+99。

⑤硝酸溶液：1+1。

⑥人工海水：取 100 mL 硝酸溶液（④），加入 3 g 高纯氯化钠（③），溶解后混合均匀。

⑦混合标准贮备溶液：可购买有证混合标准溶液，也可由单标自行配制。

⑧内标标准贮备溶液：宜选用 ^{45}Sc、^{74}Ge、^{89}Y、^{103}Rh、^{115}In、^{185}Re、^{209}Bi 为内标

元素。可直接购买有证标准溶液。

⑨内标标准使用溶液：用硝酸溶液（④）稀释内标贮备溶液（⑦），配制内标标准使用溶液。由于不同仪器采用不同内径蠕动泵管在线加入内标，致使内标进入样品中的质量浓度不同，故配制内标标准使用溶液时应考虑使内标元素在样液中的质量浓度为5～50 μg/L。

⑩仪器调谐溶液：ρ =1.00 μg/L。

宜选用含有 Li、Co、Y、Ce、Mg、Tl 等元素的调谐溶液。

⑪高纯氩气：纯度≥99.99%。

21.4.4 仪器与设备

①电感耦合等离子体质谱仪。仪器扫描范围：5～250 amu；分辨率：10%峰高处所对应的峰宽优于 1 amu。

②聚丙烯或聚四氟乙烯瓶。

③一般实验室常用仪器设备。

21.4.5 样品检查

分析人员在接收样品时，需按照第 6 章中样品交接内容的要求进行样品检查。检查样品是否进行固定、有无沉淀及沉淀的沉降等现象，并对照采样记录，检查每个样品是否在有效保存期内。同时针对本分析项目，还需检查样品的 pH 是否小于 2。

21.4.6 分析测试

21.4.6.1 标准曲线的建立

①打开 ICP-MS 和自动进样器，点炬预热，预热结束后用调谐溶液（21.4.3⑩）对仪器的灵敏度、氧化物和双电荷进行调谐，在涵盖待测元素的质量范围内进行质量校正和分辨率校验，应依照仪器使用说明书的要求对质谱进行校正。

②设定 ICP-MS 分析方法，各元素参考分析质量数为：^{52}Cr、^{60}Ni、^{65}Cu、^{66}Zn、^{111}Cd、^{208}Pb，内标物选用 ^{45}Sc、^{74}Ge、^{103}Rh、^{115}In、^{185}Re、^{209}Bi 等元素。

③依次配制一系列待测元素标准溶液，可根据测量需要调整标准曲线的浓度范

围，至少 6 个点（包含 0 点）。在聚丙烯或聚四氟乙烯瓶中取一定体积的混合标准溶液（21.4.3⑦），使用人工海水硝酸溶液（21.4.3⑥）配制系列标准曲线，标准系列的浓度为 0.00 μg/L、1.00 μg/L、5.00 μg/L、10.00 μg/L、20.00 μg/L、50.00 μg/L（参考浓度）。在每次样品分析前，首先应建立标准曲线。内标标准使用溶液（21.4.3⑨）使用蠕动泵自动加入。

④以标准溶液浓度为横坐标，以其对应的响应值与内标物的响应值的比值和内标物浓度的乘积为纵坐标建立标准曲线。

21.4.6.2　空白与自控样品分析

①空白实验：以人工海水（21.4.3⑥）代替水样作为空白，按照样品测定步骤进行测定。

②自控样品：能够获得海水标样时，应将标样与实际样品一同处理和分析，检查分析结果的准确性。在不能获得海水样品时，应采用加标回收实验检查分析结果的准确性。分析结果的精密性检查采用实验室平行样控制方式进行。

21.4.6.3　测定

（1）试样的测定

每个试样测定前，先用人工海水硝酸溶液（21.4.3⑥）冲洗系统直到信号降至最低，待分析信号稳定后开始测定。若样品中待测元素浓度超出标准曲线范围，需用人工海水硝酸溶液（21.4.3⑥）稀释后重新测定，稀释倍数为 f。

（2）实验室空白试样的测定

按照与试样相同的测定条件测定实验室空白试样。

21.4.6.4　结果计算与表示

（1）结果计算

样品中金属元素的浓度 ρ 按下式计算。

$$\rho=(\rho_1-\rho_2)\times f \tag{21-3}$$

式中，ρ ——样品中金属元素浓度，μg/L；

ρ_1——稀释后样品中元素的质量浓度，μg/L；

ρ_2——稀释后实验室空白样品中元素的质量浓度，μg/L；

f——稀释倍数。

（2）结果表示

分析结果的有效保留的最小数位不能低于分析方法检出限的最小数位，最多保留 3 位有效数字。

21.4.7　质量保证与控制

21.4.7.1　空白

每批样品应至少做 1 个全程序空白及实验室空白。空白值符合下列情况之一才能被认为是可接受的：①空白值应低于方法检出限；②空白值低于标准限值的 10%；③空白值低于每一批样品最低测定值的 10%。否则须查找原因，重新分析直至合格之后才能分析样品。

21.4.7.2　标准曲线

标准曲线的相关系数 r≥0.999。

21.4.7.3　内标

在每次分析中必须监测内标的强度，试样中内标的响应值应介于标准曲线响应值的 70%～130%，否则说明仪器发生漂移或有干扰产生，应查找原因后重新分析。

21.4.7.4　精密度

每批样品应至少测定 10%的平行双样，样品数量少于 10 时，应至少测定 1 个平行双样，平行样测定结果的相对偏差≤20%。

21.4.7.5　准确度

通过分析标准参考物质或者基体加标回收率来判断分析准确度。当需要测定基体加标时，测定的加标回收率应在 70%～130%。

21.4.7.6 连续校准

每分析 10 个样品，应分析 1 次标准曲线中间质量浓度点，其测定结果与实际质量浓度值相对偏差应≤10%，否则应查找原因或重新建立标准曲线。每批样品分析完毕后，应进行 1 次曲线最低点的分析，其测定结果与实际质量浓度值相对偏差应≤30%。

21.4.8 注意事项

①本方法中所使用的各种试剂以及超纯水均应检查试剂空白，特别是 Pb、Zn 等元素，如果空白较高影响测定，应该纯化后使用或者更换更高纯度的试剂。

②所用器皿均用硝酸溶液（21.4.3⑤）浸泡至少 12 h 后用超纯水冲洗干净再使用。

③对于基体匹配度的选择，根据不同批次样品的盐度适当调整，尽量保证样品盐分最终匹配值与曲线分析时一致。

编写人员：
张婷婷（山东省青岛生态环境监测中心）

21.5 海水 锌的测定 火焰原子吸收分光光度法

本方法依据《海洋监测规范 第 4 部分：海水分析》（GB 17378.4—2007）（9.1 火焰原子吸收分光光度法）和《近岸海域环境监测规范》（HJ 442—2008）编写。本方法在 GB 17378.4—2007 和 HJ 442—2008 基础上，补充了相关规定和注意事项，以便减少监测执行单位在方法使用中的差别。

21.5.1 适用范围

本方法适用于海水中痕量锌的测定。

当取样量为 20 mL 时，锌的检出限为 3.1 μg/L。如仪器灵敏度达不到检出限要求，可适当增加取样量。

21.5.2 方法原理

在 pH 为 3.5～4.0 的条件下，海水中的锌与吡咯烷二硫代氨甲酸铵（APDC）和二乙氨基二硫代甲酸钠（DDTC-Na）形成液螯合物，经甲基异丁酮（MIBK）萃取分离后，用硝酸溶液反萃取，锌在乙炔-空气火焰中被原子化，在其特征吸收波长处测定原子吸光值。

21.5.3 试剂与材料

除非另有说明，分析时均使用符合国家标准的分析纯试剂，实验用水为新制备的去离子水。

①硝酸（HNO_3）：ρ =1.42 g/mL，优级纯。

②硝酸溶液（1+1）：1 体积的水和 1 体积的硝酸混合。

③硝酸溶液（1+99）：1 体积的硝酸和 99 体积的水混合。

④硝酸溶液（6 mol/L）：移取 75 mL 硝酸（HNO_3，ρ =1.42 g/mL，优级纯）与 125 mL 水混合。

⑤氨水（$NH_3 \cdot H_2O$）：等温扩散法提纯。

⑥盐酸（HCl）：等温扩散法提纯。

⑦醋酸（CH_3COOH）：ρ =1.05 g/mL，优级纯。

⑧环己烷（C_6H_{12}）：优级纯。

⑨甲基异丁基酮（MIBK，$C_6H_{12}O$）：优级纯。如果含干扰杂质，用石英亚沸蒸馏器蒸馏提纯。

⑩醋酸铵溶液：量取 57 mL 醋酸（⑦）于 200 mL 水中，加 3 滴二甲基黄指示液（⑫），用氨水（⑤）调节溶液恰呈橙黄色（pH=4），加水稀释至 1 L。

⑪络合剂混合溶液：分别称取吡咯烷二硫代甲酸铵（APDC）和二乙氨基二硫代甲酸钠（DDTC）各 0.25 g，溶于 50 mL 水中，经滤纸过滤后与 50 mL 醋酸铵溶液（⑩）混合，用 MIBK（⑨）萃取提纯 2 次，每次 10 mL，收集水相（当日配制）。

⑫二甲基黄指示液（0.5 g/L）：称取 0.05 g 二甲基黄（$C_{14}H_{15}N_3$），溶于 100 mL 90%（体积分数）乙醇溶液中，混匀，过滤后使用。

⑬锌贮备溶液：锌标准贮备溶液（1.00 mg/mL-Zn）：称取 0.200 0 g 光谱纯金属锌。

用 5 mL 硝酸溶液（④）溶解后，全量称入 200 mL 量瓶中，加水至标线，混匀。或购买市售有证标准物质。

⑭锌标准中间溶液（100 μg/mL）：量取 10.0 mL 锌标准贮备液（⑬）于 100 mL 量瓶中，用硝酸溶液（③）稀释至标线，混匀。

⑮锌标准使用液（2.00 μg/mL）：量取 2.00 mL 标准中间溶液（⑭）于 100 mL 量瓶中，用硝酸溶液（③）稀释至标线，混匀，可稳定 7 d。

⑯二次去离子水：电导率小于 2×10^{-6} S/m。

21.5.4 仪器与设备

①火焰原子吸收分光光度计。

②锌空心阴极灯。

③钢瓶乙炔。

④洁净台。

⑤量瓶：容量 100 mL、200 mL。

⑥具塞比色管：容量 10 mL。

⑦移液吸管：容量 2 mL、10 mL。

⑧分液漏斗：容量 250 mL、500 mL。

⑨一般实验室常备仪器和设备。

21.5.5 样品检查

分析人员在接收样品时，需按照第 6 章中样品交接内容的要求进行样品检查。检查样品是否进行固定、有无沉淀及沉淀的沉降等现象，并对照采样记录，检查每个样品是否在有效保存期内。

21.5.6 前处理

①取 20 mL 水样置于 150 mL 分液漏斗中。

②加 1 滴二甲基黄指示液（21.5.3⑫），用氨水（21.5.3⑤）调至溶液恰呈橙黄色（pH=4）。

③加 2.0 mL APDC–DDTC-醋酸铵络合剂混合溶液（21.5.3⑪），3.0 mL MIBK（21.5.3

⑨），振荡 2 min，静置分层，弃去水相。

④加 10 mL 水（21.5.3⑯）洗涤有机相，静置约 5 min，弃尽水相。

⑤加入 0.40 mL 硝酸（21.5.3①），振荡 1 min，继续加入 9.6 mL 水（21.5.3⑯），再振荡 1 min，静置分层，将硝酸反萃取液收集于 10 mL 比色管中。

21.5.7 分析测试

21.5.7.1 校准曲线的绘制

标准曲线应在每次分析样品的当天绘制。

①取 7 支 150 mL 分液漏斗，分别移入 0.00 mL、0.50 mL、1.00 mL、1.50 mL、2.00 mL、2.50 mL、3.00 mL 锌标准使用溶液（21.5.3⑮），加水稀释至 20 mL，混匀。

注：根据实际样品的浓度范围，曲线浓度范围可适当调整，至少 6 个点（包含 0 点）。

②按照样品前处理步骤（21.5.6）进行前处理。

③按选定的仪器工作条件（21.5.7.3②），测定标准溶液的吸光值 A_i。

④以吸光值 $A_i - A_0$（标准空白）为纵坐标，相应的金属元素浓度（mg/L）为横坐标，绘制标准曲线。若使用计算机控制原子吸收分光光度计，可由计算机绘制出标准曲线。

21.5.7.2 空白与自控样品分析

空白实验：以无锌纯水作为空白，空白试剂的选择应与标准曲线系列溶液保持一致。取 20 mL 纯水，按同样的步骤做全程序空白测定 A_b。

21.5.7.3 样品测定

①根据选定的原子吸收分光光度计工作条件，测定样品吸光值 A_w。

②仪器参数可参照仪器说明书进行选择。表 21-3 为推荐参考条件。

表 21-3 火焰原子吸收分光光度法工作条件

名称	条件参数	名称	条件参数
波长	213.8 nm	狭缝	0.7 nm

名称	条件参数	名称	条件参数
灯电流	10 mA	火焰高度	—
火焰类型	贫燃型	空气流量	—
乙炔流量	L/min	—	—

21.5.7.4 结果与计算

（1）结果计算

$A_w - A_b$ 由工作曲线查得或用线性回归方程计算得出样品中相应元素的浓度（mg/L）。由计算机控制的原子吸收分光光度计，可直接计算出样品中相应金属元素的浓度（mg/L）。

（2）结果表示

分析结果的有效保留的最小数位不能低于分析方法检出限的最小数位。

21.5.8 质量控制与保证

①校准曲线的相关系数 r 应≥0.995。

②每批样品至少做 1 个实验室全程序空白，空白值应低于方法检出限。

③准确度：每批样品至少测定 10%的平行双样，样品数量少于 10 个时，应至少测定 1 个平行双样，控制指标见第 6 章质量保证和质量控制表 6-2。

④精密度：每批样品至少做 1 个加标回收试验，控制指标见第 6 章质量保证和质量控制表 6-2；或者每批样品带入有证标准样品，其测定值应在标准要求范围内。

21.5.9 注意事项

①本法测定所用器皿必须用 1+1 硝酸溶液浸泡 12 h 以上，再用水洗净。

②所用试剂，在使用前应做空白试验，对空白值高的试剂，应进行提纯处理或使用级别更高的试剂。

③在萃取与反萃取过程中，溶液放出前需用水洗净锥形分液漏斗出口管下端的内外壁，避免沾污。

④用细玻璃棒沾微量溶液实验其 pH 时，应防止沾污。

⑤实验过程中产生的废液集中收集保存，并交由有资质的单位处置。

编写人员：
徐诗琴（海南省环境监测中心站）
陈　楠（海南省环境监测中心站）
王小菊（海南省环境监测中心站）

第 22 章　海水 总铬的测定操作规程

22.1　海水 总铬的测定 无火焰原子吸收分光光度法

本方法依据《海洋监测规范 第 4 部分：海水分析》（GB 17378.4—2007）（10.1 无火焰原子吸收分光光度法）和《近岸海域环境监测规范》（HJ 442—2008）编写。本方法在 GB 17378.4—2007 和 HJ 442—2008 基础上，补充了相关规定和注意事项，以便减少监测执行单位在方法使用中的差别。

22.1.1　适用范围

本方法适合于海水总铬的测定。

当取样量为 10 mL 时，总铬的检出限为 0.4 μg/L（检出限源自 GB 17378.4—2007）。

22.1.2　方法原理

在 pH 为 3.8 ± 0.2 的条件下，低价态铬被高锰酸钾氧化后，同二乙氨基二硫代甲酸钠（DDTC）螯合，用甲基异丁基酮（MIBK）萃取，于铬的特征吸收波长处测定原子吸光值。

22.1.3　试剂与材料

除非另有说明，分析时均使用符合国家标准的分析纯试剂，实验用水为新制备的去离子水。

①硝酸（HNO_3）：ρ =1.42 g/mL，优级纯。

②硝酸溶液（1+1）：1 体积的水和 1 体积的硝酸混合。

③硝酸溶液（1+99）：1 体积的硝酸和 99 体积的水混合。

④氨水（$NH_3 \cdot H_2O$）：等温扩散法提纯。

⑤盐酸（HCl）：等温扩散法提纯。

⑥高锰酸钾溶液（10 g/L）：称取 1 g 高锰酸钾（$KMnO_4$，优级纯），溶于水并稀释至 100 mL。

⑦二甲基黄乙醇溶液（10 g/L）：称取 1 g 二甲基黄（$C_{14}H_{15}N_3$），溶于 95%乙醇并稀释至 100 mL。

⑧甲基异丁基酮［MIBK，$CH_3COCH_2CH(CH_3)_2$］。

⑨缓冲溶液：称取 50.1 g 苯二甲酸氢钾（$C_8H_5KO_4$，优级纯）溶于水，加入 7 mL 盐酸溶液（1 mol/L）并用水稀释至 500 mL，最后用盐酸或氨水在 pH 计上调 pH 为 3.8±0.2。

⑩二乙氨基二硫代甲酸钠（DDTC）溶液（20 g/L）：根据当天用量，称取适量 DDTC（$C_5H_{10}NS_2Na$），加水溶解，临用时现配，用定性滤纸滤去浮沫。

⑪铬标准贮备溶液（1.00 mg/mL-Cr）：称取重铬酸钾（$K_2Cr_2O_7$，99.99%）0.282 9 g 溶于水中，全量转入 100 mL 量瓶中，加入 1 mL 硝酸（HNO_3，ρ=1.42 g/mL）用水稀释到标线。或购买市售有证标准物质。

⑫铬标准中间溶液（100 μg/mL）：量取 10.0 mL 铬标准贮备溶液（⑪）于 100 mL 量瓶内，用 1+99 硝酸溶液稀释至标线，混匀。

⑬铬标准使用液（0.020 0 μg/mL）：量取 1.00 mL 铬标准中间溶液（⑫）于 100 mL 量瓶内，用 1+99 硝酸溶液稀释至标线，混匀。再移取此溶液 2.00 mL 于 100 mL 量瓶，用硝酸溶液（1+99）稀释至标线，混匀。

22.1.4 仪器与设备

①无火焰原子吸收分光光度计。

②铬空心阴极灯。

③自动进样器：容量 20 μL。

④钢瓶氩气。

⑤聚四氟乙烯（或聚丙烯）杯：容量 2 mL。

⑥具塞比色管：容量 25 mL。

⑦移液吸管：容量 2 mL、10 mL。

⑧石英亚沸蒸馏器。

⑨超净工作台。

⑩一般实验室常备仪器和设备。

22.1.5　样品检查

分析人员在接收样品时，需按照第 6 章中样品交接内容的要求进行样品检查。检查样品是否进行固定、有无沉淀及沉淀的沉降等现象，并对照采样记录，检查每个样品是否在有效保存期内。

22.1.6　前处理

①取 10.0 mL 的样品置于 25 mL 具塞比色管中，取样时应仔细摇匀。

②加 1 滴二甲基黄乙醇溶液（22.1.3⑦），用氨水和稀盐酸调 pH，使溶液呈浅橙色。

③加 1 滴高锰酸钾溶液（22.1.3⑥），在水浴上加热（控制温度在 70±5℃）10 min，溶液保持微紫色。

④加入 1 mL 缓冲溶液（22.1.3⑨）和 1 mL DDTC 溶液（见 22.1.3⑤），混匀。

⑤加 1.50 mL MIBK（22.1.3⑧）萃取 2 min，静置分层，收集有机相进行分析。

22.1.7　分析测试

22.1.7.1　校准曲线的绘制

标准曲线应在每次分析样品的当天绘制。

①取 6 支 25 mL 具塞比色管，分别移入 0.00 mL、1.00 mL、2.00 mL、3.00 mL、4.00 mL、5.00 mL 铬标准使用溶液（22.1.3⑬），加水稀释至 10 mL，混匀。

注：根据实际样品的浓度范围，曲线浓度范围可适当调整，至少 6 个点（包含 0 点）。

②按照样品前处理步骤 22.1.6 进行前处理。

③移取一定体积有机相注入石墨炉，按仪器工作条件测定吸光值 A_i。

（4）以测得吸光值 $A_i - A_0$（标准空白）为纵坐标，以相应铬的溶液（μg/L）为横坐标，绘制工作曲线。

22.1.7.2　空白样品分析

以无铬纯水作为空白，空白试剂的选择应与标准曲线系列溶液保持一致。取 10 mL 纯水，按同样的步骤做全程序空白测定 A_b。

22.1.7.3　样品测定

①根据选定的原子吸收分光光度计工作条件，测定样品吸光值 A_w。

②仪器参数可参照仪器说明书进行选择，表 22-1 为推荐参考条件。

表 22-1　石墨炉原子吸收分光光度法工作条件

名称	条件参数	名称	条件参数
波长	232.0 nm	氩气流量	内 0.5 L/min，外 2.5 L/min
狭缝	0.7 nm	干燥温度与时间	110～130℃，30 s
灯电流	10 mA	灰化温度与时间	1 500℃，20 s
进样量	20 μL	原子化温度与时间	2 300～2 400℃，10 s

22.1.7.4　结果与计算

（1）结果计算

将测得的数据计入表中，由 $A_w - A_b$ 值于工作曲线上直接查得样品中铬浓度（μg/L），或用线性回归方程公式计算：

$$\rho_{Cr} = \frac{(A_w - A_b) - a}{b} \tag{22-1}$$

式中，ρ_{Cr}——水样中铬的浓度，μg/L；

a——曲线的截距；

b——曲线的斜率。

（2）结果表示

分析结果的有效保留的最小数位不能低于分析方法检出限的最小数位。

22.1.8　质量控制与保证

①校准曲线的相关系数 r 应≥0.995。

②每批样品至少做 1 个实验室全程序空白，空白值应低于方法检出限。

③准确度：每批样品至少做 1 个加标回收试验，控制指标见第 6 章质量保证和质量控制表 6-2；或者每批样品带入有证标准样品，其测定值应在标准要求范围内。

④精密度：每批样品至少测定 10%的平行双样，样品数量少于 10 个时，应至少测定 1 个平行双样，控制指标见第 6 章质量保证和质量控制表 6-2。

22.1.9　注意事项

①本方法关键是控制 pH 范围，因此在调 pH 接近浅色橙色时，必须用很稀的氨水（1+500）仔细调。

②当水样中的铬含量很低时，取水样量增加到 20 mL，进入石墨炉的有机相体积增加到 50 μL。

③水样的萃取体积和进样体积，应与标准系列分析时完全一致。

④实验过程中产生的废液，应放置于适当的密闭容器中保存，实验结束后，一并交由有资质的单位处理。

⑤由于总铬测定取样量仅为 10 mL，且前处理过程需进行 70℃水浴，故使用比色管作为容器进行操作较为方便，若使用分液漏斗反而不便于操作。且最终萃取所得有机相也较少，反萃取难度较大，故此方法不建议增加反萃取操作。

编写人员：
徐诗琴（海南省环境监测中心站）
陈　楠（海南省环境监测中心站）
王小菊（海南省环境监测中心站）

22.2 海水 总铬的测定 二苯碳酰二肼分光光度法操作规程

本方法依据《海水监测规范 第 4 部分：海水分析》（GB 17378.4—2007）（10.2 二苯碳酰二肼分光光度法）编写。本方法在标准 GB 17378.4—2007 基础上，补充了相关规定和注意事项，以便减少监测执行单位在方法使用中的差别。

22.2.1 适用范围

本方法适用于河口和近岸海水中总铬的测定。当取样量为 1 000 mL 时，方法检出限为 0.3 μg/L。

22.2.2 方法原理

海水中六价铬在酸性条件下，用亚硫酸钠还原为三价铬，用氢氧化铁共沉淀富集。沉淀物溶于酸中，在一定酸度下，用高锰酸钾将三价铬氧化为六价铬，分离铁后，六价铬离子与二苯氨基脲生成紫红色络合物，于 540 nm 波长测定吸光值。

22.2.3 试剂与材料

除非另有说明，分析时均使用符合国家标准的分析纯试剂，实验用水为新制备的去离子水。

①盐酸：ρ（HCl）=1.19 g/mL，优级纯。

②氨水：ρ（$NH_3 \cdot H_2O$）=0.90 g/mL。

③硫酸：ρ（H_2SO_4）=1.84 g/mL，优级纯。

④乙醇（C_2H_5OH）：纯度为 95%。

⑤盐酸溶液（1+1）：将盐酸（①）与等体积水混合。

⑥硫酸溶液：c（$1/2H_2SO_4$）=4 mol/L。在搅拌下，将 1 体积硫酸（③）缓慢加入 8 体积水中。

⑦亚硫酸钠溶液：ρ（Na_2SO_3）=30 g/L。称取 3 g 无水亚硫酸钠，溶于水中，并稀释至 100 mL，混匀。

⑧硫酸铁铵溶液［$NH_4Fe(SO_4)_2 \cdot 12H_2O$］。称取 17.2 g 硫酸铁铵于烧杯中，加 5 mL

硫酸溶液（22.2.3⑥）溶解，再加水至 100 mL，混匀。

⑨氢氧化钠溶液：ρ（NaOH）= 400 g/L。称取 40 g 氢氧化钠，溶于水中，并稀释至 100 mL。

⑩高锰酸钾溶液 A：ρ（$KMnO_4$）=50 g/L。移取 5 g 高锰酸钾，溶于热水中，并稀释至 100 mL。

⑪高锰酸钾溶液 B：ρ（$KMnO_4$）=10 g/L。移取 5 mL 高锰酸钾溶液 A（22.2.3⑩）于 烧杯中，加 20 mL 水，混匀。

⑫二苯氨基脲（二苯碳酰二肼）溶液：ρ（$C_{13}H_{12}N_4O$）= 2.5 g/L。称取 0.25 g 二苯氨基脲，用少量丙酮（CH_3COCH_3）溶解，然后用 1+1 丙酮溶液稀释至 100 mL，盛入棕色瓶，4℃冷藏保存。

⑬铬标准溶液：ρ（Cr）=1 000 mg/L。直接购买市售有证铬标准溶液。

⑭铬标准中间溶液：ρ（Cr）=100 mg/L。移取 10.00 mL 铬标准溶液（22.2.3⑬）至 100 mL 容量瓶中，用水稀释至标线。

⑮铬标准使用溶液（2.00 mg/L）：移取 5.00 mL 铬标准溶液（22.2.3⑭）于 250 mL 容量瓶中，用水稀释至标线。

⑯低铬海水：尽可能采用大洋海水（铬的浓度≤0.3 μg/L）。

22.2.4　仪器与设备

①分光光度计。

②电热板。

③分液漏斗：1 000 mL。

④移液管：1 mL、5 mL、10 mL 或自动移液装置。

⑤具塞比色管：50 mL。

⑥玻璃漏斗：内径 7.5 cm。

⑦一般实验室常备仪器和设备。

22.2.5　样品检查

分析人员在接收样品时，需按照第 6 章中样品交接内容的要求进行样品检查。检查样品是否进行固定、有无沉淀及沉淀的沉降等现象，并对照采样记录，检查每个样品是否在有效保存期内。

22.2.6 分析测试

22.2.6.1 工作曲线的建立

①一组 6 个 1 000 mL 分液漏斗，分别加入 500 mL 低铬海水（22.2.3⑯），依次加入 0.00 mL、0.50 mL、1.50 mL、2.50 mL、3.50 mL、5.00 mL 铬标准使用溶液（22.2.3⑮）。

②加入 3 mL 亚硫酸钠溶液（22.2.3⑦），摇匀，再加 5 mL 盐酸（22.2.3①），加酸后立即摇动分液漏斗，使溶液混匀，再依次摇动 10 min。

③滴加高锰酸钾溶液（22.2.3⑪）至出现稳定的微红色，依次摇动分液漏斗，混匀。

④加入 1 滴亚硫酸钠溶液（22.2.3⑦），轻轻摇动分液漏斗，使红色消失。

⑤加入 1 mL 硫酸铁铵溶液（22.2.3⑧），混匀，溶液呈现淡黄色。

⑥在不断摇动下，加入 5 mL 氨水（22.2.3②），此时溶液 pH 约为 8，剧烈振摇半分钟，静置至沉淀凝聚于分液漏斗底部。在静置过程中，每 1 h 依次轻摇分液漏斗，使沉淀更完全更迅速，沉淀至溶液中没有明显的絮凝物。

⑦打开分液漏斗活塞，将沉淀全部放入 150 mL 烧杯中（沉淀物和所带母液的总体积不超过 50 mL），加 1 mL 盐酸溶液（22.2.3⑤），在电热板上（90℃左右）加热并浓缩至 30 mL 左右。

⑧趁热滴加氢氧化钠溶液（22.2.3⑨）至刚出现白色沉淀，滴加盐酸溶液（22.2.3⑤）使沉淀溶解并调至 pH=1，加 5 mL 高锰酸钾溶液（22.2.3⑩），在电热板上（90℃左右）加热 15 min。氧化过程中，若试样溶液红色消失，应补加高锰酸钾溶液（22.2.3⑩）使溶液保持红色。

⑨趁热滴加氢氧化钠溶液（22.2.3⑨）调至 pH 约为 8，加 2 mL 乙醇（22.2.3③），在不断搅拌下煮沸 2 min，趁热用中速定量滤纸将溶液过滤于 50 mL 比色管中，用热水洗涤沉淀和烧杯内壁，洗涤液合并于比色管中。

⑩滴加硫酸溶液（22.2.3⑥）于比色管中，待使试样溶液呈中性后，再多加 2.5 mL 硫酸溶液。冷至室温，加 1 mL 二苯氨基脲溶液（22.2.3⑫），立即加水稀释至标线并混匀。静置显色 10 min。

⑪用 3 cm 比色皿，以水为参比，于 540 nm 波长测定其吸光值 A_i，扣除空白试验的

吸光值 A_0 后，以吸光值 $A_i - A_0$ 为纵坐标，以相应的铬量（μg）为横坐标建立工作曲线。

22.2.6.2　空白与自控样品分析

①空白试样：以纯水代替样品，按照工作曲线测定相同步骤，测定样品的吸光值 A_b。

②自控样品：能够获得海水标样时，应将标样与实际样品一同处理和分析，检查分析结果的准确性；在不能获得海水标样时，应采用加标回收实验检查分析结果的准确性。分析结果的精密性检查采用实验室平行样控制方式进行。

22.2.6.3　样品测定

取 1 000 mL 待测水样，按照工作曲线测定相同步骤，其中 22.2.6.1②和 22.2.6.1⑥步骤中加入盐酸（22.2.3①）、氨水（22.2.3②）的量均为 10 mL，测定样品的吸光值 A_w。

22.2.6.4　结果与计算

（1）样品中总铬的质量浓度（μg/L）

按下式计算：

$$\rho_{Cr} = \frac{A_w - A_b - a}{b \times V} \tag{22-2}$$

式中，ρ_{Cr}——样品中总铬浓度，μg/L；

A_w——样品的吸光值；

A_b——空白样品的吸光值；

V——样品取样量

（2）结果表示

当测定结果小于 10 μg/L 时，保留小数点后 1 位；当测定结果大于 10 μg/L 时，保留 3 位有效数字。

22.2.7　质控要求

①空白实验：每批样品至少做 1 个实验室空白和全程序空白，空白值应低于方法检出限。

②工作曲线：工作曲线应在样品分析当天配制，相关系数 r 应在 0.999 以上。

③精密度：精密度通过计算平行样相对偏差进行判断，合格判定依据见表 6-2。每批样品应至少测定 10%的平行双样，样品数量少于 10 个时，应至少测定 1 个平行双样。测定结果以平行双样的平均值报出。

④准确度：准确度通过测试标准样品或计算加标样品回收率判断。每批样品至少需要测定 1 个标准样品或 1 个加标回收，标准样品合格依据证书的不确定度判定，加标回收率的合格判定依据见第 6 章质量保证和质量控制表 6-2。

22.2.8 注意事项

①六价铬与二苯氨基脲生成的络合物的稳定性随温度增加而降低，一般应在 2 h 内测定完毕，温度高于 30℃时，应在半小时内完成测定。

②所用器皿先用洗涤剂洗净，再用 1+3 硝酸溶液浸泡 2～3 d，不得使用重铬酸钾洗液，以免沾污。

编写人员：
马　丽（山东省青岛生态环境监测中心）
宣肇菲（山东省青岛生态环境监测中心）

第 23 章　海水 六价铬的测定 二苯碳酰二肼分光光度法操作规程

本方法依据《水质 六价铬的测定 二苯碳酰二肼分光光度法》（GB 7467—87）编写。本方法在 GB 7467—87 基础上，补充了相关规定和注意事项，以便减少监测执行单位在方法使用中的差别。

23.1　适用范围

本方法规定了测定海水中六价铬的二苯碳酰二肼分光光度法。本方法检出限为 0.004 mg/L（检出限源自 GB 7467—87）。

23.2　方法原理

在酸性溶液中，六价铬与二苯碳酰二肼反应生成紫红色化合物，在波长 540 nm 处进行测定。

23.3　干扰与消除

色度，浊度，有机物，二价铁、亚硫酸盐、硫代硫酸盐等还原性物质，次氯酸盐等氧化性物质均干扰六价铬的测定。

23.4 试剂和材料

除非另有说明，分析时均使用符合国家标准的分析纯试剂，实验用水为纯水。

①丙酮。

②硫酸：1+1。

③磷酸：1+1。

④氢氧化钠溶液：ρ（NaOH）=4.0 g/L。称取 4.0 g 氢氧化钠（NaOH）溶于水中，并稀释至 1 000 mL，贮于聚乙烯容器中。

⑤氢氧化锌共沉淀剂。

- 硫酸锌溶液：ρ（$ZnSO_4$）=80 g/L，称取 8.0 g 硫酸锌溶（$ZnSO_4 \cdot 7H_2O$）于水中，并稀释至 100 mL。
- 氢氧化钠溶液：ρ（NaOH）=20 g/L，称取 2.0 g 氢氧化钠（NaOH）溶于水中，并稀释至 100 mL。使用时将两者混合。

⑥高锰酸钾溶液：ρ（$KMnO_4$）=40 g/L，称取 4.0 g 高锰酸钾（$KMnO_4$），在加热和搅拌下溶于水中，并稀释至 100 mL。

⑦尿素溶液：ρ［$(NH_2)_2CO$］=200 g/L，称取 20.0 g 尿素［$(NH_2)_2CO$］溶于水中并稀释至 100 mL。

⑧亚硝酸钠溶液：ρ（$NaNO_2$）=20 g/L，称取 2.0 g 亚硝酸钠（$NaNO_2$）溶于水中并稀释至 100 mL。

⑨二苯碳酰二肼显色剂。

- 显色剂 I：称取 0.2 g 二苯碳酰二肼（$C_{13}H_{14}N_4O$）溶于 50 mL 丙酮（①）中，加水稀释至 100 mL，摇匀，贮于棕色瓶，置于冰箱中，当颜色变深时不能使用。或称取 4.0 g 苯二甲酸酐（C_6H_4O）加入 80 mL 乙醇中，搅拌溶解（必要时可水浴），加入 0.5 g 二苯碳酰二肼，用乙醇稀释至 100 mL，此溶液可于暗处保存 6 个月。使用时加入显色剂后要立即摇匀，以免六价铬被还原。
- 显色剂 II：称取 2.0 g 二苯碳酰二肼溶于 50 mL 丙酮（①）中，加水稀释至 100 mL，摇匀，贮于棕色瓶，置于冰箱中。当颜色变深时不能使用。

⑩铬标准贮备液：ρ（Cr^{6+}）=0.1 g/L，可购买六价铬标准溶液，也可按下述方法自

行配制。准确称取 0.282 9 g 于 110℃干燥 2 h 的重铬酸钾（K_2CrO_4，优级纯）溶于水中，转移至 1 000 mL 容量瓶中，稀释至刻度线，摇匀，此溶液六价铬的浓度为 0.1 g/L。

⑪铬标准使用液：ρ（Cr^{6+}）=1.00 mg/L，移取 5.00 mL 铬标准贮备液（23.4⑩）于 500 mL 容量瓶中，稀释至刻度线，摇匀。此溶液六价铬的浓度为 1.00 mg/L。

23.5　仪器和设备

①分光光度计：并配备 3 cm 比色皿。

②一般实验室常用仪器和设备。

23.6　样品检查

分析人员在接收样品时，需按照第 6 章中样品交接内容的要求进行样品检查。检查样品是否进行固定、有无沉淀及沉淀的沉降等现象，并对照采样记录，检查每个样品是否在有效保存期内。

23.7　前处理

①样品中不含悬浮物、低色度的水样可直接测定。当样品浑浊时，可用 0.45 μm 滤膜过滤后测定。

②当样品有色但不太深时，可以进行色度校正。同时取两份试样，其中一份以 2 mL 丙酮（23.4①）代替显色剂，另一份试样测得的吸光度扣除此色度校正吸光度后再进行计算。

③当样品浑浊并且色度较深时，可使用锌盐沉淀分离法去除干扰。取适量样品（少于 100 μg 六价铬）于 150 mL 烧杯中，加水至 50 mL。滴加氢氧化钠溶液（23.4④）至溶液 pH 为 7～8。在不断搅拌下，滴加氢氧化锌共沉淀剂（23.4⑤）至溶液 pH 为 8～9。将溶液转移至 100 mL 容量瓶中，用水稀释至标线。用慢速滤纸过滤，弃去 10～20 mL 初滤液，取其中 50.0 mL 滤液供测定。

④当样品经锌盐沉淀分离法前处理后仍含有机物干扰测定时，可用酸性高锰酸钾氧

化法破坏有机物后再测定。即取 50.0 mL 滤液于 150 mL 的锥形瓶中，加入几粒玻璃珠，加入 0.5 mL 硫酸溶液（23.4②）和 0.5 mL 磷酸溶液（23.4③）后摇匀。加入 2 滴高锰酸钾溶液（23.4⑥），如果紫红色消退，则应添加高锰酸钾溶液保持紫红色。加热煮沸至溶液体积约为 20 mL。取下稍冷却，然后用中速定量滤纸过滤，并用水洗涤数次，合并滤液和洗液于 50 mL 比色管中。加入 1 mL 尿素溶液（23.4⑦），摇匀，用滴管滴加亚硝酸钠溶液（23.4⑧），每加一滴均充分摇匀，至高锰酸钾的紫红色刚好褪去。稍停片刻，待溶液内气泡逸尽，用水稀释至标线，供测定待用。

⑤当样品中存在二价铁、亚硫酸盐、硫代硫酸盐等还原性物质时，取适量样品（少于 50 μg 六价铬）于 50 mL 比色管中，用水稀释至标线，加入 4 mL 显色剂Ⅱ（23.4⑨），混匀。放置 5 min 后，加入 1 mL 硫酸溶液（23.4②）摇匀，静置 5～10 min 后测定吸光度。标准曲线采用相同方法绘制。

⑥当样品中存在次氯酸盐等氧化性物质时，取适量样品（少于 50 μg 六价铬）于 50 mL 比色管中，用水稀释至标线，加入 0.5 mL 硫酸溶液（23.4②）、0.5 mL 磷酸溶液（23.4③）、1.0 mL 尿素溶液（23.4⑦）摇匀。逐滴加入 1 mL 亚硝酸钠溶液（23.4⑧），边加边摇匀，以除去由过量的亚硝酸钠与尿素反应生成的气泡，待气泡除尽后按照试样测定的步骤进行测定，但不再加硫酸溶液和磷酸溶液。

23.8 分析测试

23.8.1 标准曲线的绘制

标准曲线应当在每批样品分析时绘制；若使用已有的标准曲线，需要加入 1 个浓度中间点进行校准，与理论值偏差在 5%以内时可使用该标准曲线。

标准曲线按以下步骤绘制：取 8 支 50 mL 具塞比色管，分别加入 0.00 mL、0.50 mL、1.00 mL、2.00 mL、4.00 mL、6.00 mL、8.00 mL、10.00 mL 铬标准使用液（23.4⑪），用水稀释至标线，配制成含量为 0.00 μg、0.50 μg、1.00 μg、2.00 μg、4.00 μg、6.00 μg、8.00 μg、10.00 μg 的标准系列。加入 0.5 mL 硫酸溶液（23.4②）、0.5 mL 磷酸溶液（23.4③）摇匀。加入 2 mL 显色剂Ⅰ（23.4⑨），摇匀。5～10 min 后，于 540 nm 波长处，用 3 cm 比色皿测定吸光度 A_i。用测得的吸光度减去以空白吸光度 A_0 后，以 $A_i - A_0$

为纵坐标，以相应的量（μg）为横坐标，绘制标准曲线。

注：根据实际样品的浓度范围，曲线浓度范围可适当调整，至少6个点（包含0点）。

23.8.2 样品测定

取适量经过预处理后的样品（少于50 μg六价铬）于50 mL比色管中，用水稀释至标线，然后按照步骤（23.8.1）进行测定吸光度A_w。

23.8.3 空白样品测定

以纯水代替水样，按照样品测定（23.8.2）相同步骤进行空白样品的测定吸光度A_b。

23.8.4 结果计算和表示

（1）结果计算

由（$A_w - A_b$）值从标准曲线中查得相应的六价铬量（μg），按式（23-1）计算样品中六价铬的浓度：

$$\rho = \frac{m}{V} \tag{23-1}$$

式中，ρ——样品中六价铬的浓度，mg/L；

m——查标准曲线或由回归方程计算得到的六价铬量，μg；

V——试样定容体积，mL。

（2）结果表示

分析结果的有效保留的最小数位不能低于分析方法检出限的最小数位。

23.9 质量控制与保证

23.9.1 空白实验

每批（≤20个）样品应至少测定2个实验室空白样品，其吸光度值应不超过0.010（3 cm比色皿）。

23.9.2 标准曲线

标准曲线回归方程的相关系数 $r \geqslant 0.999$。

23.9.3 精密度

每批（≤20 个）样品应至少测定 10%的平行双样，样品数量少于 10 个时，应至少测定 1 个平行双样。精密度的合格判定依据见第 6 章质量保证和质量控制表 6-2。

23.9.4 准确度

每批（≤20 个）样品至少测定 1 个有证标准物质/样品或基体加标回收样品，有证标准物质/样品的测定值应在允许范围内，加标回收率的合格判定依据见第 6 章质量保证和质量控制表 6-2。

23.10 注意事项

实验过程中产生的废液，应集中存放并交由有资质的单位处理。

编写人员：
王记鲁（天津市生态环境监测中心）
王　鑫（天津市生态环境监测中心）
刘　跃（天津市生态环境监测中心）

第 24 章　海水 砷的测定 原子荧光法操作规程

本方法依据《海洋监测规范 第 4 部分：海水分析》（GB 17378.4—2007）（11.1 原子荧光法）编写，作为全国近岸海域水质监测统一方法适用。本方法在 GB 17378.4—2007 基础上，补充了相关规定和注意事项，以便减少监测执行单位在方法使用中的差别。

24.1　适用范围

本法适用于海水中砷的测定。本方法砷的检出限为 0.5 μg/L（检出限源自 GB 17378.4—2007）。

24.2　方法原理

在酸性介质中，五价砷被硫脲-抗坏血酸还原成三价砷，用硼氢化钾将三价砷转化为砷化氢气体，由氩气为载气将其带入原子荧光光度计的原子化器中进行原子化，以砷特种空心阴极灯为激发光源，测定砷的原子荧光强度。

24.3　试剂和材料

除非另有说明，分析时均使用符合国家标准的分析纯化学试剂，实验用水为纯水。反应试剂配制时，可根据实际样品量的多少合理配制试剂量。

①实验室纯水：由实验室纯水机制备，经实验检验无砷检出。

②盐酸（HCl）。

③氢氧化钠（NaOH）。

④硫脲（CH_4N_2S）。

⑤抗坏血酸（$C_6H_8O_6$）。

⑥硼氢化钾（KBH_4）。

⑦氢氧化钾（KOH）：优级纯。

⑧氢氧化钠溶液（40 g/L）：称取 4.0 g 氢氧化钠（③），溶于 100 mL 水中。

⑨盐酸溶液（1+1）：1 体积盐酸（②）和 1 体积水混合。

⑩硫脲-抗坏血酸还原剂：称取 5.0 g 硫脲（④）和 3.0 g 抗坏血酸（⑤）用水溶解，稀释至 100 mL。此溶液临用现配。

⑪硼氢化钾（KBH_4）溶液（20 g/L）：称取 20 g 硼氢化钾（⑥）溶解于预先溶有 2 g 氢氧化钾（⑦）的水中，用水稀释至 1 000 mL，混匀。此溶液临用现配。

⑫砷标准储备液（100 mg/L）：称取 0.132 0 g 于 105℃干燥 2 h 的优级纯三氧化二砷溶解于 25 mL 烧杯中，用 10 mL 氢氧化钠溶液（⑧）溶解后，加入 10 mL 盐酸溶液（⑨），全量移入 1 000 mL 容量瓶中，用水稀释至标线，混匀。或购买市售有证标准物质。

⑬砷标准中间液（1 000 μg/L）：移取 1.00 mL 砷标准贮备液（⑫），移入已加入盐酸溶液（⑨）的 100 mL 容量瓶中，用水稀释至标线，混匀。

⑭砷标准使用液（100 μg/L）：移取 10.00 mL 砷标准中间液（⑬），移入已加入 10 mL 盐酸溶液（⑨）的 100 mL 容量瓶中，用水稀释至标线，混匀。

24.4 仪器和设备

①原子荧光光度计。

②元素灯（砷）。

③容量瓶：容量 100 mL、1 000 mL。

④移液管或自动移液装置。

⑤烧杯：容量 50 mL、1 000 mL。

⑥比色管：容量 100 mL。

⑦氩气。

⑧分析天平：精度为 0.000 1 g。

⑨一般实验室常备仪器和设备。

24.5　样品检查

分析人员在接收样品时，需按照第 6 章中样品交接内容的要求进行样品检查。检查样品是否进行固定、有无沉淀及沉淀的沉降等现象，并对照采样记录，检查每个样品是否在有效保存期内。

24.6　样品前处理

样品消化：量取 100.0 mL 过滤水样于 100 mL 比色管中，加入 10.0 mL 盐酸（24.3②）、2.0 mL 硫脲-抗坏血酸还原剂（24.3⑩），混匀，放置 20 min，此溶液为消化液。

24.7　分析步骤

24.7.1　仪器条件

依据仪器使用说明书调节仪器至最佳工作状态。参考条件参见表 24-1。

表 24-1　参考测量条件

元素	负高压/A	灯电流/mA	原子化器预热温度/℃	载气流量/（mL/min）	屏蔽气流量/（mL/min）	积分方式
砷	260～300	40～60	200	400	900～1 000	峰面积

24.7.2　绘制标准曲线

标准曲线应在每次分析样品的当天绘制。

标准曲线按以下步骤绘制：移取 0.00 mL、0.50 mL、1.00 mL、2.00 mL、4.00 mL、8.00 mL、10.00 mL 砷标准使用液（24.3⑭），分别移入已加入 10.0 mL 盐酸（24.3⑨）的 7 个 100 mL 容量瓶中，加入 2.0 mL 硫脲-抗坏血酸还原剂（24.3⑩），用水稀释至标线，混匀；其所对应的砷含量为 0 ng、50 ng、100 ng、200 ng、400 ng、800 ng、1 000 ng，放

置 20 min 后分别进样 2.0 mL，依次读取标准空白荧光强度（I_0）和标准系列各点的荧光强度（I_i）。以测得的荧光强度（I_i-I_0）为纵坐标，以砷含量（ng）为横坐标，绘制标准曲线，给出线性回归方程，并计算线性回归系数，记录结果。

24.7.3 空白实验与自控样品分析

①空白实验：以纯水代替水样，通过样品前处理（24.6）和分析测试步骤（24.7.4）进行测定，此样品作为实验室空白。

②自控样品：能够获得海水标样时，应将标样与实际样品一同处理和分析，检查分析结果的准确性。在不能获得海水样品时，应采用加标回收实验检查分析结果的准确性。分析结果的精密性检查采用实验室平行样控制方式进行。

24.7.4 试样测定

分别取 2.0 mL 样品消化液和空白分析液于氢化物发生器中，测定空白荧光强度值（I_b）和样品消化液的荧光强度（I_s）。以（I_s-I_b）值，由标准曲线查得砷含量（ng），或用线性回归方程计算得出砷含量（ng）。

每批样品需同时测定平行样，并进行加标回收实验，或者带入有证标准样品。

24.8 结果计算和表示

按式（24-1）计算海水中砷的含量：

$$\rho=\frac{m\times k}{V} \tag{24-1}$$

式中，ρ——水样中砷的浓度，μg/L；

m——水样中砷含量，ng；

k——样品消化后体积校正系数为 1.12；

V——进样体积，mL。

24.9　质量保证和控制

①空白实验：空白值应低于方法检出限。

②标准曲线：标准曲线的相关系数 r 应≥0.995。每测完 20 个样品进行 1 次标准曲线零点和中间点浓度的核查，零点值应低于空白值，中间点浓度测试结果的相对偏差参照实验室质量控制参考标准表。

③精密度控制：每批样品应至少测定 10%的平行双样，样品数量少于 10 个时，应至少测定 1 个平行双样，参照第 6 章质量保证和质量控制表 6-2。

④准确度控制：每批样品至少做 1 个加标回收试验，其测定值应在标准要求的范围内，参照第 6 章质量保证和质量控制表 6-2；或者每批样品带入有证标准样品，其测定值应在其保证值范围内。

24.10　注意事项

①所用器皿必须清洁，器皿水洗后要经 15%硝酸浸泡 24 h 以上，再用纯水冲洗干净方可使用，尤其是新玻璃器皿，应做空白试验。

②盐酸试剂空白值差别较大，使用前应进行试剂空白测试，以免因空白值过大，造成过大的测定误差。

③由于影响砷的测定因素过多，如载气流量、负高压等，因此，每次测定均应测定标准系列。

④当测试样品浓度值超出曲线上限，应该按照清洗程序对仪器进行清洗，重测校准曲线零点和中间点浓度，零点值应低于空白值，中间点浓度测试结果的相对偏差参照实验室质量控制参考标准表，样品应经过稀释进行重新测定。

⑤实验室工作温度应保持恒定，波动范围在 5℃以内。

⑥硼氢化钾是强还原剂，极易与空气中的氧气和二氧化碳反应，在中性和酸性溶液中易分解产生氢气，所以配置硼氢化钾还原剂时，要将硼氢化钾固体溶解在氢氧化钠溶液中，并临用现配。

⑦选用双层结构石英管原子化器，内外两层均通氩气，外面形成保护层隔绝空气，

使待测元素的基态原子不与空气中的氧和氮碰撞，降低荧光淬灭对测定的影响。

⑧还原剂硼氢化钾和硫脲-抗坏血酸溶液的浓度可以根据本实验室仪器条件进行调整，并同时做试剂空白，准确度和精密度测试，符合要求方可使用。

编写人员：
孙　震（辽宁省大连生态环境监测中心）
朱玉亮（辽宁省大连生态环境监测中心）

第 25 章 海水 硒的测定 原子荧光法操作规程

本方法依据《近岸海域环境监测规范》（HJ 442—2008）（附录 K 原子荧光法测定近岸海域海水中的硒）编写，作为全国近岸海域水质监测统一方法使用。本方法在 HJ 442—2008（附录 K）的基础上，补充了相关规定和注意事项，以便减少监测执行单位在方法使用中的差别。

25.1 适用范围

本方法适用于河口和近岸海域海水中硒的测定。本方法检出限为 0.2 μg/L。

25.2 方法原理

经预处理后的试液进入原子荧光仪，在酸性条件下硼氢化钾将硒还原，生成硒化氢气体，在氩氢火焰中硒的基态原子受硒空心阴极灯发射的光激发下产生原子荧光，原子荧光强度与试液中待测硒含量在一定范围内成正比。

25.3 干扰与消除

①酸性介质中能与硼氢化钾反应生成氢化物的元素会相互影响、产生干扰，加入硫脲溶液可以基本消除干扰。

②常见阴离子不干扰测定。

25.4 试剂与材料

除非另有说明，分析时均使用符合国家标准的分析纯试剂，实验用水为纯水。

①盐酸：ρ（HCl）=1.19 g/mL，优级纯。

②硝酸：ρ（HNO_3）=1.42 g/mL，优级纯。

③氢氧化钾（KOH），优级纯。

④硼氢化钾（KBH_4），优级纯。

⑤硫脲（CH_4N_2S）。

⑥盐酸溶液：1+1。

⑦盐酸溶液：5+95。

⑧硝酸溶液：1+1。

⑨0.7%硼氢化钾溶液：称取 7 g 硼氢化钾（④）于预先加有 2 g 氢氧化钾（③）的 200 mL 水中，用玻璃棒搅拌至溶解后，稀释至 1 000 mL。此溶液临用现配，存于塑料瓶中。

⑩10%硫脲溶液：称取硫脲（⑤）10.0 g，微热溶于 100 mL 水中，混匀，临用现配。

⑪硒标准贮备液：ρ（Se）=100 mg/L。购买市售有证标准溶液。

⑫硒标准中间液：ρ（Se）=1.00 mg/L。移取 1.00 mL 硒标准贮备液于 100 mL 容量瓶中，加入 30 mL 盐酸（⑥），用水稀释至标线，混匀。4℃下可存放 100 d。

⑬硒标准使用液：ρ（Se）=100 μg/L。移取 1.00 mL 硒标准中间液于 100 mL 容量瓶中，加入 30 mL 盐酸（⑥），用水稀释至标线，混匀。临用现配。

⑭氩气：纯度≥99.999%。

25.5 仪器与设备

①原子荧光光谱仪。依据仪器使用说明书调节仪器至最佳工作状态。

②硒高强度空心阴极灯。

③实验室常用器皿：符合国家标准的 A 级玻璃量器和玻璃器皿。

25.6 样品检查

分析人员在接收样品时，需按照第 6 章中样品交接内容的要求进行样品检查。检查样品是否进行固定、有无沉淀及沉淀的沉降等现象，并对照采样记录，检查每个样品是否在有效保存期内。

25.7 分析测试

25.7.1 标准曲线的建立

标准曲线应在每次样品分析时建立。

分别移取 0.00 mL、1.00 mL、2.00 mL、4.00 mL、8.00 mL、10.00 mL 硒标准使用液于 100 mL 容量瓶中，分别加入 12 mL 盐酸（25.4①）和 8 mL 硫脲溶液（25.4⑩），用水稀释定容，混匀。

采用自行确定的最佳测量条件，以盐酸溶液（25.4⑦）为载流，硼氢化钾溶液（25.4⑨）为还原剂，浓度由低到高依次测定硒标准系列的原子荧光强度，以原子荧光强度为纵坐标，硒的质量浓度为横坐标，建立标准曲线。仪器参照条件见表 25-1。

表 25-1 参照测量条件

元素	负高压/A	灯电流/mA	原子化器预热温度/℃	载气流量/（mL/min）	屏蔽气流量/（mL/min）	积分方式
Se	260～300	80～100	200	400	900～1 000	峰面积

25.7.2 空白与自控样品分析

①空白实验：以纯水代替水样作为空白，按照样品测定步骤进行测定。

②自控样品：将标样与实际样品一同处理和分析，检查分析结果的准确性。

25.7.3 样品测定

移取 20.0 mL 水样于 50 mL 比色管中，加入 3 mL 盐酸（25.4①）和 2 mL 硫脲溶液（25.4⑩），混匀。放置 20 min 后，按照与建立标准曲线相同的条件进行测定。超过标准曲线高浓度点的样品，对其消解液稀释后再行测定，稀释倍数为 f。

25.7.4 结果与计算

样品中硒的质量浓度 ρ 按以下公式进行计算：

$$\rho = \frac{\rho_1 \times f \times V_1}{V_2} \tag{25-1}$$

式中，ρ ——样品中硒的质量浓度，μg/L；

ρ_1 ——由标准曲线上计算的试样中硒的质量浓度，μg/L；

f——试样稀释倍数；

V_1——测量时水样的总体积，mL；

V_2——预处理时移取水样的体积，mL。

测定结果小数点位数与方法检出限一致，最多保留 3 位有效数字。

25.8 质量控制与保证

①实验室空白与全程空白样品的测定值应小于方法检出限。

②标准曲线的相关系数 r 应≥0.995。每测完 20 个样品进行 1 次标准曲线零点和中间点浓度的核查，测试结果的相对偏差应≤20%。

③精密度。精密度通过计算平行样相对偏差进行判断，合格判定依据见第 6 章质量保证和质量控制表 6-2。每批样品（≤20 个）至少测定 10%的平行双样，样品数小于 10 时，至少测定 1 个平行双样，测定结果以平行双样的平均值报出。

④准确度。准确度通过测试标准样品或计算加标样品回收率判断。每批样品（≤20 个）至少要做 1 个有证标准样品或基体加标回收样品，标准样品测定结果应在标准要求的范围内，合格依据证书的不确定度判定，加标回收率的合格判定依据见第 6 章质量保证和质量控制表 6-2。

25.9　注意事项

①硼氢化钾是强还原剂，极易与空气中的氧气和二氧化碳反应，在中性和酸性溶液中易分解产生氢气，所以配制硼氢化钾还原剂时，要将硼氢化钾固体溶解在氢氧化钠溶液中，并临用现配。

②采样前，应检查试剂空白和样品瓶空白，对洗涤后样品瓶抽查 10%（不得少于 2 个）进行空白测试，空白值应低于方法检出限；当每批样品（≤20 个）时，要测定 2 个实验室空白样品，每测定 20 个样品要增加测定实验室空白样品 1 个；每批样品（≤20 个）至少采集 1 个全程序空白样品。

③实验室所用玻璃器皿需用硝酸溶液（25.4⑧）浸泡 24 h，或用热硝酸荡洗。清洗时依次用自来水、去离子水清洗。

④配制标准溶液与样品应尽可能使用同一瓶试剂。

⑤实验所用的标准系列必须每次配制，样品应与标准系列在相同的条件下测定。

⑥实验过程产生的标准溶液、溶剂等实验废液应集中收集，统一委托有处理资质的单位集中处理。

编写人员：
夏娜娜（山东省青岛生态环境监测中心）
王昱璎（山东省青岛生态环境监测中心）
张婷婷（山东省青岛生态环境监测中心）

第 26 章 海水 氰化物的测定 异烟酸-吡唑啉酮分光光度法测定操作规程

本方法依据《海洋监测规范 第 4 部分：海水分析》（GB 17378.4—2007）（20.1 异烟酸-吡唑啉酮分光光度法）编写。本方法在标准 GB 17378.4—2007 基础上，补充了相关规定和注意事项，以便减少监测执行单位在方法使用中的差别。

26.1 适用范围

本方法适用于大洋、近岸、河口及工业排污口水体中氰化物的测定。本方法检出限为 0.000 5 mg/L［依据 GB 17378.4—2007（20.1）］。

26.2 方法原理

蒸馏出的氰化物在中性（pH 7～8）条件下，与氯胺 T 反应生成氯化氰。后者和异烟酸反应并经水解生成戊烯二醛，与吡唑啉酮缩合，生成稳定的蓝色化合物，在波长 639 nm 处测定吸光值。

26.3 干扰和消除

①试样中存在活性氯等氧化物干扰测定，可在蒸馏前加亚硫酸钠溶液（Na_2SO_3）排除干扰。

②试样中存在亚硝酸离子干扰测定，可在蒸馏前加氨基磺酸（NH_2SO_2OH）排除

干扰。

③试样中存在硫化物干扰测定，可在蒸馏前加碳酸镉（$CdCO_3$）或碳酸铅（$PbCO_3$）固体粉末排除干扰。

④少量油类对测定无影响，中性油或酸性油大于 40 mg/L 时干扰测定，可加入水样体积的 20%量的正己烷（C_6H_{14}），在中性条件下短时间萃取，分离出正己烷相后，水相用于蒸馏测定。

26.4 试剂和材料

除非另有说明，分析时均使用符合国家标准的分析纯试剂，实验用水为纯水。

①氯化钠标准溶液：c（NaCl）=0.019 2 mol/L。取少量氯化钠（NaCl，优级纯）于瓷坩埚中，于高温炉 450℃灼烧至无爆裂声，置干燥器中冷却至室温。准确称取 1.122 g 氯化钠加水溶于 1 000 mL 容量瓶中，并稀释至标线。密闭保存。

②硝酸银标准溶液：称取硝酸银（$AgNO_3$）3.76 g，溶于水并稀释至 1 000 mL，于棕色试剂瓶贮存，此溶液每周标定一次。

硝酸银标准溶液的标定：量取 25.00 mL 氯化钠标准溶液（26.4.1）于 250 mL 锥形烧瓶中，加入 50 mL 水，放入玻璃搅拌子。装好滴定装置，滴入 2～3 滴铬酸钾指示液（26.4.3），用硝酸银标准溶液（26.4.2）滴定，颜色由白色变橘红色即为终点。平行 2 次，极差小于 0.02 mL 取平均值得 $\overline{V_1}$。以 75 mL 水代替氯化钠溶液，按上述步骤平行测定 2 次，取平均数得空白值 $\overline{V_2}$。按式（26-1）计算硝酸银标准溶液浓度（mol/L）：

$$c_{AgNO_3}=\frac{c_{NaCl}\times V_{NaCl}}{\overline{V_1}-\overline{V_2}}=\frac{0.019\,2\times 25.00}{\overline{V_1}-\overline{V_2}} \tag{26-1}$$

③铬酸钾指示液：ρ（K_2CrO_4）=50 g/L。称取 5.0 g 铬酸钾溶于少量水中，滴加硝酸银标准溶液（②）至红色沉淀不溶解，静置过夜，过滤后稀释至 100 mL，盛于棕色瓶中。

④氢氧化钠溶液：ρ（NaOH）=2.0 g/L。称取 2.0 g 氢氧化钠溶于水中，并稀释至 1 000 mL，贮于聚乙烯瓶中。

⑤氢氧化钠溶液：ρ（NaOH）=0.01 g/L。取 5 mL 氢氧化钠溶液（④）稀释至 1 000 mL，

贮于聚乙烯瓶中。

⑥氢氧化钠溶液：ρ（NaOH）=20 g/L。称取 20.0 g 氢氧化钠溶于水中，并稀释至 1 000 mL，贮于聚乙烯瓶中。

⑦对二甲氨基亚卞基罗丹宁（试银灵）-丙酮溶液：溶解 20 mg 试银灵［$(CH_3)_2NC_6H_4CH$：CCONH：SS］于 100 mL 丙酮（CH_3COCH_3）中，搅匀，转入 125 mL 棕色滴瓶中。

⑧氯胺 T 溶液：ρ（$CH_3C_6H_4SO_2NC1Na \cdot 3H_2O$）= 10 g/L。取 1.0 g 氯胺 T 加水溶解并稀释至 100 mL，盛于 125 mL 棕色试剂瓶中，低温避光保存，有效期 1 周。

⑨*N*,*N*-二甲基甲酰胺［$HCON(CH_3)_2$］。

⑩异烟酸-吡唑啉酮溶液。

- 异烟酸溶液：称取 1.5 g 异烟酸（$C_6H_5NO_2$）溶于 25 mL 氢氧化钠溶液（⑥）中，加水稀释定容至 100 mL。
- 吡唑啉酮溶液：称取 1.0 g 吡唑啉酮［3-甲基-1 苯基-5-吡唑啉酮，$C_{10}H_{10}ON_2$］溶于 40 mL，*N*,*N*-二甲基甲酰胺（⑨）中。
- 异烟酸-吡唑啉酮溶液：将吡唑啉酮溶液和异烟酸溶液按 1∶5 混合，临用现配。

⑪甲基橙指示液：ρ（$C_{14}H_{14}N_3NaO_3S$）=2.0 g/L。称取 0.2 g 甲基橙溶解于 100 mL 水中，转入 125 mL 棕色滴瓶中。

⑫磷酸盐缓冲溶液：pH=7。称取 34.0 g 无水磷酸二氢钾（KH_2PO_4）和 89.4 g 磷酸氢二钠（$Na_2HPO_4 \cdot 12H_2O$）溶于水中并稀释至 1 000 mL，贮于小口试剂瓶中。

⑬醋酸锌溶液：ρ［$Zn(CH_3COO)_2$］= 100 g/L。称取 50 g 醋酸锌加水溶解并稀释至 500 mL，转入小口试剂瓶中。

⑭酒石酸溶液：ρ［$HOOC(CHOH)_2COOH$］= 200 g/L。称取 100 g 酒石酸加水溶解并稀释至 500 mL，转入小口试剂瓶中。

⑮氰化钾标准贮备溶液：称取 2.5 g 氰化钾（KCN），先用少量氢氧化钠溶液（26.4④）溶解，全量移入 1 000 mL 容量瓶中，再以氢氧化钠溶液（26.4④）稀释至标线，混匀后转入 1 000 mL 小口试剂瓶中，用橡皮塞盖紧。

氰化钾标准贮备溶液的标定：量取 25.00 mL 氰化钾标准贮备液于 250 mL 锥形烧瓶中，加 50 mL 氢氧化钠溶液（④），放入玻璃搅拌子，滴入 2～3 滴试银灵指示液（⑥），用硝酸银标准溶液（②）滴定至白色变红色为终点，平行滴定 2 次极差小于 0.02 mL，

取平均值得 $\overline{V_1'}$。以 75 mL 氢氧化钠溶液（④）代替氰化钾溶液，按上述步骤平行测定 2 次，取平均值得 $\overline{V_2'}$。按式（26-2）计算：

$$\rho_{CN^-}=\frac{c_{AgNO_3}\times(\overline{V_1'}-\overline{V_2'})\times 52.04}{25.00} \tag{26-2}$$

式中，ρ_{CN^-}——氰化钾标准贮备溶液浓度，mg/mL；

c_{AgNO_3}——标定过的硝酸银溶液的浓度，mol/L。

⑯氰化钾标准中间溶液：ρ（KCN）=10.0 μg/mL。量取 V_3 mL［计算见式（26-3）］氰化钾标准贮备溶液（⑮），放入 200 mL 容量瓶中，用氢氧化钠溶液（④）稀释至标线，混匀。此溶液 1.00 mL 含氰化钾 10.0 μg。按式（26-3）计算：

$$V_3=\frac{10.0\times 200}{\rho_{CN^-}\times 1\,000} \tag{26-3}$$

式中，ρ_{CN^-}——氰化钾标准贮备溶液浓度，mg/mL。

⑰氰化钾标准使用溶液：ρ（KCN）=1.00 μg/mL。量取 10.00 mL 氰化钾标准中间溶液（⑯）于 100 mL 容量瓶中，加氢氧化钠溶液（⑤）至标线，当天配制。

26.5　仪器和设备

①分光光度计：并配备 3 cm 比色皿。

②高温炉。

③带蛇形冷凝管的全玻璃磨口蒸馏器：1 000 mL。

④可调电炉。

⑤恒温水浴装置：控温精度±1℃。

⑥一般实验室常用仪器和设备。

26.6　样品检查

分析人员在接收样品时，需按照第 6 章中样品交接内容的要求进行样品检查。检查样品是否进行固定、有无沉淀及沉淀的沉降等现象，并对照采样记录，检查每个样品是否在有效保存期内。

26.7 样品前处理

取 500 mL 混匀水样于 1 000 mL 蒸馏瓶中，放入少许玻璃珠，并连接好蒸馏装置。移取 10 mL 氢氧化钠溶液（26.4⑤）置于 100 mL 容量瓶中，作为吸收液，并将冷凝管出口浸没于吸收液中。向蒸馏瓶中依次加入 7 滴甲基橙指示液（26.4⑪），20 mL 醋酸锌溶液（26.4⑬），10 mL 酒石酸溶液（26.4⑭），如水样不显红色则继续加酒石酸溶液（26.4⑭）直至水样保持红色，再过量 5 mL，立即盖上瓶塞，开通冷却水，接通电源进行蒸馏。当馏出液接近 100 mL 时，停止蒸馏，取下量瓶，加水至标线，混匀。

26.8 分析步骤

26.8.1 标准曲线的绘制

标准曲线应在每批样品分析时绘制；若使用已有的标准曲线，需要加入一个浓度中间点进行校准，与理论值偏差在 5%以内（参照《水和废水监测分析方法》第四版）时可使用该标准曲线。

取 6 支 50 mL 具塞比色管，分别加入 0.00 mL、0.50 mL、1.00 mL、2.00 mL、3.00 mL、4.00 mL 氰化钾标准使用溶液（26.4⑰），加水至 25 mL，混匀；加入 5 mL 磷酸盐缓冲溶液（26.4⑫），混匀；加入 0.5 mL 氯胺 T 溶液（26.4⑧），混匀，配制成含量为 0.00 μg、0.50 μg、1.00 μg、2.00 μg、3.00 μg、4.00 μg 的标准系列；加入 5 mL 异烟酸-吡唑啉酮溶液（26.4⑩），混匀；加水至标线混匀，在 40±1℃的水浴中加热 15 min，取出，冷却至室温；用 3 cm 比色皿，以水调零，于波长 639 nm 处测定吸光 A_i，须 1 h 内测完；做好数据记录，其中未加氰化钾标准使用溶液的为标准空白 A_0，以 $A_i - A_0$ 为纵坐标，以相应的量（μg）为横坐标，绘制标准曲线。

注：根据实际样品的浓度范围，曲线浓度范围可适当调整，至少 6 个点（包含 0 点）。比色皿光程选择根据曲线浓度范围合理确定。

26.8.2　样品测定

量取 25 mL 馏出液置于 50 mL 具塞比色管中，测定其吸光值 A_w。

26.8.3　空白样品测定

以纯水代替水样，按照样品测定（26.8.2）相同步骤进行空白样品吸光值 A_b 的测定。

26.8.4　结果计算和表示

26.8.4.1　结果计算

样品中氰化物的浓度按照式（26-4）计算：

$$\rho_{CN^-} = \frac{(A_w - A_b - a) \times V_1}{b \times V_2 \times V} \tag{26-4}$$

式中，ρ_{CN^-}——样品中氰化物的浓度，mg/L；

A_w——试样的吸光度；

A_b——空白实验的吸光度；

a——曲线的截距；

b——曲线的斜率；

V_1——馏出液定容后的体积，mL；

V_2——用于测定的馏出液的体积，mL；

V——量取水样的体积，mL。

26.8.4.2　结果表示

分析结果的有效保留的最小数位不能低于分析方法检出限的最小数位。

26.9 质量控制与保证

26.9.1 空白实验

每批（≤20 个）样品应至少测定 2 个实验室空白样品，其测定结果应低于方法检出限。

26.9.2 标准曲线

标准曲线回归方程的相关系数 $r \geq 0.999$。

26.9.3 精密度

每批（≤20 个）样品应至少测定 10%的平行双样，样品数量少于 10 个时，应至少测定 1 个平行双样。精密度的合格判定依据见第 6 章质量保证和质量控制表 6-2。

26.9.4 准确度

每批（≤20 个）样品至少测定 1 个有证标准物质/样品或基体加标回收样品，有证标准物质/样品的测定值应在允许范围内，加标回收率的合格判定依据见第 6 章质量保证和质量控制表 6-2。

26.10 注意事项

①水样中加氢氧化钠固体，直至 pH 为 12～12.5 贮存于棕色玻璃瓶中。因氰化物不稳定，水样加碱固定后，应尽快测定。

②水样进行蒸馏时应防止倒吸，发现倒吸较严重时，可轻轻敲一下蒸馏器。

③须经常检查氯胺 T 溶液是否失效，检查方法为：取配成的氯胺 T 溶液若干毫升，加入邻甲联苯胺，若呈血红色，则游离氯（Cl_2）含量充足，若呈淡黄色，则游离氯（Cl_2）不足，应重新配制。

④接触氰化物时务必小心，要防止喷溅在任何物体上，严禁氰化物与酸接触，不可

用嘴直接吸取氰化物溶液，若操作者手上有破伤或溃烂，必须戴上胶皮手套保护。

⑤比色管和蒸馏器使用完毕后应浸泡在稀硝酸中。

⑥在水样的保存和处理期间，氧化剂能破坏大部分氰化物。检验方法：点一滴水样于稀盐酸浸过的 KI-淀粉试纸上，如出现蓝色斑点，可在水样中加计量的 $Na_2S_2O_3$ 晶体，搅拌均匀，重复实验，直至无蓝色斑点出现，然后每升加 0.1 g 过量的硫代硫酸钠晶体。

⑦硫化物能迅速地把 CN^-转化成 CNS^-，特别是在高 pH 的情况下，并且随氰化物一起蒸出，对比色产生干扰。检验方法：点一滴水样于预先用醋酸盐缓冲液（pH=4）浸过的醋酸铅试纸上，如试纸变黑，表示有硫离子，可加醋酸铅或柠檬酸铅除去。重复这一操作，直至醋酸铅试纸不再变黑。

⑧高浓度的碳酸盐，在加酸时可释放出较多的二氧化碳气体，影响蒸馏。而二氧化碳消耗吸收剂中的氢氧化钠。当采集的水样含较高的碳酸盐（例如炼焦废水等），其碳酸盐含量较高，可使用熟石灰［$Ca(OH)_2$］，使 pH 提高至 12～12.5。在沉淀生成分层后，量取上清液测定。

⑨实验过程中产生的氰化物废液，应集中存放于有适量硫代硫酸钠和硫酸亚铁的废液桶中，并交由有资质的单位处理。

编写人员：
李　静（天津市生态环境监测中心）
赵修青（天津市生态环境监测中心）
韩少强（天津市生态环境监测中心）

第 27 章 海水 硫化物 亚甲基蓝分光光度法测定操作规程

本方法依据《海洋监测规范 第 4 部分：海水分析》（GB 17378.4—2007）（18.1 亚甲基蓝分光光度法）编写。本方法在标准 GB 17378.4—2007 基础上，补充了相关规定和注意事项，以便减少监测执行单位在方法使用中的差别。

27.1 适用范围

本方法适用于大洋、近岸、河口水体中硫化物浓度为 10 μg/L 以下的水样。

当取样量为 2 000 mL 时，硫化物的检出限为 0.2 μg/L（来源于 GB 17378.4—2007）；若取样量改变时，实验室应按照 HJ 168—2010 要求计算本实验室检出限。

27.2 方法原理

水样中硫化物同盐酸反应，生成的硫化氢随着氮气进入乙酸锌-乙酸钠混合溶液中被吸收。吸收液中硫离子在酸性条件和三价铁离子存在下，对氨基二甲基苯胺二盐酸盐反应生成亚甲基蓝，在 650 nm 波长测定其吸光值。

27.3 试剂与材料

除非另有说明，分析时均使用符合国家标准的分析纯试剂，实验用水为新制备的去离子水。

①抗坏血酸（$C_6H_8O_6$）。

②盐酸溶液（1+2）：量取 333 mL 盐酸（HCl，ρ =1.19 g/mL）在棒搅拌下缓缓加入 667 mL 水中。冷却后，盛于试剂瓶中。

③乙酸锌-乙酸钠混合溶液：称取 50 g 乙酸锌［$Zn(CH_3COO)_2 \cdot 2H_2O$］和 12.5 g 乙酸钠（$CH_3COONa \cdot 3H_2O$）溶于少量水中，稀释至 1 L，混匀。如浑浊，应过滤。

④硫酸铁铵溶液：称取 25 g 硫酸铁铵［$Fe(NH_4)(SO_4)_2 \cdot 12H_2O$］于 250 mL 烧杯中，加入水 100 mL，浓硫酸（H_2SO_4，ρ =1.84 g/mL）5 mL 溶解（可稍加热），加水稀释至 200 mL，混匀。如浑浊，应过滤。

⑤对氨基二甲基苯胺二盐酸盐溶液：取 1 g 对氨基二甲基苯胺二盐酸盐［$NH_2C_6H_4N(CH_3)_2 \cdot 2HCl$，化学纯］溶于 700 mL 水中，在不断搅拌下，缓缓加入 200 mL 硫酸（H_2SO_4，ρ =1.84 g/mL），冷却后，稀释至 1 L，混匀，盛于棕色试剂瓶中，置冰箱中保存。

⑥碘溶液［（$1/2I_2$）=0.010 0 mol/L］：称取 10 g 碘化钾（KI），溶于 50 mL 水中，加入 1.27 g 碘片（I_2），溶解后，全量移入 1 000 mL 量瓶中，稀释至标线，混匀。

⑦高锰酸钾溶液：c（$1/5KMnO_4$）=0.01 mol/L。

⑧硫酸溶液（1+3）：在搅拌下将 1 体积硫酸（H_2SO_4，ρ =1.84 g/mL）缓缓加至 3 体积水中，趁热滴加高锰酸钾溶液（⑦）至溶液显微红色不褪为止，盛于试剂瓶中。

⑨盐酸溶液（1+9）：在搅拌下将 20 mL 盐酸（HCl，ρ =1.19 g/mL）缓缓加入 180 mL 水中。

⑩冰乙酸（CH_3COOH）。

⑪淀粉溶液（5 g/L）：称取可溶性淀粉（化学纯）1 g，用少量水调成糊状，加入沸水 100 mL，调匀，继续煮至透明。冷却后，加入冰乙酸（⑩）1 mL，稀释至 200 mL，盛于试剂瓶中。

⑫碳酸钠（Na_2CO_3）。

⑬硫代硫酸钠标准溶液（0.01 mol/L）：称取 25 g 硫代硫酸钠（$Na_2S_2O_3 \cdot 5H_2O$），用刚煮沸冷却的水溶解，加入约 2 g 碳酸钠（⑫），移入棕色试剂瓶中，稀释至 10 L，混匀，置于阴凉处，8～10 d 后标定其浓度。

标定方法：移取碘酸钾标准溶液（⑭）15.0 mL，沿壁注入定碘烧瓶中，用少量水冲洗瓶壁，加入 0.5 g 碘化钾（27.3⑮），用刻度吸管沿壁注入 1 mL 硫酸溶液（⑧），塞好瓶塞，轻摇混匀，加少量水封口，在暗处放置 2 min，轻摇旋开瓶盖，沿壁加水 50 mL 稀释后，在不断振摇下，用待标定的硫代硫酸钠溶液（⑬），滴定至溶液呈浅黄色，加入 1 mL 淀粉溶液（⑪），继续滴定至蓝色刚刚消失。记录滴定管读数。重复标定，至两次滴定差不超过 0.05 mL 为止。按式（27-1）计算：

$$c(\mathrm{Na_2S_2O_3}) = \frac{0.010\,0 \times 15.0}{v_\mathrm{S}} \tag{27-1}$$

式中，$c(Na_2S_2O_3)$——硫代硫酸钠溶液的浓度，mol/L；

v_S——标定所耗硫代硫酸钠溶液的体积，mL。

⑭碘酸钾标准溶液［c（1/6KIO_3）=0.0100 mol/L］

称取 3.567 g 碘酸钾（KIO_3）（预先在 120℃烘 2 h，置于干燥器中冷却），溶于水中，全量移入 1 000 mL 量瓶中，稀释至标线，混匀，置于阴凉处，此溶液有效期为 1 个月。使用前稀释至 10 倍。

⑮碘化钾（KI）。

⑯硫化钠（$Na_2S \cdot 9H_2O$）溶液：10 g/L。

⑰硫化物标准贮备溶液的制备（或购买市售有证标准物质）：使用硫化氢曝气装置，向 200 mL 硫化钠溶液（⑯）中缓缓滴加 5.0 mL 盐酸溶液（②）。产生的硫化氢随氮气逸出，被 500 mL 乙酸锌溶液［$Zn(CH_3COO)_2 \cdot 2H_2O$，1 g/L］吸收。将吸收液用定量滤纸滤入棕色试剂瓶。

硫化物标准贮备溶液浓度的标定：移取硫化物标准贮备溶液 20.0 mL 于 250 mL 碘量瓶中，依次加入 40 mL 水、20.0 mL 碘溶液（⑥）、10 mL 盐酸溶液（⑨），混匀。用已知浓度的硫代硫酸钠溶液（⑬）滴定至溶液呈浅黄色，加入 1 mL 淀粉溶液（⑪），继续滴定至蓝色刚刚消失，记录滴定管读数（V_1）。重复标定，至两次滴定差不超过 0.05 mL 为止。同时移取 20.0 mL 水两份，进行空白滴定，两次读数差不得超过 0.05 mL。记录读数（V_2）。按式（27-2）计算硫化物标准贮备溶液中硫（S^{2-}）的质量浓度：

$$\rho_{\mathrm{S^{2-}}} = \frac{(V_2 - V_1) \times c_s \times 16.04 \times 1\,000}{20.00} \tag{27-2}$$

式中，$\rho_{S^{2-}}$——硫的质量浓度，μg/ml；

v_2——空白滴定所耗硫代硫酸钠标准溶液的体积，mL；

v_1——标定所耗硫代硫酸钠标准溶液的体积，mL；

c_s——硫代硫酸钠标准溶液的浓度，mol/L；

20.00——硫化物标准贮备溶液的体积，mL。

⑱硫化物标准使用溶液（20 μg/mL，以 S^{2-}计）。

取一定量的硫化物标准贮备溶液（⑰），将其质量浓度调整为 20 μg/mL。按式（27-3）计算：

$$V_S = \frac{\rho_3 \times v_3}{\rho_4} \tag{27-3}$$

式中，V_S——所取硫化物标准贮备溶液体积，mL；

ρ_3——标准使用溶液的浓度，μg/mL；

v_3——欲配制的标准使用溶液的体积，mL；

ρ_4——标准贮备溶液的浓度，μg/mL。

27.4 仪器与设备

①硫化氢曝气装置。

②分光光度计。

③恒温水浴或电热套。

④包氏吸收管。

⑤锥形分液漏斗：容量 50 mL、100 mL。

⑥滴定管：容量 25 mL。

⑦具塞比色管：容量 25 mL。

⑧定碘烧瓶：容量 250 mL。

⑨棕色试剂瓶：容量 125 mL、250 mL、1 000 mL、10 000 mL。

⑩砂芯漏斗：直径 60 mm。

⑪一般实验室常备仪器和设备。

27.5 样品检查

分析人员在接收样品时，需按照第 6 章中样品交接内容的要求进行样品检查。检查样品是否进行固定、有无沉淀及沉淀的沉降等现象，并对照采样记录，检查每个样品是否在有效保存期内。

27.6 分析测试

27.6.1 绘制标准曲线

标准曲线应在每期分析样品时绘制，一般使用 1 周，在每次分析利用标准曲线中间浓度进行标准核查，校核点测定值和校准曲线相应点浓度的相对误差不超过 10%，否则应重新绘制标准曲线。

按以下步骤绘制标准曲线：

①各取 6 支 25 mL 具塞比色管，各加入 10 mL 乙酸锌-乙酸钠混合溶液（27.3③），分别加入 0.00 mL、0.20 mL、0.40 mL、0.60 mL、0.80 mL、1.00 mL 硫化物标准使用溶液。

注：根据实际样品的浓度范围，曲线浓度范围可适当调整，至少 6 个点（包含 0 点）。

②加入 5 mL 对氨基二甲苯胺二盐酸盐溶液（27.3⑤），立即密塞并缓慢倒转一次，加入 1 mL 硫酸铁铵溶液（27.3④），混匀。

③放置 10 min 后，加水定容至 25 mL，混匀。使用 1 cm 比色皿，以水作参比，在波长为 650 nm 处测定其吸光值 A_i。

④将数据记录。未加硫化物标准使用溶液者为标准空白 A_0。以 $A_i - A_0$ 为纵坐标，相应的硫（S^{2-}）浓度（μg/L）为横坐标，绘制标准曲线。

27.6.2 样品的测定

装置如图 27-1 所示，具体按以下步骤测定样品：

①取水样 2 000 mL 于曝气瓶中，加入 2 g 抗坏血酸（27.3①），安装好曝气装置。

量取乙酸锌-乙酸钠混合溶液（27.3③）或2%氢氧化钠10 mL于包氏吸收管中，安放在固定架上，与曝气瓶的出口相接。

注：使用2 cm比色皿时，可以适当减少取样量，取样量不少于1 000 mL。

②取30 mL盐酸溶液（27.3②）加入曝气瓶上端的锥形分液漏斗中，通氮气10 min（1.0 L/min左右），将曝气瓶置于50～60℃的水浴中。

注：氮气吹气速度和吹气时间的改变均会影响测定结果，吹气速度过快影响目标化合物吸收，操作过程注意控制氮气流量，必要时可通过测定硫化物标准溶液的回收率进行检验。

③当曝气瓶水样温度达到50～60℃后，一次加完锥形漏斗中的盐酸，缓慢旋开加酸通氮管活塞，接通氮气，以1.0 L/min左右速度连续吹气30 min，并及时关闭锥形漏斗的旋塞，以免空气进入曝气瓶中。

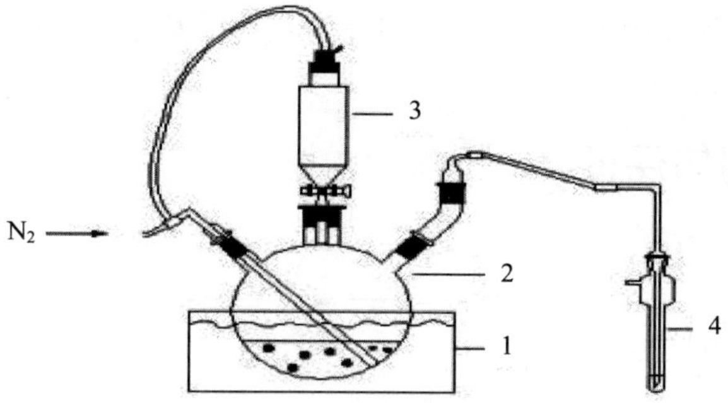

1—水浴；2—反应瓶；3—加酸分液漏斗；4—吸收管

图27-1　硫化物酸化—吹气—吸收装置

④取下吸收管，加5 mL对氨基二甲基苯胺二盐酸盐溶液（27.3⑤），1 mL硫酸铁铵溶液（27.3④）于吸收管中，充分混匀，全量移入25 mL具塞比色管中，用水稀释至标线。

⑤静置10 min后，将显色液移入1 cm测定池中，用水调零，于650 nm波长测定其吸光值A_w。

⑥以1 000 mL纯水代替水样，测定全程分析空白（空白试剂的选择应与标准曲线系列溶液保持一致），得吸光值A_b。

27.6.3 结果与计算

（1）结果计算

将测得的数据记录，并查标准曲线或按线性回归方程计算。

按式（27-4）计算水样中硫化物的浓度：

$$\rho_S = \rho_1 \times \frac{v_2}{v_1} \tag{27-4}$$

式中，ρ_S——水样中硫化物的浓度，μg/L；

ρ_1——标准曲线上与值对应的硫质量浓度，μg/L；

v_2——吸收液定容体积，mL；

v_1——水样体积，mL。

（2）结果表示

分析结果的有效保留的最小数位不能低于分析方法检出限的最小数位。

27.7 质量控制与保证

27.7.1 校准曲线

校准曲线的相关系数 r 应在 0.999 以上。

27.7.2 空白实验

每批样品至少做 1 个实验室全程序空白，空白值应低于方法检出限。

27.7.3 准确度

准确度通过测试标准样品或计算加标样品回收率判断。每批样品至少需要测定 1 个标准样品或 1 个加标回收，标准样品合格依据证书的不确定度判定，加标回收率的合格判定依据见第 6 章质量保证和质量控制表 6-2。

27.7.4　精密度

精密度通过计算平行样相对偏差进行判断，合格判定依据见第 6 章质量保证和质量控制表 6-2。每批样品应至少测定 10%的平行双样，样品数量少于 10 个时，应至少测定 1 个平行双样。

27.8　注意事项

①除非另作说明，本方法所用试剂均为分析纯，水为去离子或等效纯水。

②水样不能立即分析时，每升水中加入 1.0 mL 乙酸锌溶液（50 g/L）和 2 mL 40 g/L NaOH，予以固定。

③对氨基二甲基苯胺二盐酸盐溶液易变质，宜在临用时配制。

④测定水样与绘制标准曲线，条件必须一致，重新配制试剂或室温变化超过 5℃时，要重新绘制标准曲线。

⑤水样中 CN^-浓度达到 500 mg/L 时，对测定有干扰。

⑥氮气中如有微量氧，可安装洗气瓶（内装亚硫酸钠饱和溶液）予以除去。

⑦实验过程中产生的废液，应放置于适当的密闭容器中保存，实验结束后，应一并交由有资质的单位处理。

编写人员：
岑　陈（海南省环境监测中心站）
何书海（海南省环境监测中心站）
陈表娟（海南省环境监测中心站）

第 28 章 海水 挥发酚的测定操作规程

28.1 海水 挥发酚的测定 4-氨基安替比林萃取分光光度法

本方法依据《海洋监测规范 第 4 部分：海水分析》（GB 17378.4—2007）（19 4-氨基安替比林萃取分光光度法）编写。本方法在 GB 17378.4—2007 基础上，补充了相关规定和注意事项，以便减少监测执行单位在方法使用中的差别。

28.1.1 适用范围

本法适用于海水及和工业排污口水体中酚含量低于 10 mg/L 的测定，酚含量超过此值，可用溴化滴定法。

当取样量为 200 mL 时，挥发酚的检出限为 0.0011 mg/L（检出限源自 GB 17378.4—2007）。

28.1.2 方法原理

被蒸馏出的挥发酚类在 pH 为 10.0 ± 0.2 和以铁氰化钾为氧化剂的溶液中，与 4-氨基安替比林反应形成有色的安替比林染料。此染料的最大吸收波长在 510 nm 处，颜色在 30 min 内稳定，用三氯甲烷萃取，可稳定 4 h 并能提高灵敏度，但最大吸收波长移至 460 nm。本方法不能区别不同类型的酚，而在每份试样中各种酚类化合物的百分比是不确定的，因此，不能提供含有混合酚的通用标准参考物，本方法用苯酚作为参比标准。

28.1.3　试剂与材料

除非另有说明，分析时所用试剂均使用符合国家标准的分析纯化学试剂，实验用水均为无酚水，使用经过检定的容量器皿和量器。

①无酚水：将普通蒸馏水放置于全玻璃蒸馏器中，加氢氧化钠至强碱性，滴入高锰酸钾溶液至深紫红色，放入少许无釉瓷片，加热蒸馏。弃去初馏分，收集无酚水于硬质玻璃瓶中，或于每升蒸馏水中加入 0.2 g 经 280℃活化 4 h 的活性炭粉末，充分振摇后用 0.45 μm 滤膜过滤。

②磷酸溶液：用水稀释 10 mL 磷酸（H_3PO_4，ρ =1.69 g/mL）至 100 mL。

③甲基橙指示液：2 g/L。

④硫酸铜溶液（100 g/L）：称取 10 g 硫酸铜（$CuSO_4.5H_2O$）溶解于水中并稀释至 100 mL。

⑤三氯甲烷（$CHCl_3$）或二氯甲烷（CH_2Cl_2）。

⑥溴酸盐-溴化钾溶液［c（1/6$KBrO_3$）=0.100 mol/L］：称取 2.784 g 无水溴酸钾（$KBrO_3$）溶解于水中，加 10 g 溴化钾（KBr）溶解后稀释至 1 000 mL。

⑦盐酸（HCl）：ρ = 1.19 g/ml。

⑧硫代硫酸钠标准溶液［c（$Na_2S_2O_3$）=0.025 0 mol/L］：配制及标定。

⑨淀粉溶液（ρ =10 g/L）：称取 1.0 g 可溶性淀粉，盛于 200 mL 烧杯中，加少量水调成糊状，加入 100 mL 沸水搅拌，冷却后加入 0.4 g 氯化锌（$ZnCl_2$）或 0.1 g 水杨酸（$C_7H_6O_3$）防腐，置冰箱内冷藏保存。

⑩缓冲溶液：称取 20 g 氯化铵（NH_4Cl）溶于 100 mL 浓氨水（$NH_3 \cdot H_2O$，ρ = 0.90 g/mL）中，此溶液 pH 为 9.8。

⑪4-氨基安替比林溶液（20 g/L）：称取 2 g 4-氨基安替比林溶于水中，稀释至 100 mL，贮于棕色瓶中，置冰箱内，有效期 1 周。

⑫铁氰化钾溶液：ρ（$K_3[Fe(CN)_6]$）= 80 g/L。称取 8 g 铁氰化钾溶于水，溶解后移入 100 mL 容量瓶中，用水稀释至标线。置冰箱内冷藏，可保存 1 周。

⑬精致苯酚：将苯酚（C_6H_5OH）置于 50～70℃热水浴中溶化，小心地移入 100 mL 蒸馏瓶中，用包有铝箔的软木塞塞紧，其中插有一支 250℃水银温度计，蒸馏瓶的支管与空气冷凝管连接，用一干燥的锥形瓶接收。电炉加热蒸馏，弃去带色的初馏出液，收

集 182～184℃的馏分（无色），密封避光保存。或购买市售有证标准物质。

⑭酚标准贮备液：ρ（C_6H_5OH）≈1.00 g/L。称取 1.000 g 精制苯酚（⑬），溶解于水（①），移入 1 000 mL 容量瓶中，通常直接称取精制的苯酚即可配标准溶液。置冰箱内冷藏，可稳定保存 1 个月。也可直接购买市售有证标准物质。

⑮酚标准中间液：ρ（C_6H_5OH）= 10.0 mg/L。取适量酚标准贮备液（⑭）用水（①）稀释至 100 mL 容量瓶中，使用时当天配制。

⑯酚标准使用液：ρ（C_6H_5OH）= 1.00 mg/L。量取 10.00 mL 酚标准中间液（⑮）于 100 mL 容量瓶中，用水（①）稀释至标线，配制后 2 h 内使用。也可直接购买市售有证标准溶液直接进行配制。

28.1.4 仪器与设备

①分光光度计：具 460 nm 波长，并配有相应光程的比色皿。

②蒸馏装置：全玻璃蒸馏器和蛇形冷凝管。

③锥形分液漏斗：容量 250 mL。

④蒸馏瓶：容量 500 mL。

⑤空气冷凝管（可用玻璃管自弯制）。

⑥水银温度计：250℃。

⑦棕色量瓶：容量 100 mL。

⑧棕色试剂瓶：容量 125 mL、500 mL。

⑨比色管：棕色，容量 50 mL。

⑩一般实验室常用仪器设备。

28.1.5 样品检查

分析人员在接收样品时，需按照第 6 章中样品交接内容的要求进行样品检查。检查样品是否进行固定、有无沉淀及沉淀的沉降等现象，并对照采样记录，检查每个样品是否在有效保存期内。

28.1.6 前处理

量取 200 mL 水样，若酚量高可少取水样，记下体积 V，加无酚水（28.1.3①）至

200 mL，置于 500 mL 全玻璃蒸馏器中，蒸馏前，向蒸馏瓶内再多加入 25 mL 左右无酚水（28.1.3①）。用磷酸溶液（28.1.3②）调节 pH 到 4.0 左右［以甲基橙作指示液（28.1.3③），使水样由橘色变为橙红色］。加入 5 mL 硫酸铜溶液（28.1.3④），放入少许无釉瓷片，加热。直到收集馏出液（D）大于或等于 200 mL 为止。若样品已加磷酸和硫酸铜保存，则可直接蒸馏。

28.1.7 分析测试

28.1.7.1 校准曲线的绘制

标准曲线一般使用 1 周，每次分析利用标准曲线中间浓度进行标准核查，校核点测定值和校准曲线相应点浓度的相对误差不超过 10%，否则应重新绘制标准曲线。

①吸取 0.00 mL、0.50 mL、1.00 mL、2.00 mL、4.00 mL、7.00 mL、10.00 mL，15.00 mL 酚标准使用溶液（28.1.3⑨），分别置于预先盛有 100 mL 无酚水（28.1.3①）的 250 mL 分液漏斗中，最后加无酚水（28.1.3①）到 200 mL，混匀。

注：根据实际样品的浓度范围，曲线浓度范围可适当调整，至少 6 个点（包含 0 点）。

②向各分液漏斗内加入 1.00 mL 缓冲溶液（28.1.3⑩）混匀。再各加 1.0 mL 4-氨基安替比林溶液（28.1.3⑪），混匀，加 1.0 mL 铁氰化钾（28.1.3⑫），混匀，放置 10 min。加 10.0 mL 三氯甲烷（28.1.3⑤），振摇 2 min，静置分层，向各分液漏斗出口内放入适量脱脂棉脱水，接取三氯甲烷提取液于 20 mm 的测定池中，在波长 460 nm 处，用三氯甲烷（28.1.3⑤）作参比，测定吸光值（A_i）。以吸光值 $A_i - A_0$（标准空白）为纵坐标，以酚浓度为横坐标绘制标准曲线。

28.1.7.2 空白实验

以无酚水代替水样，做全程序空白测定 A_b，空白试剂的选择应与标准曲线系列溶液保持一致。

28.1.7.3 样品测定

将馏出液（D）全量转入 250 mL 分液漏斗中，按（28.1.7.1 ②）步骤测定吸光值 A_w。

28.1.7.4 结果与计算

（1）结果计算

测得数据记下，由 A_w-A_b 查标准曲线或用线性回归方程计算水样中挥发酚的浓度。若是经稀释后再蒸馏的水样则按式（28-1）计算其含酚浓度：

$$\rho_f=\frac{c\times v_1}{v} \tag{28-1}$$

式中，ρ_f——样品中酚浓度，μg/L；

c——查标准曲线得酚浓度，μg/L；

v_1——馏出液（D）体积，mL；

v——量取水样体积，mL。

（2）结果表示

分析结果的有效保留的最小数位不能低于分析方法检出限的最小数位。

28.1.8 质量控制与保证

①校准曲线的相关系数 r 应在 0.999 以上。

②每批样品应带 1 个中间校核点，中间校核点测定值和校准曲线相应点浓度的相对误差不超过 10%。

③每批样品应至少做 1 个实验室空白，空白值应低于方法检出限。

④准确度：每批样品应至少测定 1 个有证标准样品或 1 个加标样品，有证标准样品的测定值应在真值允许的误差范围内，加标回收率的合格判定依据见第 6 章质量保证和质量控制表 6-2。

⑤精密度：精密度通过计算平行样相对偏差进行判断，合格判定依据见第 6 章质量保证和质量控制表 6-2。每批样品应至少测定 10%的平行双样，样品数量少于 10 个时，应至少测定 1 个平行双样。

28.1.9 注意事项

①除非另作说明，本方法所使用试剂均为分析纯，水为不含酚和氯的蒸馏水。

②干扰物质的消除：来自水体的干扰可能有分解酚的细菌、氧化及还原物质和样品

的强碱性条件。在分析前除去干扰化合物的处理步骤中可能有一部分挥发分类被除去或损失。因此，对一些高污染海水，为消除干扰和定量回收挥发酚类，需要较严格的操作技术，具体步骤如下。

- 水样中的氧化剂能将酚类氧化而使结果偏低。采样后取一滴酸化了的水样滴在淀粉-碘化钾试纸上，若试纸变蓝则说明水中有氧化剂。采样后应立即加入硫酸亚铁溶液或抗坏血酸溶液以除去所有的氧化性物质。过剩的硫酸亚铁或抗坏血酸在蒸馏步骤中被除去。
- 水样中含有石油制品，如油类和焦油等低沸点污染物，可使蒸馏液浑浊，某些酚类化合物还能溶于这些物质中。采样后用分液漏斗分离出浮油，在没有硫酸铜（$CuSO_4$）存在的条件下，先用粒状氢氧化钠（NaOH）将 pH 调节至 12～12.5，使酚成为酚钠，以避免萃取酚类化合物。尽快用四氯化碳（CCl_4）从水相中提出杂质（每升废水用 40 mL 四氯化碳萃取两次），并将 pH 调至 4.0。
- 用三氯甲烷萃取时，须用无酚水作一试剂空白，或先用 1 g/L 氢氧化钠溶液洗涤三氯甲烷，以除去可能存在的酚。二氯甲烷可代替三氯甲烷，尤其在用氢氧化钠提纯三氯甲烷溶液形成乳浊液时。
- 硫的化合物，酸化时释放出硫化氢能干扰酚的测定，用磷酸将水样酸化至 pH 为 4.0，短时间搅拌曝气即可除去硫化氢及二氧化硫的干扰。然后加入足够的硫酸铜溶液（28.1.3④），使样品呈淡蓝色或不再有硫化铜沉淀产生。然后将 pH 调至 4.0。铜（Ⅱ）离子抑制了生物降解，酸化保证了铜（Ⅱ）离子的存在并消除样品为强碱性时的化学变化。

③将水样蒸馏，溜出液清亮，无色，从而消除浑浊和颜色的干扰，铁（III）能与铁氰酸根生成棕色产物而干扰测定，蒸馏将排除这一干扰。pH 在 8.0～10.0 范围内显示的颜色都可以，但为了防止芳香胺（苯胺、甲苯胺、乙酰苯胺）的干扰，以 pH 为 9.8～10.2 最适合，因为此范围内 20 mg/L 苯胺所产生的颜色仅相当于 0.1 mg/L 酚的颜色。

④游离氯能氧化 4-氨基安替比林，还能与酚起取代反应生成氯酚。

⑤主试剂在空气中易变质而使底色加深，此外，4-氨基安替比林的纯度越高，灵敏度越高，如配制的 4-氨基安替比林溶液颜色较深时，可用活性炭处理脱色。

⑥过硫酸铵［$(NH_4)_2S_2O_8$］可替代铁氰化钾[$K_3Fe(CN)_6$]。

⑦测定酚的水样必须用全玻璃蒸馏器蒸馏，如用橡皮塞、胶皮管等连接蒸馏烧瓶及

冷凝管，都能使结果偏离并出现假阳性从而产生误差。

⑧各种试剂加入的顺序很重要，不能随意更改。

⑨停止蒸馏时，须防电炉预热引起的爆沸，以免将瓶塞冲起砸碎或沾污冷凝管。

⑩比色槽在连续使用过程中，宜用氯仿荡洗，蒸发至干。

⑪本方法所使用的试剂和标准溶液为有毒化合物，配制过程应在通风柜中进行操作。

⑫实验过程中产生的废液，应放置于适当的密闭容器中保存，实验结束后，应一并交由有资质的单位处理。

编写人员：
符式锦（海南省环境监测中心站）
何书海（海南省环境监测中心站）
陈表娟（海南省环境监测中心站）

28.2 海水 挥发性酚的测定 连续流动分析法

本方法依据标准 EN ISO14402：1999 编写，作为全国近岸海域水质监测参考方法使用。本方法在 EN ISO14402：1999 基础上，补充了相关规定和注意事项，以便于减少监测执行单位在方法使用中的差别。采用本方法时，应先进行方法比对，在与其他标准方法结果一致的情况下使用。

28.2.1 适用范围

本法适用于大洋、近岸海水及河口水中挥发性酚的测定。本方法的检出限为 0.001 mg/L（依据 HJ 168—2010 计算得出）。

28.2.2 方法原理

在酸性条件下，样品通过 150℃在线蒸馏释放出酚。被蒸馏出的酚类化合物，于弱碱性介质中，在铁氰化钾存在的条件下，与 4-氨基安替比林生成红色反应物，于 505 nm

波长处测定吸光度。

28.2.3　干扰与消除

①用磷酸酸化样品至 pH 小于 4 以消除含硫物质的干扰，搅拌以达到曝气，并且加入硫酸铜。

②在采样之后立即加入过量的硫酸亚铁铵以去除类似氯的氧化物质，氧化物质可通过加入碘化钾进行酸化以释放碘来检测。如果不去除氯，酚类物质可能被部分氧化，导致结果偏低。

28.2.4　试剂和材料

除非另有说明，分析时均使用符合国家标准的分析纯及以上试剂，实验用水均为无酚水。

注：反应试剂可能因仪器不同有所差异，根据仪器要求进行配制。

①精制苯酚。将苯酚（C_6H_5OH）置于 50～70℃热水浴中溶化，小心地移入 100 mL 蒸馏瓶中，用包有铝箔的软木塞塞紧，其中插有一支 250℃水银温度计，蒸馏瓶的支管与空气冷凝管连接，用一干燥的锥形瓶作接收器。电炉加热蒸馏，弃去带色的初馏出液，收集 182～184℃的馏分（无色），密封避光保存。

②4-氨基安替比林（$C_{11}H_{13}N_3O$）。

③硼酸（H_3BO_3）。

④乙醇（C_2H_6O）。

⑤浓磷酸（85%，H_3PO_4）。

⑥铁氰化钾［$K_3Fe(CN)_6$］。

⑦氢氧化钠（NaOH）。

⑧浓盐酸（HCl）：ρ =1.19 g/mL。

⑨曲拉通（Triton X-100）。

⑩氯化钾（KCl）。

⑪无酚水：将普通蒸馏水放置于全玻璃蒸馏器中，加氢氧化钠至强碱性，滴入高锰酸钾溶液至深紫红色，放入少许无釉瓷片，加热蒸馏。弃去初馏分，收集无酚水于硬质玻璃瓶中，或于每升蒸馏水中加入 0.2 g 经 280℃活化 4 h 的活性炭粉末，充分振摇后用

0.45 μm 滤膜过滤。

⑫试剂水：将无酚水置于超声波清洗器中超声 20～30 min 以增加除气效果。将除气后的试剂水存放在密闭的容器中避免空气的吸入。每次使用前，将试剂置于超声波清洗器中超声 20～30 min。

⑬曲拉通溶液（1∶1）：取 50 mL 曲拉通溶于 50 mL 乙醇（28.2.4④）中。

⑭盐酸溶液：c_{HCl}=1 mol/L。溶解 83 mL 盐酸（28.2.4⑧）于盛有大约 800 mL 无酚水（28.2.4⑪）的 1 L 容量瓶中，用无酚水（28.2.4⑪）定容至 1 000 mL 并混匀。

⑮蒸馏试剂：搅拌下，小心地将 160 mL 浓磷酸（28.2.4⑤）加入盛有大约 800 mL 无酚水（28.2.4⑪）的 1 L 容量瓶中，冷却至室温，用无酚水（28.2.4⑪）定容至 1 000 mL 并混匀。

⑯储备缓冲液：称取 9 g 硼酸（28.2.4③）、5 g 氢氧化钠（28.2.4⑦）、10 g 氯化钾（28.2.4⑩）溶解到盛有大约 800 mL 无酚水（28.2.4⑪）的 1 L 容量瓶中，用无酚水（28.2.4⑪）定容至 1 000 mL。

⑰吸收试剂：取 200 mL 储备缓冲液，加入 1 mL 曲拉通溶液（28.2.4⑬），除气。

注：每周更新。

⑱4-氨基安替比林溶液：溶解 0.2 g 4-氨基安替比林（28.2.4②）于盛有 200 mL 储备缓冲液的烧杯中，加入 1 mL 曲拉通（28.2.4⑬）溶液，除气。贮于棕色瓶中，置于冰箱中，有效期 1 周。

⑲氢氧化钠溶液：c_{NaOH}=0.01 mol/L。搅拌下，小心地将 0.4 g 氢氧化钠（28.2.4⑦）加入到盛有大约 700 mL 无酚水（28.2.4⑪）的 1 L 容量瓶中，冷却至室温，用无酚水（28.2.4⑪）定容至 1 000 mL 并混匀，混合氢氧化钠和水的过程将产生大量的热，请格外小心，有效期 1 周。

⑳铁氰化钾缓冲溶液：溶解 0.3 g 铁氰化钾（28.2.4⑥）于盛有 200 mL 储备缓冲液的烧杯中，加入 1 mL 曲拉通溶液（28.2.4⑬），除气。有效期 1 周。

㉑标准溶液的制备：

- 酚标准可按下述方法自行配制，也可购买市售有证标准物质。称取 1.000 g 精制苯酚（28.2.4①），溶解于无酚水（28.2.4⑪），移入 1 000 mL 容量瓶中，通常直接称取精制的苯酚（28.2.4①）即可配标准溶液。置冰箱内冷藏，可稳定保存 1 个月，此液浓度（C_6H_5OH）≈1.00 g/L。

- 酚中间使用溶液（10.0 mg/L）：量取 10.0 mL 酚标准储备液用无酚水（28.2.4⑪）稀释至 1 000 mL。当天配制。
- 酚标准使用液（1.00 mg/L）：量取 10.0 mL 酚标准中间液，用无酚水（28.2.4⑪）稀释至 100 mL，临用时配制。

28.2.5　仪器和设备

①连续流动分析仪：自动进样器、蠕动泵、蒸馏设备、化学反应模块、检测单元（配置 1 000 mm 光程、检测波长 505 nm）、数据处理单元。

②分析天平：精度为 0.001 g。

③超声清洗仪。

④一般实验室常用仪器和设备。

28.2.6　分析步骤

28.2.6.1　标准曲线的绘制

标准曲线应在每次分析样品的当天绘制。

取 7 个 100 mL 容量瓶，分别加入 0.00 mL、0.50 mL、1.00 mL、2.00 mL、3.00 mL、4.00 mL、6.00 mL 酚标准使用液（28.2.4㉑），加无酚水（28.2.4⑪）定容至标线，混匀，临用时配制。

注：根据实际样品的浓度范围，曲线浓度范围可适当调整，至少 6 个点（含曲线 0 点）。

28.2.6.2　空白试验

以无酚水（28.2.4⑪）代替样品，按照与样品分析相同步骤进行测定，测定结果通过软件计算直接输出。

28.2.6.3　水样测定

①调整分析流程并设置特性参数（管路、流速、进样量等参考仪器分析系统）。

②准备所有试剂和标准溶液。

③开机预热 30 min。泵入无酚水通过所有试剂管路，检查管路是否泄漏，达到无酚水基线稳定。泵入相应试剂到试剂管路，达到试剂基线稳定。

④使用干净的样品杯，把标准曲线溶液、实验室空白、空白加标样、实验室基体加标样、质控样、待测样品分别放在取样架上，在每 20 个样品间放置 1 个空白。

28.2.7 结果计算与表示

①结果计算：本方法标准曲线是以标准系列点的酚浓度（μg/L）为横坐标，相关的响应峰值为纵坐标，样品的测量结果通过软件计算直接输出。

②分析结果的有效保留最小位数不能低于分析方法检出限的最小位数。

28.2.8 质量保证与控制

①校准曲线的相关系数 r 应≥0.999。

②每批样品至少测定 10%的平行双样，样品数量少于 10 个时，应至少测定 1 个平行双样，合格判定依据见第 6 章质量保证和质量控制表 6-2，测定结果以平行双样的平均值报出。

③每批样品至少需要测定 1 个标准样品或 1 个加标回收，标准样品合格依据证书的不确定度判定，加标回收率的合格判定依据见第 6 章质量保证和质量控制表 6-2。

④自控样品结果判定与处理：自控样品按照海水标样保证值及不确定度、HJ 442—2008 等要求自检（见第 6 章质量保证和质量控制表 6-2），当自控样品未超出要求范围时，为合格；当自控样品超出要求范围时，应检查曲线绘制和分析过程，查找到原因后，重新绘制标准曲线并进行自控检查。

28.2.9 注意事项

①不要泵任何含有表面活性剂的液体通过加热的蒸馏器。

②不要接触热的蒸馏器以及连接的管线。

③只有启动前才盖上泵压管，不运行时需取下泵压盘，将右边泵管塑料卡条放松，将泵压盘倒放在原位置，否则会造成泵管损坏。

④分析模块及比色计的废液管应尽可能短并和置放仪器的操作台平齐，否则压力变化会影响方法灵敏度。

⑤每次运行前，移动空气阀下的空气管，压住新的部分，减小空气阀的磨损。

⑥分析结束后，泵入无酚水清洗所有试剂管路。

⑦对实验过程中产生的废物，应放置于适当的密闭容器中保存，并委托有资质的单位进行处理，防止对人员及环境造成危害。

编写人员：
陈　燕（广西壮族自治区海洋环境监测中心站）
吴磊石（广西壮族自治区海洋环境监测中心站）
杨　爽（广西壮族自治区海洋环境监测中心站）

第 29 章　海水 油类测定操作规程

29.1　海水 油类的测定 荧光分光光度法

本方法依据标准《海洋监测规范 第 4 部分：海水分析 油类 荧光分光光度法》（GB 17378.4—2007）（13.1）编写。本方法在 GB 17378.4—2007（13.1）基础上，补充了相关规定和注意事项，以便减少监测执行单位在方法使用中的差别。

29.1.1　适用范围

本法适用于大洋、近海、河口等水体中油类的测定。本方法检出限为 0.001 mg/L（检出限源自 GB 17378.4—2007 附录 C）。

29.1.2　方法原理

用石油醚萃取海水中油类的芳烃组分，在荧光分光光度计上，以 310 nm 为激发波长，测定 360 nm 发射波长的荧光强度，其相对荧光强度与石油醚中芳烃的浓度成正比。

29.1.3　试剂和材料

除非另有说明，分析时所用试剂均使用符合国家标准的分析纯化学试剂，实验用水为纯水。

①活性炭：层析用粒状活性炭，60 目（250 μm）。

②硫酸：ρ（H_2SO_4）=1.84 g/mL。

③石油醚：沸点范围为 60～90℃。

④盐酸：ρ（HCl）=1.19 g/mL。

⑤氢氧化钠（NaOH）

⑥盐酸溶液：*c*（HCl）=2.0 mol/L。将 83 mL 盐酸（29.1.3④）溶于一定量的水中，再用水稀释至 500 mL。

⑦氢氧化钠溶液：*c*（NaOH）=2.0 mol/L。称取 40 g 氢氧化钠（29.1.3⑤）溶于水中，加水至 500 mL。

⑧活性炭处理：取 1 000 g 活性炭（29.1.3①）于烧杯中，用盐酸溶液（29.1.3⑥）浸泡 2 h，依次用自来水、纯水冲洗至中性。倾出水分后，用氢氧化钠溶液（29.1.3⑦）浸泡 2 h，依次用自来水、纯水冲洗至中性，于 100℃烘干。将烘干的活性炭放入瓷坩埚（29.1.4④）中，盖好盖子，于 500℃高温炉内活化 2 h，炉温降至 50℃左右时，取出放入干燥器中，备用。

⑨活性炭层析柱：将玻璃层析柱（29.1.4⑤）清洗干净后，自然干燥，柱头先装入少许玻璃毛或脱脂棉。将处理过的活性炭（29.1.3⑧）放入烧杯中，用石油醚（29.1.3③）充分浸泡，排尽活性炭中的空气，边搅拌边倒入玻璃层析柱（29.1.4⑤）中，装柱时避免出现气泡。

⑩脱芳石油醚：将石油醚（29.1.3③）倾入活性炭层析柱中（29.1.3⑨），初始流出的石油醚质量较差，注意检查流出石油醚的相对荧光强度，当其荧光强度小于标准油品（0.1 mg/mL）相对荧光强度的 1% 时，以每分钟 60～100 滴的流速收集石油醚于清洁容器中，混匀后分装于试剂瓶中，待用。

⑪硫酸溶液：1+3。在搅拌下将 1 体积的硫酸（29.1.3②）与 3 体积纯水混合。

⑫无水硫酸钠（Na_2SO_4）。于 550℃下灼烧 4 h，冷却后装入磨口玻璃瓶中，置于干燥器内贮存。

⑬油标准贮备溶液：ρ =1.000 g/L。准确称取 1.000 g 标准油于 5 mL 称量瓶中，用少量脱芳石油醚（29.1.3⑩）溶解，用吸管移入 1 000 mL 容量瓶中，称量瓶用脱芳石油醚（29.1.3⑩）洗涤数次，洗涤液均移入容量瓶中，用脱芳石油醚（29.1.3⑩）稀释至标线，混匀。

⑭油标准使用溶液：ρ =100 mg/L。移取 5.00 mL 油标准贮备溶液（29.1.3⑬）于 50 mL 容量瓶中，用脱芳石油醚（29.1.3⑩）稀释至标线，混匀。

29.1.4 仪器和设备

①采样瓶：500 mL 广口棕色玻璃瓶。

②荧光分光光度计，并配备 1 cm 石英测定池。

③分液漏斗：1 000 mL。

④瓷坩埚：100 mL、200 mL。

⑤玻璃层析柱：直径 25 mm，长度 900 mm。

⑥带刻度比色管：20 mL。

⑦一般实验室常用仪器和设备。

29.1.5 样品检查

分析人员在接收样品时，需按照第 6 章中样品交接内容的要求进行样品检查。检查样品是否进行固定、有无沉淀及沉淀的沉降等现象，并对照采样记录，检查每个样品是否在有效保存期内。

29.1.6 样品前处理

将采集的 500 mL 水样用 5 mL 硫酸溶液（29.1.3⑪）酸化，然后全量转入分液漏斗（29.1.4③）中，加入 10.0 mL 脱芳石油醚（29.1.3⑩），振荡 2 min（其间注意放气），静置分层，将水相放入原水样瓶中，石油醚萃取液收集于 20 mL 带刻度比色管（29.1.4⑥）中。用相同的步骤再萃取一次，合并两次石油醚萃取液，用脱芳石油醚（29.1.3⑩）定容至标线（V_1），再加入适量无水硫酸钠（29.1.3⑫）脱水。测量水样体积，减去硫酸溶液用量得水样实际体积 V。

29.1.7 分析测试

29.1.7.1 标准曲线的绘制

标准曲线应当在每批样品时分析绘制；若使用已有的标准曲线，需要加入一个浓度中间点进行校准，与理论值偏差在 5%以内时可使用该标准曲线。

在 6 个 10 mL 容量瓶中，分别加入 0.0 mL、0.1 mL、0.2 mL、0.3 mL、0.4 mL、0.5 mL

油标准使用溶液（29.1.3⑭），用脱芳石油醚（29.1.3⑩）稀释至标线，混匀，此时其所对应的油类含量分别为 0.0 mg/L、1.0 mg/L、2.0 mg/L、3.0 mg/L、4.0 mg/L、5.0 mg/L；将系列各点从低浓度向高浓度依次加入 1 cm 石英测量池中，以脱芳石油醚（29.1.3⑩）作参比，在激发波长为 310 nm、发射波长为 360 nm 处测定相对荧光强度 I_0 和 I_i，以 $I_i - I_0$ 为纵坐标，相应的浓度（mg/L）为横坐标，绘制标准曲线。

注：根据实际样品的浓度范围，曲线浓度范围可适当调整，至少 6 个点（包含 0 点）。

29.1.7.2 试样测定

将石油醚萃取液移入 1 cm 石英测定池中，在激发波长为 310 nm、发射波长为 360 nm 处测定相对荧光强度 I_w。

29.1.7.3 空白实验分析

以纯水代替水样测定空白试样相对荧光强度 I_b。

29.1.7.4 结果计算与表示

（1）结果计算

水中油类的质量浓度 ρ_{oil}（mg/L）按照式（29-1）计算：

$$\rho_{oil} = \frac{(I_w - I_b - a) \times V_1}{b \times V} \tag{29-1}$$

式中，ρ_{oil}——水中油类的质量浓度，mg/L；

I_w——试样的相对荧光强度；

I_b——空白试样的相对荧光强度；

a——标准曲线的截距；

V_1——萃取液体积，mL；

b——标准曲线的斜率；

V——实际水样体积，mL。

（2）结果表示

分析结果的有效保留的最小数位不能低于分析方法检出限的最小数位。

29.1.8 质量控制与保证

（1）空白实验

每批（≤20 个）样品应至少测定 2 个实验室空白样品，其测定结果应低于方法测定下限。

（2）标准曲线

标准曲线回归方程的相关系数 $r \geqslant 0.999$。

（3）准确度

每批（≤20 个）样品至少分析 1 个有证标准物质/样品，测定结果在其规定范围内。

29.1.9 注意事项

①现场取样及实验室处理，应仔细认真，严防沾污。

②用过的玻璃器皿等均应及时用（1+1）硝酸溶液浸泡、洗净、烘干。

③所使用的脱芳石油醚，其荧光强度与最大的瑞利散射峰强度比应不大于 2%。

④采样后 4 h 内萃取，萃取液避光贮存于 5℃冰箱内，有效期 20 d。

⑤样品分析过程中产生的废液应存放于密闭容器中，妥善处理。

编写人员：
王记鲁（天津市生态环境监测中心）
郭晶晶（天津市生态环境监测中心）
杨　虹（天津市生态环境监测中心）

29.2 海水 油类的测定 紫外分光光度法

本方法依据《海洋监测规范 第 4 部分：海水分析》（GB 17378.4—2007）（13.2 油类紫外分光光度法）编写。本方法在 GB 17378.4—2007（13.2）基础上，补充了相关规定和注意事项，以便减少监测执行单位在方法使用中的差别。

29.2.1　适用范围

本法适用于近海、河口水中油类的测定。本方法检出限为 0.01 mg/L（检出限源自 HJ 970—2018）。

29.2.2　方法原理

油类中的芳烃组分在紫外光区有特征吸收，其吸收强度与芳烃含量成正比。水样经正己烷萃取后，以油标准作参比，进行紫外分光光度测定。

29.2.3　试剂和材料

除非另有说明，分析时所用试剂均使用符合国家标准的分析纯化学试剂，实验用水为纯水。

①正己烷［$CH_3(CH_2)_4CH_3$］：使用前于 225 nm 波长处，以水为参比，透光率大于 90% 方可使用，否则需脱芳处理。脱芳处理方法：取约 900 mL 正己烷于 1 000 mL 小口试剂瓶中，加 10 mL 硫酸（29.2.3③），在康氏振荡器（29.2.4③）上振荡 1 h，弃去硫酸相，重复上述操作步骤，直至硫酸相近无色，再用蒸馏法提纯或用活性炭层析柱进行脱芳处理（29.1.3⑩）。纯化后的正己烷需再检查透光率，合格后方可使用。

②层析活性炭：需经活化处理（29.1.3⑧）。

③硫酸：ρ（H_2SO_4）=1.84 g/mL。

④硫酸溶液：1+3。在搅拌下将 1 体积硫酸（29.2.3③）慢慢加入 3 体积水中。

⑤无水硫酸钠（Na_2SO_4）。于 550℃下灼烧 4 h，冷却后装入磨口玻璃瓶中，置于干燥器内贮存。

⑥油标准贮备溶液：ρ=5.00 mg/mL。称取 0.500 g 标准油品于 10 mL 烧杯中，用少量正己烷（29.2.3①）溶解，全量移入 100 mL 容量瓶中，用正己烷（29.2.3①）稀释至标线，混匀。可于 4℃冰箱中保存 3 个月。

⑦油标准使用溶液：ρ=200 mg/L。移取 2.00 mL 油标准贮备溶液（29.2.3⑥）于盛有少量正己烷（29.2.3①）的 50 mL 容量瓶中，用正己烷（29.2.3①）稀释至标线，混匀。可于 4℃冰箱中保存 1 个月。

29.2.4 仪器和设备

①采样瓶：500 mL 广口棕色玻璃瓶。

②紫外分光光度计，并配备 1 cm 石英比色皿。

③康氏振荡器。

④分液漏斗：1 000 mL。

⑤带刻度比色管：20 mL。

⑥一般实验室常用仪器和设备。

29.2.5 样品检查

分析人员在接收样品时，需按照第 6 章中样品交接内容的要求进行样品检查。检查样品是否进行固定、有无沉淀及沉淀的沉降等现象，并对照采样记录，检查每个样品是否在有效保存期内。

29.2.6 样品前处理

将采集的 500 mL 水样用 5 mL 硫酸溶液（29.2.3④）酸化，然后全量转入分液漏斗（29.2.4④）中，加入 10.0 mL 正己烷（29.2.3①），振荡 2 min（其间注意放气），静置分层。将下层水相放入原水样瓶中。用滤纸卷吸干分液漏斗管颈内水分，正己烷萃取液收集于 20 mL 带刻度比色管（29.2.4⑤）中。振荡水样瓶，将萃取过的水样倒回原分液漏斗，加 10.0 mL 正己烷（29.2.3①）重复萃取一次。将下层水样放入 1 000 mL 量筒中，测量萃取后水样体积。萃取液合并于上述带刻度比色管中，用正己烷（29.2.3①）定容至标线（V_1），再加入适量无水硫酸钠（29.2.3⑤）脱水。测量水样体积，减去硫酸溶液用量得水样实际体积 V。

29.2.7 分析测试

29.2.7.1 标准曲线的绘制

标准曲线应当在每批样品分析时绘制；若使用已有的标准曲线，需要加入一个浓度中间点进行校准，与理论值偏差在 5%以内时可使用该标准曲线。

在 6 个 10 mL 容量瓶中，分别加入 0.00 mL、0.25 mL、0.50 mL、0.75 mL、1.00 mL、1.25 mL 油标准使用溶液（29.2.3⑦），用正己烷（29.2.3①）稀释至标线，混匀，此时其所对应的油类含量分别为 0.00 mg/L、5.00 mg/L、10.00 mg/L、15.00 mg/L、20.00 mg/L、25.00 mg/L；将系列各点从低浓度向高浓度依次加入 1 cm 石英比色皿中，以正己烷（29.2.3①）作参比，测定波长 225 nm 处的吸光度值 A_0（标准空白）和 A_i，以 A_i-A_0 为纵坐标，以相应的油浓度（mg/L）为横坐标，绘制标准曲线。

注：根据实际样品的浓度范围，曲线浓度范围可适当调整，至少 6 个点（包含 0 点）。比色皿光程选择根据曲线浓度范围合理确定。

29.2.7.2　试样测定

将正己烷萃取液移入 1 cm 石英比色皿中，在 225 nm 处测定吸光度值 A_w。

29.2.7.3　空白实验分析

以纯水代替水样测定空白试样吸光度值 A_b。

29.2.7.4　结果计算与表示

（1）结果计算

水中油类的质量浓度 ρ_{oil}（mg/L）按照式（29-2）计算：

$$\rho_{oil}=\frac{(A_w-A_b-a)\times V_1}{b\times V} \tag{29-2}$$

式中，ρ_{oil}——水中油类的质量浓度，mg/L；

A_w——试样的吸光度；

A_b——空白试样的吸光度；

a——标准曲线的截距；

V_1——萃取液体积，mL；

b——标准曲线的斜率；

V——实际水样体积，mL。

（2）结果表示

分析结果的有效保留的最小数位不能低于分析方法检出限的最小数位。

29.2.8 质量控制与保证

29.2.8.1 空白实验

每批（≤20 个）样品应至少测定 2 个实验室空白样品，其测定结果应低于方法测定下限。

29.2.8.2 标准曲线

标准曲线回归方程的相关系数 $r \geqslant 0.999$。

29.2.8.3 准确度

每批（≤20 个）样品至少分析 1 个有证标准物质/样品，测定结果在其规定范围内。

29.2.9 注意事项

①避免使用由塑料、橡胶材料制成的器件。

②测定应在无有机物的实验室环境中进行，避免环境空气交叉污染对测定结果产生影响。正己烷使用后应立即密闭瓶塞，放置阴暗处保存。

③测定池易受沾污，注意保持洁净，使用前须校正测定池的误差。

④对于分液漏斗、比色管和量筒等玻璃器皿，在每次使用后应用去污粉进行彻底的清洗。若器壁上黏附了较多油脂，可以先用有机溶剂浸泡再用刷子蘸上去污粉清洗，然后用自来水清洗干净，最后再用纯水或去离子水充分冲洗 3 次，洗净的玻璃仪器壁上应能被水均匀润湿（不挂水珠）。玻璃器皿经纯水冲洗净后，残留的水分用指示剂或 pH 试纸检查应为中性。

⑤用过的层析活性炭经活化，可重复使用；用过的正己烷经脱芳处理，可重复使用。

⑥采样后 4 h 内萃取，萃取液避光贮存于 5℃冰箱内，有效期 20 d。

⑦样品分析过程中产生的废液应存放于密闭容器中，妥善处理。

编写人员：

王记鲁（天津市生态环境监测中心）

郭晶晶（天津市生态环境监测中心）

杨　虹（天津市生态环境监测中心）

29.3　海水 油类的测定 重量法

本方法依据《海洋监测规范 第 4 部分：海水分析》（GB 17378.4—2007）（13.3 油类重量法）编写。本方法在 GB 17378.4—2007（13.3）基础上，补充了相关规定和注意事项，以便减少监测执行单位在方法使用中的差别。

29.3.1　适用范围

本方法适用于油污染较重海水中油类的测定，本方法检出限为 0.2 mg/L（检出限源自 GB 17378.4—2007 附录 C）。

29.3.2　方法原理

水样中的油类组分经正己烷萃取后，蒸除正己烷，称重，计算水样中的含油浓度。

29.3.3　试剂和材料

除非另有说明，分析时所用试剂均使用符合国家标准的分析纯化学试剂，实验用水为纯水。

①正己烷［$CH_3(CH_2)_4CH_3$］。

②硫酸溶液：1+3。在搅拌下将 1 体积硫酸（H_2SO_4，ρ =1.84 g/mL）慢慢加入 3 体积水中。

③无水硫酸钠（Na_2SO_4）。于 550℃下灼烧 4 h，冷却后装入磨口玻璃瓶中，置于干燥器内贮存。

④油标准溶液：ρ =5.00 g/L。称取 0.500 g 标准油于 10 mL 烧杯中，用少量正己烷（29.3.3①）溶解，全量移入 100 mL 容量瓶中，用正己烷（29.3.3①）稀释至标线，

混匀。可于4℃冰箱中保存3个月。

⑤无油海水：移取500 mL未受油污染的海水，加5 mL硫酸溶液（29.3.3②）用15 mL正己烷（29.3.3①）萃取两次，每次15 mL。

29.3.4 仪器和设备

①采样瓶：500 mL广口棕色玻璃瓶。

②分析天平：精确至0.000 01 g。

③试剂瓶：500 mL。

④恒温水浴锅。

⑤K-D浓缩器。

⑥分液漏斗：1 000 mL。

⑦具塞比色管：25 mL。

⑧干燥器。

⑨铝箔槽。用铝箔自制，体积约2 mL。使用前于70℃水浴锅盖板上加热至恒重，于干燥器中放置1 h称重。

⑩一般实验室常用仪器和设备。

29.3.5 样品检查

分析人员在接收样品时，需按照第6章中样品交接内容的要求进行样品检查。检查样品是否进行固定、有无沉淀及沉淀的沉降等现象，并对照采样记录，检查每个样品是否在有效保存期内。

29.3.6 分析测试

29.3.6.1 校正因数的测定

取7个500 mL试剂瓶（29.3.4③），其中1个加入500 mL无油海水（29.3.3⑤）作为校正空白，另外6个分别加入500 mL无油海水（29.3.3⑤）和0.50 mL油标准溶液（29.3.3④），摇匀并倒入分液漏斗（29.3.4⑥）中，加15 mL正己烷（29.3.3①）于分液漏斗（29.3.4⑥）中，振荡2 min（其间注意放气），静置分层，将下层水相放入原试剂瓶中。用滤纸卷吸干分液漏斗管颈内水分，正己烷萃取液收集于 25 mL 具塞比色管（29.3.4⑦）中。摇荡试剂瓶，将萃取过的水样倒回分液漏斗中，加 10 mL 正己烷（29.3.3①）再萃取一次，萃取液合并于上述具塞比色管中。加入 2 g 无水硫酸钠（29.3.3③）于正己烷萃取液中，摇动后放置 30 min。将脱水的正己烷萃取液倾入 K-D 浓缩器（29.3.4.5）中，并用少量正己烷（29.3.3①）洗涤含脱水剂的具塞比色管 2 次，合并于 KD 浓缩器中。置于 70～78℃水浴中浓缩至 0.5～1 mL。取下 K-D 浓缩器，将其中的浓缩液转入已恒重的铝箔槽（29.3.4⑨）中，置于 70℃水浴锅盖板上蒸干，继续用 1 mL 正己烷（29.3.3①）洗涤 K-D 浓缩器，并转入铝箔槽中继续蒸干，重复 2～3 次。铝箔槽置于干燥器内 1 h，称重，减去铝箔槽重量得 m_b（校正空白）和 m_1（6 个萃取后油标准平均重量）。校正因数按式（29-3）计算：

$$K = \frac{m_1 - m_b}{m_0} \tag{29-3}$$

式中，K——校正因数；

m_1——萃取后油标准平均重量，mg；

m_b——较重空白残渣重量，mg；

m_0——油标溶液加入量，mg。

29.3.6.2　试样测定

将采集的 500 mL 水样用 5 mL 硫酸溶液（29.3.3②）酸化，然后全量转入分液漏斗（29.3.4⑥）中，按照校正因数测量步骤测定油重 m_w。并测量水样体积，减去硫酸溶液用量得水样实际体积 V。

29.3.6.3　空白实验分析

取 25 mL 正己烷（29.3.3①），从加入 2 g 无水硫酸钠（29.3.3③）的步骤开始，按照校正因数测量的其余步骤测定试剂空白 m。

注：可采用旋转蒸发仪代替 K-D 浓缩器蒸除正己烷。

29.3.6.4　结果计算和表示

（1）结果计算

水中油类的质量浓度 ρ_{oil}（mg/L）按照式（29-4）计算：

$$\rho_{\text{oil}} = \frac{m_{\text{w}} - m}{K \times V} \tag{29-4}$$

式中，ρ_{oil}——水样中油类的质量浓度，mg/L；

m_{w}——海水正己烷萃取液中油重，mg；

m——试剂空白残渣重，mg；

K——校正因数；

V——实际水样体积，L。

（2）结果表示

分析结果的有效保留的最小数位不能低于分析方法检出限的最小数位。

29.3.7 质量控制与保证

空白实验：每批（≤20 个）样品应至少测定 2 个实验室空白样品，其测定结果应低于方法检出限。

29.3.8 注意事项

①水样采集时，须一次装好，不可灌满或溢出。

②现场采样后应于 4 h 以内萃取，萃取液避光冷藏贮存。

③铝箔槽自重应尽量小，以提高测定准确度。边缘避免纵向折痕，防止油损失。

④用过的正己烷经重蒸馏处理，可重复使用。

⑤样品分析过程中产生的废液应存放于密闭容器中，妥善处理。

编写人员：

王记鲁（天津市生态环境监测中心）

郭晶晶（天津市生态环境监测中心）

杨　虹（天津市生态环境监测中心）

第 30 章 海水 六六六、滴滴涕的测定操作规程

30.1 海水 六六六、滴滴涕的测定 气相色谱法

本方法依据《海洋监测规范 第 4 部分：海水分析》(GB 17378.4—2007)(14 666，DDT 气相色谱法）和《近岸海域环境监测规范》(HJ 442—2008）编写。本方法在 GB 17378.4—2007 和 HJ 442—2008 基础上，补充了相关规定和注意事项，以便减少监测执行单位在方法使用中的差别。

30.1.1 适用范围

本方法适用于河口、近岸海域中六六六、滴滴涕的测定。当取样量为 500 mL 时，六六六检出限为 0.001 μg/L、滴滴涕检出限为 0.003 8 μg/L。

30.1.2 方法原理

海水中六六六、滴滴涕经正己烷萃取、净化和浓缩，用毛细管柱气相色谱法（ECD 检测器）测定其各异构体含量，总量为各异构体含量之和。

30.1.3 试剂与材料

除非另有说明，分析时均使用符合国家标准的分析纯试剂，实验用水为新制备的去离子水。

试剂配制时，可依据实际样品量的多少合理配制试剂量，未标明保存期的试剂一般现场进行配制。

①硫酸（H_2SO_4）：ρ=1.84 g/mL，优级纯。

②无水硫酸钠（Na_2SO_4）：400℃灼烧 4 h 以上，冷却后储存于密闭容器中，有效期 1 个月。

③硫酸钠溶液（20 g/L）：将 20 g 无水硫酸钠（30.1.3②）溶于水中，稀释至 1 000 mL。

④正己烷［$CH_3(CH_2)_4CH_3$］：色谱级。

⑤六六六、滴滴涕标准溶液：ρ =100 mg/L，溶剂为正己烷。

可直接购买市售有证标准溶液；也可用标准物质配制，配制溶剂为正己烷（④）。包括 α-666、β-666、γ-666、δ-666、*p,p'*-DDE、*p,p'*-DDD、*o,p'*-DDT、*p,p'*-DDT。

⑥载气氮气：纯度≥99.999%。

30.1.4 仪器与设备

①气相色谱仪：配电子捕获检测器（ECD）。

②色谱柱：石英毛细管柱，30 m×0.25 mm×0.25 μm，内涂 5%苯基-甲基聚硅氧烷毛细管柱，或其他等效毛细管色谱柱。

③微量注射器：10 μL、50 μL、100 μL、1 000 μL。

④浓缩装置：旋转蒸发装置或 K-D 浓缩器，浓缩仪等性能相当的设备。

⑤定量加液器：5～50 mL。

⑥分液漏斗：容量 1 000 mL。

⑦一般实验室常用仪器和设备。

30.1.5 样品检查

分析人员在接收样品时，需按照第 6 章中样品交接内容的要求进行样品检查。检查样品是否进行固定、有无沉淀及沉淀的沉降等现象，并对照采样记录，检查每个样品是否在有效保存期内。

30.1.6 前处理

30.1.6.1 萃取

取水样 500 mL 于分液漏斗中，加入 10 mL 正己烷（见 30.1.3④），剧烈振荡 3 min，注意放气，静置 15 min 分层，再重复萃取 1 次，合并萃取液并经无水硫酸钠（30.1.3②）

脱水，萃取液置于40～50℃水浴中浓缩，氮吹浓缩至小于4.0 mL。

注：样品预处理时使用的正己烷易挥发着火，预处理操作需注意通风。

30.1.6.2 净化

将2～2.5 mL浓硫酸（30.1.3①）注入正己烷浓缩液中，开始轻轻振荡分液漏斗（注意随时放气，以防受热不匀引起爆裂），然后激烈振荡5～10 s，静置分层后弃去下层硫酸。重复上述操作数次，至硫酸层无色为止。向净化后的有机相中加入25 mL硫酸钠溶液（30.1.3③）洗涤有机相2次（振荡分液漏斗时注意放气），弃去水相，有机相经无水硫酸钠（30.1.3②）脱水，并用少量正己烷（30.1.3④）分2次洗涤分液漏斗并经无水硫酸钠脱水，最后用5 mL正己烷（30.1.3④）冲洗无水硫酸钠。所有流经无水硫酸钠的正己烷均收集到浓缩瓶内。

注：对于较为清洁的海水样品，可省略净化步骤。

30.1.6.3 浓缩

将浓缩瓶放入浓缩装置(30.1.4④)中，水浴温度40～50℃。当体积浓缩小至0.5～1 mL时取下浓缩瓶，冷却至室温。用正己烷冲洗玻璃接口并定容至1.0 mL，备色谱分析。

30.1.7 分析测试

30.1.7.1 推荐色谱分析条件

进样温度：260℃，色谱柱流速：1.0 mL/min；

柱箱：100℃（3 min）$\xrightarrow{10℃/\text{min}}$180℃（1 min）$\xrightarrow{6℃/\text{min}}$240℃（1 min）$\xrightarrow{20℃/\text{min}}$280℃（3 min）；

分流进样：分流比5∶1；进样体积：1.0 μL；检测器温度：300℃；尾吹气：30 mL/min。

30.1.7.2 校准曲线的绘制

标准曲线应在每次分析样品的当天绘制。连续分析时，每24 h分析一次校准曲线中间浓度点，其测定结果与实际浓度值相对标准偏差应小于或等于20%。否则，须重新绘制标准曲线。

配制六六六、滴滴涕标准溶液系列，标准系列浓度均为 2.0 μg/L、10.0 μg/L、50.0 μg/L、100.0 μg/L、300.0 μg/L、500.0 μg/L。按照仪器参考条件（30.1.7.1）进行分析，得到不同浓度各目标化合物的色谱图。以目标化合物浓度为横坐标，以目标化合物峰面积的响应值为纵坐标，绘制标准曲线。

注：根据实际样品的浓度范围，曲线浓度范围可适当调整。

30.1.7.3 空白样分析

以无目标化合物的纯水作为空白，在分析样品的同时，取相同体积的纯水，按照试样的制备制备空白试样，按照与绘制校准曲线相同的仪器条件进行测定。

30.1.7.4 样品的测定

取待测试样（30.1.6.3），按照与绘制标准曲线相同的仪器分析条件进行测定。

30.1.7.5 结果与计算

（1）定性分析

取一定量的六六六（α-666、β-666、γ-666 和 δ-666）、滴滴涕（*p,p′*-DDE、*p,p′*-DDD、*o,p′*-DDT、*p,p′*-DDT）标准溶液，按照仪器参考条件（30.1.7.1）进行分析，以六六六、滴滴涕色谱峰的保留时间定性。六六六、滴滴涕的标准色谱图见图 30-1。

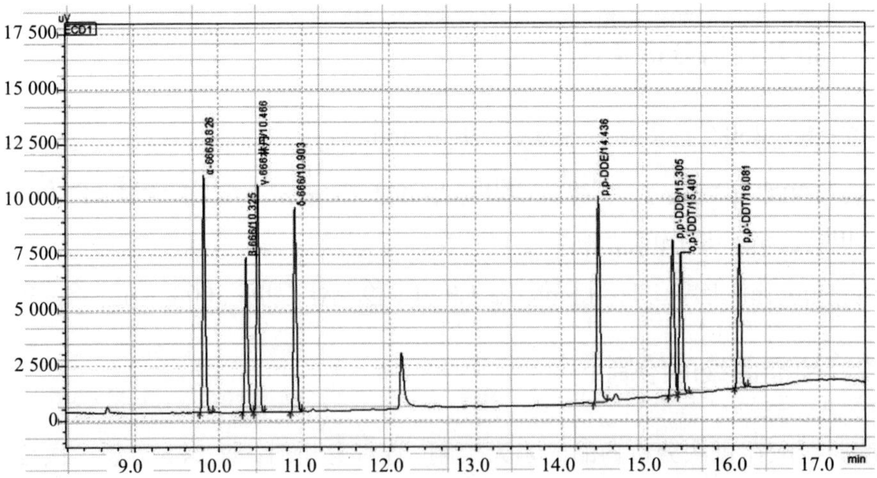

图 30-1 六六六、滴滴涕的标准参考色谱图

注：图中化合物保留时间排列依次为：α-666、β-666、γ-666、δ-666、*p, p′*-DDE、*p,p′*-DDD、*o,p′*-DDT、*p,p′*-DDT。

（2）定量分析

样品中六六六（α-666、β-666、γ-666 和 δ-666）、滴滴涕（*p,p′*-DDE、*p,p′*-DDD、*o,p′*-DDT、*p,p′*-DDT）的浓度（μg/L），按照式（30-1）计算。

$$\rho = \frac{\rho_1}{v_1} \times v_2 \tag{30-1}$$

式中，ρ ——六六六、滴滴涕的质量浓度，μg/L；

ρ_1 ——根据校准曲线计算出待测样品中六六六、滴滴涕的质量浓度，μg/L；

v_1 ——水样体积，mL；

v_2 ——试样体积，mL。

30.1.7.6　结果表示

分析结果的有效保留的最小数位不能低于分析方法检出限的最小数位。

30.1.8　质量控制与保证

①准确度。样品测定时随机抽取 10%的样品做基体加标。当样品数量少于 10 个时，应至少测定 1 个基体加标或空白加标。空白加标回收率应为 80%～120%，基体加标回收率应为 70%～120%。

②精密度。每批样品应至少测定 10%的平行样，样品数量少于 10 个时，应至少测定 1 个平行双样。当测定结果为 10 倍检出限以内（包括 10 倍检出限），平行样测定结果不进行精密度评价；当测定结果大于 10 倍检出限，平行样测定结果的相对偏差应≤20%。

③校准曲线的相关系数 *r* 应≥0.995，否则应重新绘制校准曲线。

④空白检查。每批样品应至少做 1 个实验室空白，空白值应低于方法检出限，否则应查明原因。

⑤滴滴涕的降解率。样品分析前以及每运行 12 h，应对气相色谱系统进行检查，注入 1.0 μL *p,p*'-DDT（1.0 mg/L）测定其降解率，计算公式见式（30-2）。如果滴滴涕的降解率≥20%，则应对进样口和色谱柱进行维护，系统检查合格后方可进行测定。

$$p,p'\text{-DDT}\% = \frac{c_{p,p'\text{-DDD}} + c_{p,p'\text{-DDE}}}{c_{p,p'\text{-DDT}} + c_{p,p'\text{-DDD}} + c_{p,p'\text{-DDE}}} \times 100 \tag{30-2}$$

式中，p,p'-DDT% —— p,p'-DDT 的降解率，%；

$c_{p,p'\text{-DDD}}$——p,p'-DDD 的浓度，μg/L；

$c_{p,p'\text{-DDE}}$——p,p'-DDE 的浓度，μg/L；

$c_{p,p'\text{-DDT}}$——p,p'-DDT 的浓度，μg/L。

30.1.9 注意事项

①滴滴涕在进样口处容易降解，进样口衬管和进样垫受到以前注射的高沸点残留物污染，都会造成滴滴涕的分解。若滴滴涕分解超过 20%，则应及时更换衬管，清洁进样口。

②样品预处理过程中引入的邻苯二甲酸酯类会对农药测定造成很大的干扰。实验过程中应避免接触任何塑料物品，检查所有溶剂和试剂的沾污情况。

③在样品制备的浓缩步骤中，采用氮吹的方式时应注意不能吹干，否则有机氯农药会有较大的损失。

④本方法所使用的试剂和标准溶液为易挥发的有毒化合物，配制过程应在通风柜中进行操作，按规定要求佩戴防护器具，避免接触皮肤和衣服。

⑤实验过程中产生的大量废液，应放置于适当的密闭容器中保存，并交由有资质的单位处置。

编写人员：
张鸣珊（海南省环境监测中心站）
何书海（海南省环境监测中心站）
李腾崖（海南省环境监测中心站）

30.2 海水 六六六、滴滴涕的测定 气相色谱-质谱法

本方法依据《水质 有机氯农药和氯苯类化合物的测定 气相色谱-质谱法》（HJ 699—2014）和《近岸海域环境监测规范》（HJ 442—2008）编写。本方法在标准 HJ 699—2014 和 HJ 442—2008 基础上，补充了相关规定和注意事项，以便减少监测执

行单位在方法使用中的差别。

30.2.1 适用范围

本标准规定了测定海水中六六六、滴滴涕的含量测定。本方法测定的目标物及方法检出限和测定下限见表 30-1。

表 30-1　方法检出限及测定下限

序号	目标化合物	液液萃取（取样量为 100 mL）		固相萃取（取样量为 200 mL）	
		方法检出限/（μg/L）	测定下限/（μg/L）	方法检出限/（μg/L）	测定下限/（μg/L）
1	α-666	0.056	0.23	0.025	0.10
2	γ-666	0.025	0.10	0.022	0.088
3	β-666	0.037	0.15	0.034	0.14
4	δ-666	0.060	0.24	0.033	0.14
5	*p,p*'-DDE	0.036	0.15	0.027	0.11
6	*p,p*'-DDD	0.048	0.20	0.028	0.12
7	*o,p*'-DDT	0.031	0.13	0.031	0.13
8	*p,p*'-DDT	0.043	0.18	0.032	0.13

30.2.2 方法原理

采用液液萃取或固相萃取方法，萃取样品中的六六六、滴滴涕萃取液经脱水、浓缩、净化、定容后经气相色谱质谱仪分离、检测。根据保留时间、碎片离子质荷比及不同离子丰度比定性，内标法定量。

30.2.3 试剂与材料

除非另有说明，分析时均使用符合国家标准的分析纯试剂和蒸馏水。

①正己烷（C_6H_{14}）：色谱纯。

②二氯甲烷（CH_2Cl_2）：色谱纯。

③甲醇（CH_3OH）：色谱纯。

④乙酸乙酯（C_4H_8O）：色谱纯。

⑤丙酮（C_3H_6O）：色谱纯。

⑥六六六、滴滴涕标准溶液：ρ =10.0 mg/L，溶剂为正己烷。

⑦内标贮备液（氘代菲）：ρ =4 000 mg/L，溶剂为甲醇。

⑧内标使用液：ρ =40.0 mg/L。微量注射器移取 100.0 μL 内标贮备液（30.2.3⑦）至 10 mL 容量瓶中，用正己烷（30.2.3①）定容，混匀。

⑨替代物（十氯联苯）标准溶液：ρ =10.0 mg/L，溶剂为甲醇。

⑩十氟三苯基膦（DFTPP）溶液：ρ =1 000.0 mg/L，溶剂为甲醇。

⑪十氟三苯基膦使用液：用微量注射器移取 500.0 μL 十氟三苯基膦溶液（30.2.3⑪）至 10 mL 容量瓶中，用正己烷（30.2.3①）定容至标线，混匀。标准溶液使用后应密封，置于暗处 4℃以下保存。

⑫盐酸溶液（HCl）：1+1。

⑬氯化钠（NaCl）：于 400℃下灼烧 4 h，冷却后装入磨口玻璃瓶中，置于干燥器中保存。

⑭无水硫酸钠（Na_2SO_4）：于 400℃下灼烧 4 h，冷却后装入磨口玻璃瓶中，置于干燥器中保存。

⑮固相萃取小柱：填料为 C_{18} 或等效类型填料或组合型填料，市售，根据样品中有机物含量决定填料的使用量。

注：若通过实验证实能够满足本方法性能要求，也可使用其他填料的固相萃取小柱或固相萃取圆盘。

⑯氦气：纯度≥99.999%。

⑰氮气：纯度≥99.999%。

30.2.4 仪器与设备

①气相色谱-质谱仪：EI 源。

②色谱柱：石英毛细管柱，长 30 m，内径 0.25 mm，膜厚 0.25 μm，固定相为 35%苯基-甲基聚硅氧烷。

③固相萃取装置：可通过真空泵调节流速，流速范围 1～20 mL/min。

④振荡器：振荡频率至少达到 240 次/min。

⑤箱式电炉。

⑥分液漏斗：500 mL。

⑦弗罗里（Florisil）硅土柱：500 mg/6 mL，粒径 40 μm，市售。也可购买硅藻土自制硅土柱，但须通过实验验证，满足方法特性指标要求。

⑧干燥柱：长 250 mm，内径 20 mm，玻璃活塞不涂润滑油的玻璃柱。在柱的下端，放入少量玻璃毛或玻璃纤维滤纸，加入 10 g 无水硫酸钠（30.2.3⑭），或其他类似的干燥设备。

⑨微量注射器：10 μL、50 μL、100 μL、250 μL。

⑩一般实验室常用仪器和设备。

30.2.5 样品检查

分析人员在接收样品时，需按照第 6 章中样品交接内容的要求进行样品检查。检查样品是否进行固定、有无沉淀及沉淀的沉降等现象，并对照采样记录，检查每个样品是否在有效保存期内。

30.2.6 前处理

30.2.6.1 液液萃取

①量取 100.0 mL 水样至分液漏斗中，加入 20.0 μL 替代物标准溶液（30.2.3⑨）混匀。

②加入 10 g 氯化钠（20.2.3⑬），振荡至完全溶解后，加入 15 mL 正己烷（20.2.3①），剧烈振荡 15 min（注意放气），静置 15 min 分层；再重复萃取 1 次，合并萃取液并经干燥柱脱水，浓缩至小于 4 mL。

注：对于成分比较复杂的生活污水、工业废水，如果萃取过程中乳化现象严重，宜采用机械手段完成两相分离，包括搅动、离心、用玻璃棉过滤等方法破乳，也可采用冷冻的方法破乳；对于海水、高盐工业废水等样品，应适当减少氯化钠的用量。

③弗罗里硅藻土净化。用 8 mL 正己烷（20.2.3①）浸润弗罗里硅藻土，在液面消失前，将萃取液转移至小柱上，用 1～2 mL 正己烷洗涤浓缩管，洗涤液一并上柱（注意：应始终保持填料上方留有液面），用 10 mL 丙酮/正己烷（1∶9）洗脱，收集所有洗脱液。

注：净化时洗脱流速应控制在约 5 mL/min；对于较为清洁的地下水、地表水、海水样品，可省略净化步骤。

④定容。将洗脱液浓缩至小于 1 mL，加入 5.0 μL 内标使用液（30.2.3⑧），用正己烷（20.2.3①）定容至 1.0 mL，混匀，移入自动进样小瓶，待测。

30.2.6.2 固相萃取

①取 200.0 mL 水样，加入 10 mL 甲醇（30.2.3③），加入 20.0 μL 替代物标准溶液（3.9），混匀。

②活化。依次用 5 mL 乙酸乙酯（30.2.3④）、5 mL 甲醇（30.2.3③）和 10 mL 水，活化固相萃取小柱，流速约为 5 mL/min。

注：活化过程中，应避免固相萃取小柱填料上方的液面被抽干，否则需重新活化。

③上样。使水样以 10 mL/min 的流速通过固相萃取小柱，上样完毕后，用 10 mL 水淋洗固相萃取小柱，抽干小柱。

④洗脱。依次用 2.5 mL 乙酸乙酯（30.2.3④）、5 mL 二氯甲烷（30.2.3②）洗脱固相萃取小柱，流速约为 5 mL/min，收集洗脱液至浓缩管中。

⑤干燥。将洗脱液通过干燥柱，用少量二氯甲烷（30.2.3②）洗涤浓缩管 2～3 次，将洗涤液一并过干燥柱脱水。收集所有脱水后的洗脱液至浓缩管中，浓缩至约 3 mL。

⑥转换溶剂为正己烷，净化、定容。操作步骤参见 30.2.6③和 30.2.6④。

30.2.7 分析测试

30.2.7.1 仪器参考条件

（1）气相色谱参考条件

进样口温度：250℃，不分流进。

柱箱温度：80℃（1 min）$\xrightarrow{20℃/min}$ 150℃ $\xrightarrow{5℃/min}$ 300℃（5 min）。

柱流量：1.0 mL/min。

（2）质谱参考条件

传输线温度：300℃。

离子源温度：300℃。

离子源电子能量：70 eV。

质量范围：45～550 amu。

数据采集方式：选择离子扫描（SIM）。

30.2.7.2　仪器性能检查

仪器使用前用全氟三丁胺对质谱仪进行调谐。样品分析前以及每运行 12 h 需注入 1.0 μL 十氟三苯基膦（DFTPP）溶液（30.2.3⑪），对仪器整个系统进行检查，所得质量离子的丰度应满足表 30-2 的要求。

表 30-2　DFTPP 关键离子及离子丰度评价

质量离子（*m*/*z*）	丰度评价	质量离子（*m*/*z*）	丰度评价
51	强度为 198 碎片的 30%～60%	199	强度为 198 碎片的 5%～9%
68	强度小于 69 碎片的 2%	275	强度为 198 碎片的 10%～30%
70	强度小于 69 碎片的 2%	365	强度大于 198 碎片的 1%
127	强度为 198 碎片的 40%～60%	441	存在但不超过 443 碎片的强度
197	强度小于 198 碎片的＜1%	442	强度大于 198 碎片的 40%
198	基峰，相对强度 100%	443	强度为 442 碎片的 17%～23%

30.2.7.3　校准曲线的绘制

标准曲线应在每次分析样品的当天绘制。

配制有六六六、滴滴涕和替代物的标准溶液系列，标准系列浓度为 20.0 μg/L、50.0 μg/L、100.0 μg/L、200.0 μg/L、500.0 μg/L、1 000.0 μg/L；分别加入内标使用液（30.2.3⑧），使其浓度均为 200.0 μg/L。按照仪器参考条件（30.2.7①）进行分析，得到不同浓度各目标化合物的质谱图。以目标化合物浓度与内标化合物浓度的比值为横坐标，以目标化合物定量离子的响应值与内标化合物定量离子响应值的比值为纵坐标，绘制标准曲线。

注：根据实际样品的浓度范围，曲线浓度范围可适当调整。

30.2.7.4 空白样分析

以无目标化合物的纯水作为空白。在分析样品的同时，取相同体积的纯水，按照试样的制备（30.2.6①或 30.2.6②）制备空白试样，按照与绘制校准曲线相同的仪器分析条件进行测定。

30.2.7.5 样品测定

取待测试样，按照与绘制校准曲线相同的仪器分析条件进行测定。

30.2.7.6 结果与计算

（1）定性分析

根据样品中目标化合物的保留时间（RT）、碎片离子质荷比以及不同离子丰度比（*Q*）定性。六六六、滴滴涕的方法检出限及测定下限见表 30-1，保留时间和特征离子见表 30-3。

表 30-3 六六六、滴滴涕保留时间和特征离子

序号	目标化合物	保留时间	目标离子	辅助离子	备注
1	α-666	9.660	181	219、109	目标化合物
2	γ-666	10.453	181	111	目标化合物
3	氘代菲	10.781	188	80	内标化合物
4	β-666	10.989	181	109	目标化合物
5	δ-666	11.706	220	181、111	目标化合物
6	p,p’-DDE	15.278	246	318、176	目标化合物
7	p,p’-DDD	16.875	235	165	目标化合物
8	o,p’-DDT	17.184	235	165、199	目标化合物
9	p,p’-DDT	18.124	235	165	目标化合物
10	十氯联苯	24.941	498	214	替代回收物

样品中目标化合物的保留时间与期望保留时间（即标准溶液中的平均相对保留时间）的相对偏差应控制在±3%以内；样品中目标化合物的不同碎片离子丰度比与期望 Q 值（即标准溶液中碎片离子的平均离子丰度比）的相对偏差应控制在±30%以内。

有机氯农药、氯苯类化合物标准物质的选择离子扫描总离子流图见图 30-2。

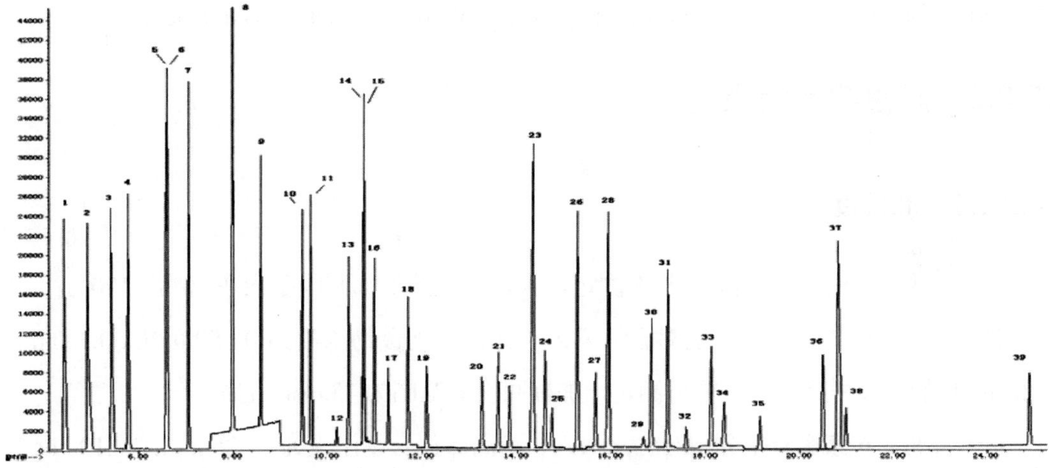

图 30-2　有机氯农药和氯苯类化合物（SIM）总离子流图

1—氘代 1,4-二氯苯；2—1,3,5-三氯苯；3—1,2,4-三氯苯；4—1,2,3-三氯苯；5—1,2,4,5-四氯苯；6—1,2,3,5-四氯苯；7—1,2,3,4-四氯苯；8—五氯苯；9—四氯间二甲苯；10—六氯苯；11—α-666；12—五氯硝基苯；13—γ-666；14—氘代菲；15—β-666；16—七氯；17—δ-666；18—艾氏剂；19—三氯杀螨醇；20—外环氧七氯；21—环氧七氯；22—γ-氯丹；23—*o,p*'-DDE；24—α-氯丹；25—硫丹 1；26—*p,p*'-DDE；27—狄氏剂；28—*o,p*-DDD；29—异狄氏剂；30—*p,p*'-DDD；31—*o,p*'-DDT；32—硫丹 2；33—*p,p*'-DDT；34—异狄氏剂醛；35—硫丹硫酸酯；36—甲氧滴滴涕；37—氘代䓛；38—异狄氏剂酮；39—十氯联苯。

（2）定量分析

以选择离子扫描方式采集数据，内标法定量。样品中目标物的质量浓度 ρ（μg/L），按照式（30-3）进行计算。

$$\rho = \frac{\rho_1}{V_1} \times V_2 \tag{30-3}$$

式中，ρ——样品中六六六、滴滴涕或替代物的质量浓度，μg/L；

ρ_1——根据校准曲线计算出待测样品中六六六、滴滴涕或替代物的质量浓度，μg/L；

V_1——水样体积，mL；

V_2——试样体积，mL。

（3）结果表示

分析结果的有效保留的最小数位不能低于分析方法检出限的最小数位。

30.2.8 质量控制与保证

30.2.8.1 准确度

每批样品至少做 1 次加标回收率测定，实际样品的加标回收率应在 70%～120%。

液液萃取：6 家实验室分别对含六六六、滴滴涕化合物浓度为 0.050 μg/L、0.200 μ/L、0.800 μg/L 的统一样品进行了分析测定，加标回收率范围为 73.6%～116%。

固相萃取：6 家实验室分别对含六六六、滴滴涕化合物浓度为 0.025 μg/L、0.100 μg/L、0.400 μg/L 的统一样品进行了分析测定，加标回收率范围为 36.6%～124%。

30.2.8.2 精密度

每批样品应至少测定 10%的平行双样，样品数量少于 10 个时，应至少测定 1 个平行双样。当测定结果为 10 倍检出限以内（包括 10 倍检出限），平行双样测定结果的相对偏差应≤50%；当测定结果大于 10 倍检出限，平行双样测定结果的相对偏差应≤20%。

液液萃取：6 家实验室分别对含六六六、滴滴涕化合物浓度为 0.050 μg/L、0.200 μg/L、0.800 μg/L 的统一样品进行了测定，实验室内相对标准偏差为 0.30%～7.8%、实验室间相对标准偏差为 0.04%～17.00%、重复性限为 0.031～0.800 μg/L、再现性限为 0.017～1.100 μg/L。

固相萃取：6 家实验室分别对含六六六、滴滴涕化合物浓度为 0.025 μg/L、0.100 μg/L、0.400 μg/L 的统一样品进行了测定，实验室内相对标准偏差为 0.50%～13%、实验室间相对标准偏差为 0.78%～8.1%、重复性限为 0.015～0.540 μg/L、再现性限为 0.021～0.690 μg/L。

30.2.8.3 校准曲线

标准曲线相关系数 r 均应大于 0.995。

每 12 h 利用标准曲线中间浓度点进行标准曲线核查，目标化合物的测定值与标准值间的偏差应在±20%以内，否则应重新绘制标准曲线。p_c 与初始校准曲线 p_i 的偏差（D%），按照式（30-4）进行计算。

$$D\% = \frac{p_c - p_i}{p_i} \times 100\% \tag{30-4}$$

式中，D%——校准物的计算浓度与标准浓度的相对偏差；

p_i——校准物的标准浓度；

p_c——用所选择的定量方法测定的该校准物浓度。

30.2.8.4 空白试验

每批样品至少做 1 个空白试验，也即全程序空白试验。如果目标化合物有检出，应查明原因。

30.2.8.5 滴滴涕的降解率

样品分析前以及每运行 12 h，应对气相色谱系统进行检查，注入 1.0 μL *p,p'*-DDT（1.0 mg/L）测定其降解率，计算公式见式（30-5）。如果滴滴涕的降解率≥20%，则应对进样口和色谱柱进行维护，系统检查合格后方可进行测定。

$$p,p'\text{-DDT}\% = \frac{c_{p,p'\text{-DDD}} + c_{p,p'\text{-DDE}}}{c_{p,p'\text{-DDT}} + c_{p,p'\text{-DDD}} + c_{p,p'\text{-DDE}}} \times 100 \tag{30-5}$$

式中，*p,p'*-DDT%——*p,p'*-DDT 的降解率，%；

$c_{p,p'\text{-DDD}}$——*p,p'*-DDD 的浓度，μg/L；

$c_{p,p'\text{-DDE}}$——*p,p'*-DDE 的浓度，μg/L；

$c_{p,p'\text{-DDT}}$——*p,p'*-DDT 的浓度，μg/L。

30.2.8.6 替代回收物测定

（1）液液萃取

十氯联苯的回收率（%）应在 80%～120%，否则应重新处理样品。

（2）固相萃取

十氯联苯的回收率（%）应在 60%～120%，否则应重新处理样品。

30.2.9 注意事项

①滴滴涕在进样口处容易降解，进样口衬管和进样垫受到以前注射的高沸点残留物污染，都会造成滴滴涕的分解。若滴滴涕分解超过 20%，则应及时更换衬管，清洁进样口。

②样品预处理过程中引入的邻苯二甲酸酯类会对农药测定造成很大的干扰。实验过程中应避免接触任何塑料物品，检查所有溶剂和试剂的沾污情况。

③在样品制备的浓缩步骤中，采用氮吹的方式时应注意不能吹干，否则有机氯农药会有较大的损失。

④本方法所使用的试剂和标准溶液为易挥发的有毒化合物，配制过程应在通风柜中进行操作，按规定要求佩戴防护器具，避免接触皮肤和衣服。

⑤实验过程中产生的大量废液，应放置于适当的密闭容器中保存；实验过程中使用过的硅胶、弗罗里硅藻土等为危险废物，实验结束后，应一并交由有资质的单位处理。

编写人员：

何书海（海南省生态环境监测中心）

张鸣珊（海南省生态环境监测中心）

李腾崖（海南省生态环境监测中心）

第 31 章　海水 马拉硫磷和甲基对硫磷的测定气相色谱法测定操作规程

本方法依据《水质 有机磷农药的测定 气相色谱法》（GB 13192—91）编写，作为全国近岸海域水质监测统一方法使用。本方法在 GB 13192—91 基础上，补充了相关规定和注意事项，以便减少监测执行单位在方法使用中的差别。

31.1　适用范围

本方法适用于海水中马拉硫磷和甲基对硫磷的测定。当取样体积为 100 mL 时，甲基对硫磷的检出限为 0.3 μg/L，马拉硫磷的检出限为 0.2 μg/L（依据 HJ 168—2010 计算得出）。

31.2　方法原理

以三氯甲烷萃取海水中有机磷农药，气相色谱仪进行分离，火焰光度检测器（FPD）进行检测，根据保留时间定性，外标法定量。

31.3　试剂和材料

除非另有说明，分析时均使用符合国家标准的分析纯试剂，实验用水为纯水。

①三氯甲烷（$CHCl_3$）：农残级。

②无水硫酸钠（Na_2SO_4）：农残级。

③氢氧化钠（NaOH）：农残级。

④盐酸（HCl）：农残级。

⑤标准物质：甲基对硫磷、马拉硫磷，标准品纯度均应在95%以上，避光冷藏保存。

⑥标准贮备溶液：ρ =2.00 mg/mL。逐一称取0.050 0 g（精确到0.000 1 g）标准物（31.3⑤），分别移入25 mL容量瓶中，用三氯甲烷（31.3①）定容至刻度，摇匀，转移入密实瓶密封，4℃下密闭避光保存，保存期半年。也可直接购买有证标准溶液。

⑦中间溶液：ρ =50.0 μg/mL。取一定量标准贮备溶液（31.3⑥）于10 mL棕色容量瓶中，用三氯甲烷（31.3①）定容，配制成混合标准中间液，4℃条件下可保存半年。

⑧标准工作溶液：根据气相色谱检测器灵敏度、线性要求以及待测试样中有机磷农药的浓度，用三氯甲烷（31.3①）稀释中间溶液，配制成50 μg/L、100 μg/L、250 μg/L、500 μg/L、1 000 μg/L的标准工作溶液，4℃条件下可保存半个月。

⑨氮气：纯度≥99.999%。

⑩氢气：燃烧气，可以使用氢气发生器生产，用装5A分子筛的净化管净化（99.9%）。

⑪空气：助燃气，可以使用空气发生器生产，用装5A分子筛的净化管净化。

31.4　仪器和设备

均使用经过检定的容量器皿和量器。

①气相色谱仪：具毛细管柱分流/不分流进样口，具有恒流或恒压功能，可程序升温，具火焰光度检测器（FPD）和工作站。

②色谱柱：30 cm×0.25 mm，0.25 μm膜厚（5% 二苯基，1% 乙烯基，94% 二甲基聚硅氧烷），也可使用其他等效或经过实验验证的毛细管柱。

③容量瓶：25 mL、10 mL。

④微量注射器：10 μL、50 μL、100 μL。

⑤样品瓶：1 000 mL棕色磨口玻璃瓶。

⑥蒸发浓缩器：旋转蒸发仪或氮吹仪。

⑦一般实验室常用仪器和设备。

31.5　样品检查

分析人员在接收样品时，需按照第 6 章中样品交接内容的要求进行样品检查。检查样品是否进行固定、有无沉淀及沉淀的沉降等现象，并对照采样记录，检查每个样品是否在有效保存期内。

31.6　样品前处理

摇匀样品并过滤去除机械杂质，取试样 100 mL 置于 250 mL 分液漏斗中，用三氯甲烷萃取 3 次，每次三氯甲烷用量为 5 mL，振摇 5 min，静置分层，合并三氯甲烷，经无水硫酸钠柱脱水后转移至蒸发浓缩器进行浓缩，浓缩至 1 mL 供测定用。

注：萃取剂也可采用二氯甲烷。

31.7　分析步骤

31.7.1　色谱分析参考条件

进样口温度：220℃。

进样方式：分流进样，分流比 10∶1。

柱箱温度：120℃→15℃/min→210℃（4 min）→5℃/min→240℃（2 min）。

柱流量：1.0 mL/min。

进样量：1.0 μL。

检测器温度：250℃。

氢气流量：75 mL/min。

空气流量：100 mL/min。

尾吹气：氮气（31.3⑨）。

尾吹气流量：60 mL/min。

载气：氮气（31.3⑨）。

注：仪器工作条件可根据仪器要求进行修改。

31.7.2 标准曲线的绘制

标准曲线应在每批样品分析时绘制。

按照（31.7.1）仪器操作条件，将气相色谱仪调节至最佳测定状态，进样分析，从低浓度到高浓度依次测定标准工作溶液（31.3⑧）系列，每个浓度测定 1 次。用工作站记录及处理数据，由测得的峰面积对相应目标化合物的浓度作图，绘制标准曲线。

31.7.3 样品测定

按照仪器参考条件（31.7.1），对样品进行测定，当样品浓度超出曲线上限时，应当对样品进行稀释，稀释后分析。

31.7.4 空白样品测定

以纯水代替水样，按照样品测定（31.7.3）相同步骤进行空白样品的测定。

31.7.5 结果与计算

（1）定性分析

以待测物保留时间与标准物质的保留时间相比较进行定性分析。当样品基质复杂时，可借助质谱进行定性。按照 31.7.1 给出的分析参考条件进行测定，得到马拉硫磷和甲基对硫磷的色谱分离图如图 31-1。

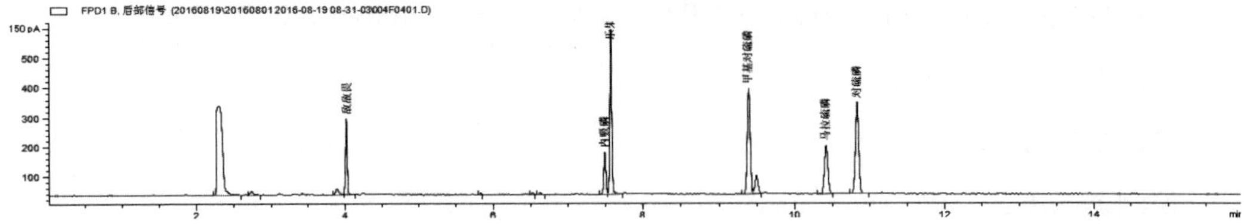

图 31-1　马拉硫磷和甲基对硫磷的色谱图

（2）定量分析

以外标法定量，样品中目标化合物的质量浓度 ρ_i（μg/L），按照式（31-1）进行计算：

$$\rho_i = \frac{\rho_f \times V_C}{V} \tag{31-1}$$

式中，ρ_i——样品中组分 i 的浓度，μg/L；

ρ_f——根据标准曲线查得的萃取液的浓度，μg/L；

V_C——萃取液定容的体积，mL。

V——萃取样品的体积，mL。

（3）结果表示

分析结果的有效保留的最小数位不能低于分析方法检出限的最小数位。

31.8　质量控制与保证

31.8.1　空白实验

每批（≤20 个）样品应至少测定 2 个实验室空白样品，其测定结果应低于方法检出限。

31.8.2　标准曲线

标准曲线回归方程的相关系数 r≥0.995。

31.8.3　连续校准

分析每批样品时，均须用标准曲线中间浓度点进行连续校准，连续校准测定的相对误差应小于 20%。有自动进样器时，连续校准（CC）要求每 12 h 进行一次；若手工进样，则初始分析和中间/最终分析步骤要在 1 个工作日内完成，每个批次品数不超过 20 个。

31.8.4　精密度

每批（≤20 个）样品应至少测定 10%的平行双样，样品数量少于 10 个时，应至少测定 1 个平行双样。精密度的合格判定依据见第 6 章质量保证和质量控制表 6-2。

31.8.5 准确度

每批（≤20 个）样品至少测定 1 个有证标准物质/样品或基体加标回收样品，有证标准物质/样品的测定值应在允许范围内，加标回收率的合格判定依据见第 6 章质量保证和质量控制表 6-2。

31.9 注意事项

实验中产生的所有废液和废物（包括检测后的残液）应分类收集，置于密闭容器中密封保存，粘贴明显标志，并委托具有资质的单位处理。

编写人员：
张肇元（天津市生态环境监测中心）
于晓青（天津市生态环境监测中心）

第 32 章 海水 苯并[*a*]芘的测定 液液萃取高效液相色谱法操作规程

本方法依据《水质 多环芳烃的测定 液萃取高效液相色谱法》（HJ 478—2009）编写，作为全国近岸海域水质监测统一方法使用。本方法在 HJ 478—2009 基础上，补充了相关规定和注意事项，以便减少监测执行单位在方法使用中的差别。

32.1 适用范围

本标准适用于饮用水、地下水、地表水、海水、工业废水及生活污水中 16 种多环芳烃的测定。16 种多环芳烃（PAHs）包括萘、苊、二氢苊、芴、菲、蒽、荧蒽、芘、苯并[*a*]蒽、䓛、苯并[*b*]荧蒽、苯并[*k*]荧蒽、苯并[*a*]芘、茚并[1,2,3-*c*,*d*]芘、二苯并[*a*,*h*]蒽、苯并[*g*,*h*,*i*]苝。

当萃取样品体积为 1 L 时，浓缩样品至 0.5 mL，苯并[*a*]芘的检出限为 0.004 μg/L，测定下限为 0.016 μg/L。萃取样品体积为 2 L，浓缩样品至 0.1 mL，苯并[*a*]芘的检出限为 0.000 4 μg/L，测定下限为 0.001 6 μg/L。

当萃取样品体积为 1 L 时，浓缩样品至 1.0 mL，苯并[*a*]芘的检出限为 0.000 1 μg/L。（由于原方法检出限达不到标准限值规定，各分析单位自行进行检出限测定，上述检出限为本实验室检测定值）。

32.2 方法原理

用正己烷或二氯甲烷萃取水中多环芳烃（PAHS），萃取液经硅胶净化，用二氯甲烷和正己烷的混合溶剂洗脱，洗脱液浓缩后，用具有荧光/紫外检测器的高效液相色谱仪分离检测。

32.3　试剂与材料

本标准所用试剂除另有注明外，均使用符合国家标准的分析纯化学试剂，所涉及的水均为不含有机物的蒸馏水。

①乙腈（CH_3CN）：液相色谱纯。

②甲醇（CH_3OH）：液相色谱纯。

③二氯甲烷（CH_2Cl_2）：液相色谱纯。

④正己烷（C_6H_{14}）：液相色谱纯。

⑤硫代硫酸钠（$Na_2S_2O_3 \cdot 5H_2O$）。

⑥无水硫酸钠（Na_2SO_4）：在 400℃下烘烤 2 h，冷却后，贮于磨口玻璃瓶中密封保存。

⑦标准溶液

- 多环芳烃标准贮备液：质量浓度为 200 mg/L 含 16 种多环芳烃的乙腈溶液，包括萘、苊、二氢苊、芴、菲、蒽、荧蒽、芘、䓛、苯并[*a*]蒽、苯并[*b*]荧蒽、苯并[*k*]荧蒽、苯并[*a*]芘、茚并[1,2,3-*c*,*d*]芘、二苯并[*a*,*h*]蒽、苯并[*g*,*h*,*i*]苝。贮备液于 4℃避光冷藏保存。
- 多环芳烃标准使用液：取 1.0 mL 多环芳烃标准贮备液（32.3⑦）于 10 mL 容量瓶中，用乙腈（32.3①）稀释至刻度，该溶液中多环芳烃密度为 ρ =20.0 mg/L，4℃避光冷藏保存。
- 苯并[*a*] 芘标准贮备液：ρ =20.0 mg/L，贮备液于 4℃避光冷藏保存。
- 苯并[*a*] 芘标准使用液：取 1.0 mL 多环芳烃标准贮备液（32.3⑦）于 100 mL 容量瓶中，用乙腈（32.3①）稀释至刻度，该溶液中苯并[*a*]芘浓度 ρ =200 μg/L，4 ℃避光冷藏保存。

⑧淋洗液：二氯甲烷/正己烷（1+1）混合溶液（*v*/*v*）。

⑨硅胶柱：1 000 mg/6.0 mL。

⑩氮气，纯度≥99.999%，用于样品的干燥浓缩。

⑪针头过滤器：5 mL 针管配置有机相滤头，滤头材质一般选择 0.45 μm 聚四氟乙烯滤膜。

32.4　仪器与设备

①液相色谱仪（HPLC）：具有可调波长紫外检测器或荧光检测器和梯度洗脱功能。

②色谱柱：填料粒径为 5 μm，柱长 25 cm，内径 4.6 mm 的 ^{18}C 反相色谱柱，或其他等效色谱柱。

③采样瓶：2 L 具磨口塞的棕色玻璃细口瓶。

④分液漏斗：2 000 mL，带聚四氟乙烯活塞。

⑤浓缩装置：旋转蒸发装置或 K-D 浓缩器、浓缩仪等性能相当的设备。

⑥振荡器：调速，配备自动间歇延时控制仪。

⑦碘量瓶或三角瓶：250 mL。

⑧量筒：1 000 mL。

⑨一般实验室常用仪器。

32.5　样品检查

分析人员在接收样品时，需按照第 6 章中样品交接内容的要求进行样品检查。检查样品是否进行固定、有无沉淀及沉淀的沉降等现象。并对照采样记录，检查每个样品是否在有效保存期内。

32.6　前处理

32.6.1　萃取

摇匀水样，量取 1 000 mL 水样于 2 000 mL 分液漏斗中，加入 50 mL 二氯甲烷（32.3③）振摇 5 min，静置 15 min 分层后，收集有机相，放入 250 mL 碘量瓶（32.4⑦）中，再重复萃取两遍，合并有机相，加入无水硫酸钠至有流动的无水硫酸钠存在。放置

30 min，脱水干燥。

32.6.2 浓缩

用浓缩装置（32.4.5）浓缩至 1 mL，加入 3 mL 乙腈，进行溶剂置换，浓缩至 0.5 mL 以下，最后用乙腈准确定容到 1.0 mL 待测。

如果样品需要净化，用浓缩装置（32.4⑤）浓缩将萃取液浓缩至 1 mL，加入正己烷至 5 mL，重复此浓缩过程 3 次，最后浓缩至 1 mL，待净化。

32.6.3 净化

将硅胶柱（32.3⑩）放在固相萃取净化装置上。先用 4 mL 淋洗液（32.3⑧）淋洗净化柱，再用 10 mL 正己烷平衡净化柱（当 2 mL 正己烷流过净化柱后，关闭活塞，使正己烷在柱中停留 5 min）。将待浓缩的试样加到柱上，再用约 3 mL 正己烷分 3 次洗涤装浓缩瓶，将洗涤液一并加到柱上，打开活塞，弃去流出的溶剂。然后用 10 mL 二氯甲烷/正己烷（1+1）洗脱净化柱，收集洗脱液于浓缩瓶中（当 2 mL 洗脱液流过净化柱后关闭活塞，让洗脱液在柱中停留 5 min）。浓缩至 0.5～1.0 mL，加入 3 mL 乙腈，再浓缩至 0.5 mL 以下，最后用乙腈准确定容到 1.0 mL 待测。

32.7 分析测试

色谱条件可根据自己仪器条件进行设定，以下为推荐色谱条件。

32.7.1 色谱条件（参考）

（1）色谱条件 I

梯度洗脱程序：65%乙腈+35%水，保持 27 min；以 2.5%乙腈/min 的增量至 100%乙腈，保持至出峰完毕。

流动相流量：1.2 mL/min。

（2）色谱条件 II（参考）

梯度洗脱程序：80%甲醇+20%水，保持 20 min；以 1.2%甲醇/min 的增量至 95% 甲醇+5%水，保持至出峰完毕。流动相流量 1.0 mL/min。

检测器：

紫外检测器的波长：254 nm、220 nm 和 295 nm。

荧光检测器的波长：激发波长 λ_{ex}：280 nm，发射波长 λ_{em}：340 nm，20 min 后 λ_{ex}：300 nm，λ_{em}：400 nm、430 nm 和 500 nm。进样量：10 μL。16 种多环芳烃在紫外检测器上对应的最大吸收波长及在荧光检测器特定的条件下最佳的激发和发射波长见表 32-1。

表 32-1　用紫外和荧光检测器检测多环芳烃时对应的波长　　单位：nm

序号	组分名称	最大紫外吸收波长	激发波长 λ_{ex}	发射波长 λ_{em}
1	萘	219	275	350
2	苊	228	—	—
3	芴	210	275	350
4	二氢苊	225	275	350
5	菲	251	275	350
6	蒽	251	260	420
7	荧蒽	232	270	440
8	芘	238	270	440
9	䓛	267	260	420
10	苯并[*a*]蒽	287	260	420
11	苯并[*b*]荧蒽	258	290	430
12	苯并[*k*]荧蒽	240	290	430
13	苯并[*a*]芘	295	290	430
14	二苯并[*a,h*]蒽	296	290	430
15	苯并[*g,h,i*]苝	210	290	430
16	茚并[1,2,3-*cd*] 芘	251	250	500

注：“—”表示荧光检测器不适用于苊的测定。

（3）色谱条件III

柱温：30℃。

进样量：10 L。

流动相：见表 32-2。

表 32-2 流动相

时间/min	水/%	乙腈/%
2.0	25	75
20.0	0	100
22.0	25	75

流量：1.0 mL/min 恒流。

荧光检测器波长的选择：见表 32-3。

表 32-3 荧光检测器波长

时间/min	激发波长/nm	发射波长/nm
0.00	260	350
6.20	290	430
20.00	260	500

32.7.2 标准曲线的绘制

32.7.2.1 标准系列的制备

取一定量多环芳烃标准使用液（32.3.7①）于乙腈中，制备至少 5 个浓度点（不包含 0 点）的标准系列，多环芳烃质量浓度分别为 0.1 mg/L、0.5 mg/L、1.0 mg/L、5.0 mg/L、10.0 mg/L，贮存在棕色小瓶中，于冷暗处存放。

取一定量的苯并[*a*]芘使用液（32.3.7④）于乙腈中，制备至少 5 个浓度点（不包含 0 点）的标准系列，苯并[*a*]芘质量浓度分别为 1.0 μg/L、5.0 μg/L、10.0 μg/L、20.0 μg/L、50.0 μg/L，贮存在棕色小瓶中，于冷暗处存放。由低浓度到高浓度依次进样，以标准系列溶液中目标化合物的质量浓度为横坐标，对应的峰高或峰面积为纵坐标，建立校准曲线。标准曲线的相关系数 r＞0.999，否则需重新绘制标准曲线。

32.7.2.2 标准样品的色谱图

不同填料的色谱柱，化合物出峰的顺序有所不同。图 32-1 和图 32-2 为在本标准规定的色谱条件 I 下，两种不同检测器串联的 16 种多环芳烃标准色谱图。

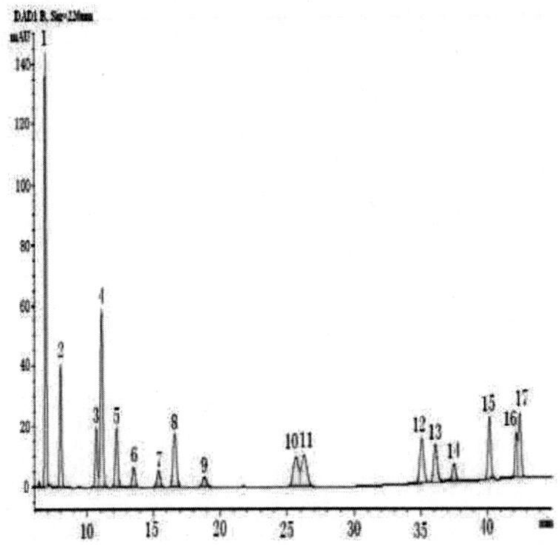

图 32-1　16 种多环芳烃标样的紫外谱图

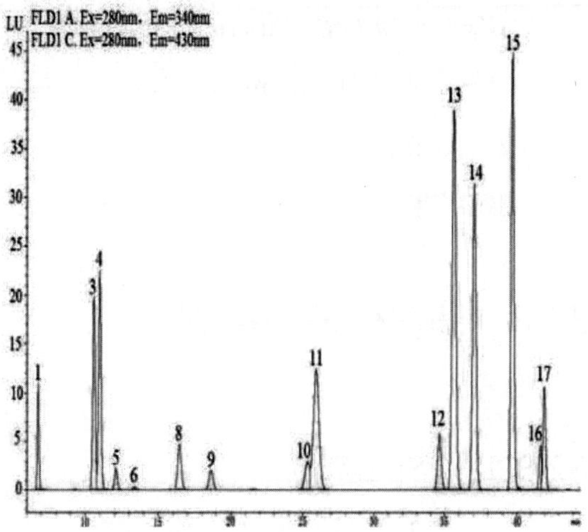

图 32-2　16 种多环芳烃标样的荧光谱图

1—萘；2—苊；3—芴；4—二氢苊；5—菲；6—蒽；7—十氟联苯；8—荧蒽；9—芘；10—䓛；11—苯并[*a*]蒽；12—苯并[*b*]荧蒽；13—苯并[*k*]荧蒽；14—苯并[*a*]芘；15—二苯并[*a*,*h*]蒽；16—苯并[*g*,*h*,*i*]苝；17—茚并[1,2,3-*cd*]芘。

32.7.3　样品的测定

取 10 μL 用 0.45 μm 的针式过滤器（32.3⑫）过滤的待测样品注入高效液相色谱仪中。记录色谱峰的保留时间和峰高（或峰面积）。

32.7.4　空白实验

在分析样品的同时，应做空白实验，即用蒸馏水代替水样，按与样品测定相同步骤分析，检查分析过程中是否有污染。

32.7.5　结果与计算

（1）结果计算

水样中苯并[*a*]芘的质量浓度按式（32-1）计算：

$$\rho = \rho_1 \times V_1 / V \qquad (32\text{-}1)$$

式中，ρ——样品苯并[*a*]芘的质量浓度，μg/L；

ρ_1——从标准曲线中查得苯并[*a*]芘的质量浓度，mg/L；

V_1——萃取液浓缩后的体积，μL；

V——水样体积，mL。

（2）结果表示

测定结果小数点位数与方法检出限一致，最多保留 3 位有效数字。

32.8 质量保证与控制

32.8.1 空白实验

每批样品至少做 1 个实验室空白和全程序空白，空白值应低于方法检出限。

32.8.2 标准曲线

标准曲线的相关系数 $r \geqslant 0.999$。

32.8.3 中间浓度检验

如果不是新配制标准曲线，应测定 1 个标准曲线浓度点，其测定结果与标准曲线该点浓度的相对误差应≤10%。否则，需重新绘制标准曲线。

32.8.4 精密度

精密度通过计算平行样相对偏差进行判断，合格判定依据见第 6 章质量保证和质量控制表 6-2。每批样品应至少测定 10%的平行双样，样品数量少于 10 个时，应至少测定 1 个平行双样，测定结果以平行双样的平均值报出。

32.8.5 准确度

准确度通过测试标准样品或计算加标样品回收率判断。每批样品至少需要测定 1 个标准样品或 1 个加标回收，标准样品合格依据证书的不确定度判定，加标回收率的合格判定依据见第 6 章质量保证和质量控制表 6-2。

32.9 注意事项

①苯并[*a*]芘是强烈致癌的，因此操作时必须极其小心，不允许人体与苯并[*a*]芘溶剂萃取物、苯并[*a*]芘标准接触，苯并[*a*]芘标准溶液必须购买市售有证标准溶液。苯并[*a*]芘可随溶剂一起挥发而黏附于具塞瓶子的外部，因此处理含苯并[*a*]芘的容器及实验操作过程必须使用抗溶剂的手套，被苯并[*a*]芘污染的容器可用紫外灯在 360 nm 紫外线下检查，并置于重铬酸钾-浓硫酸洗液中浸泡 4 h，标准溶液应在有适当设备（如合适的毒气橱、防护衣服、防尘面罩等）的实验室中配制。

②海水监测只分析苯并[*a*]芘，为保证样品测定结果满足环境质量标准要求，样品分析时必须使用荧光检测器，紫外检测器可作为辅助检测器。

③在样品浓缩过程中应保证样品不能完全吹干，否则会影响样品测定的准确度。

④样品在溶剂转换过程中要进行完全，若溶剂转换不完全（即有残存正己烷或二氯甲烷），会出现保留时间漂移、峰变宽或双峰的现象，从而影响样品的定性和测定。

⑤样品必须采集在预先洗净烘干的采样瓶（32.4.4③）中，采样前不能用水样预洗采样瓶，以防止样品的沾染或吸附。采样瓶要完全注满，不留气泡。水样按要求采集后，应放在暗处，4℃冰箱中保存，7 d 内进行萃取，萃取后的样品在 40 d 内分析完毕。

⑥废液处理：实验过程产生的标准溶液、溶剂等实验废液应集中收集，统一委托有处理资质的单位集中处理。

编写人员：
石仁德（山东省青岛生态环境监测中心）
鞠　青（山东省青岛生态环境监测中心）
张丽丽（山东省青岛生态环境监测中心）
邱玮茜（山东省青岛生态环境监测中心）

第33章 海水 阴离子表面活性剂的测定 亚甲基蓝分光光度法操作规程

本方法依据《海洋监测规范 第4部分：海水分析》（GB 17378.4—2007）（23 亚甲基蓝分光光度法）编写。本方法在 GB 17378.4—2007 基础上，补充了相关规定和注意事项，以便减少监测执行单位在方法使用中的差别。

33.1 适用范围

本法适用于海水中阴离子表面活性剂的测定。本方法的检出限为 0.010 mg/L（检出限源自 GB 17378.4—2007）。

33.2 方法原理

阴离子表面活性剂与亚甲基蓝反应，生成蓝色的离子对化合物，用三氯甲烷萃取后，在 650 nm 波长处测定吸光度值。测定结果以直链烷基苯磺酸钠（LAS，烷基平均碳原子数为 12）的表观浓度表示，实际上是测定了亚甲基蓝活性物质（MBAS）。

33.3 干扰与消除

①对有较深颜色的水样本法受干扰。

②有机的硫酸盐、磺酸盐、羧酸盐、酚类以及无机的氰酸盐、硝酸盐和硫氰酸盐等引起正干扰，通过洗涤液反洗可消除这些正干扰（有机硫酸盐、磺酸盐除外），其中氯

化物和硝酸盐的干扰大部分被去除。

③有机胺类等阳离子物质和蛋白质对测定结果造成负干扰，可采用阳离子交换树脂（在适当条件下）去除。

33.4 试剂与材料

除非另有说明，分析时均使用符合国家标准的分析纯试剂，实验用水为纯水。

①硫酸：ρ（H_2SO_4）=1.84 g/mL。

②盐酸：ρ（HCl）=1.19 g/mL。

③硝酸：ρ（HNO_3）=1.42 g/mL。

④无水乙醇（C_2H_5OH）。

⑤丙酮（CH_3COCH_3）。

⑥三氯甲烷（$CHCl_3$）。

⑦氯化钠（NaCl）。

⑧磷酸二氢钠（$NaH_2PO_4 \cdot H_2O$）。

⑨氢氧化钠（NaOH）。

⑩酚酞（$C_{20}H_{14}O_4$）。

⑪亚甲基蓝指示剂（$C_{16}H_{18}N_3C1S \cdot 3H_2O$）。

⑫直链烷基苯磺酸钠（$C_{18}H_{29}NaO_3S$，LAS）。

⑬硫酸溶液：c（H_2SO_4）=0.5 mol/L。移取 2.7 mL 硫酸（33.4.1）于 100 mL 容量瓶中，加水稀释至标线。

⑭盐酸（或硝酸）溶液：1+3。取一定体积的盐酸（33.4②）[或硝酸（33.4③）] 与水按体积比为 1∶3 的比例混匀。

⑮氢氧化钠溶液：c（NaOH）=1 mol/L。称取 10.0 g 氢氧化钠（33.4⑨）溶于 100 mL 水中，冷却后加水稀释至 250 mL，混匀。转入聚乙烯瓶中保存。

⑯氯化钠（NaCl）溶液：ρ（NaCl）=300 g/L。称取 30.0 g 氯化钠（33.4⑦），溶于水中，加水稀释至 100 mL，混匀。

⑰酚酞指示液：称取 0.25 g 酚酞（33.4⑩），溶于 40 mL 无水乙醇（33.4④）中，加水 10 mL，混匀。

⑱洗涤液：称取 50.0 g 磷酸二氢钠（33.4⑧）溶于 500 mL 水中，搅拌下缓缓加入 6.8 mL 硫酸（33.4①），冷却，加水稀释至 1 000 mL，混匀。

⑲亚甲基蓝溶液：称取 50.0 g 磷酸二氢钠（33.4⑧）溶于 500 mL 水中，搅拌下缓缓加入 6.8 mL 硫酸（33.4①），冷却后加入 50.0 mg 亚甲基蓝指示剂（33.4⑪），搅拌溶解，加水稀释至 1 000 mL，混匀。转入棕色试剂瓶保存。

⑳直链烷基苯磺酸钠标准贮备溶液：ρ（$C_{18}H_{30}O_3S$）=1.000 g/L。

称取 0.100 0 g 直链烷基苯磺酸钠（33.4⑫）溶于 50 mL 水中，全部转入 100 mL 容量瓶中，加水稀释至标线，混匀。于冰箱内保存，有效期 6 个月，或直接购买市售有证标准溶液。

㉑直链烷基苯磺酸钠标准使用溶液：ρ（$C_{18}H_{30}O_3S$）=10.0 mg/L。

移取 10.00 mL 直链烷基苯磺酸钠标准贮备溶液（33.4⑳）于 100 mL 容量瓶中，加水稀释标线，混匀。再移取 10.00 mL 此溶液于 100 mL 容量瓶中，加水至标线，混匀。于冰箱中可保存 1 周。

㉒脱脂棉：用丙酮（33.4⑤）浸过后干燥。

33.5 仪器与设备

①分光光度计：并配备 2 cm 比色皿。

②分液漏斗：125 mL、250 mL。

③一般实验室常用仪器和设备。

33.6 样品检查

分析人员在接收样品时，需按照第 6 章中样品交接内容的要求进行样品检查。检查样品是否进行固定、有无沉淀及沉淀的沉降等现象。并对照采样记录，检查每个样品是否在有效保存期内。

33.7 分析测试

33.7.1 工作曲线的绘制

工作曲线应在每批样品分析时绘制；若使用已有的校准曲线，需要加入一个浓度中间点进行校准，与理论值偏差在 5%以内［参照《水和废水监测分析方法（第四版）》］时可使用该工作曲线。

在6个250 mL分液漏斗中，分别加入100.0 mL、99.5 mL、99.0 mL、98.0 mL、97.0 mL、96.0 mL 水，用移液管分别移取 0.00 mL、0.50 mL、1.00 mL、2.00 mL、3.00 mL、4.00 mL 直链烷基苯磺酸钠标准使用溶液（33.4㉑）于分液漏斗中，混匀。所对应的直链烷基苯磺酸钠含量分别为 0.00 μg、5.00 μg、10.0 μg、20.0 μg、30.0 μg、40.0 μg。各加 10 mL 氯化钠溶液（33.4⑯）和 1 滴酚酞指示液（33.4⑰），逐滴滴加氢氧化钠溶液（33.4⑮）至刚显红色，再逐滴滴加硫酸溶液（33.4⑬）至红色刚褪去。向溶液中加入 10 mL 亚甲基蓝溶液（33.4⑲），混匀后加入 10 mL 三氯甲烷（33.4⑥），振摇半分钟（其间放气 2 次，振摇不要过于激烈，以免形成乳浊液）。静置分层，倾斜转动分液漏斗，让水面线扫过内壁，即可使壁上的三氯甲烷液滴汇集到下层萃取液中。

在 6 个 125 mL 分液漏斗中各加 50 mL 洗涤液（33.4⑱），然后将上述萃取液分别放入；在原来的 250 mL 分液漏斗中各加 10 mL 三氯甲烷（33.4⑥）重复萃取 1 次，萃取液分别并入 125 mL 分液漏斗中；轻轻振摇 125 mL 分液漏斗半分钟（其间放气 2 次），静置分层。用小玻璃棒把少许脱脂棉塞入分液漏斗颈管内贴近活塞处，放出三氯甲烷萃取液至 25 mL 比色管中。再加 5 mL 三氯甲烷（33.4⑥），振摇半分钟（不用放气）。放出三氯甲烷萃取液并入比色管，并加三氯甲烷（33.4⑥）至标线，混匀。在 650 nm 波长处，用 2 cm 比色皿，以三氯甲烷（33.4⑥）为参比测定萃取液的吸光度 A，同时测定空白吸光度 A_0。以（$A-A_0$）为纵坐标，相应的直链烷基苯磺酸钠含量（μg）为横坐标，绘制工作曲线。

注：根据实际样品的浓度范围，曲线浓度范围可适当调整，至少 6 个点（包含 0 点）。比色皿光程选择根据曲线浓度范围合理确定。

33.7.2 样品测定

量取 100 mL 试样（若水样中阴离子表面活性剂浓度较高，可适当少取水样体积，加水稀释至 100 mL），置于 250 mL 分液漏斗中，同绘制工作曲线步骤（33.7①）进行测定，测定的吸光度为 A_w。

33.7.3 空白实验分析

以纯水代替水样，按照样品测定（33.7②）相同步骤进行空白样品吸光度 A_b 的测定。

33.7.4 结果计算与表示

（1）结果计算

样品中阴离子表面活性剂的浓度以亚甲蓝活性物质（MBAS，mg/L）计，按照下列公式进行计算：

$$\rho = \frac{A_w - A_b - a}{b \times V} \tag{33-1}$$

式中，ρ——试样中亚甲蓝活性物（MBAS）的浓度，mg/L；

A_w——试样的吸光度；

A_b——空白实验的吸光度；

a——曲线的截距；

b——曲线的斜率；

V——量取水样的体积，mL。

（2）结果表示

分析结果的有效保留的最小数位不能低于分析方法检出限的最小数位。

33.8 质量控制与保证

33.8.1 空白实验

每批（≤20 个）样品应至少测定 2 个实验室空白样品，其测定结果低于方法检出限。

33.8.2 标准曲线

标准曲线回归方程的相关系数 $r \geqslant 0.999$。

33.8.3 精密度

每批（≤20 个）样品应至少测定 10%的平行双样，样品数量少于 10 个时，应至少测定 1 个平行双样。精密度的合格判定依据见第 6 章质量保证和质量控制表 6-2。

33.8.4 准确度

每批（≤20 个）样品至少测定 1 个有证标准物质/样品或基体加标回收样品，有证标准物质/样品的测定值应在允许范围内，加标回收率的合格判定依据见第 6 章质量保证和质量控制表 6-2。

33.9 注意事项

①试剂和环境温度影响分析结果，冰箱贮存的试剂需放置到室温后再分析。

②玻璃仪器均经盐酸或硝酸溶液（1+3）或者铬酸溶液浸泡，用自来水冲洗后再用蒸馏水洗净。分液漏斗活塞上的润滑脂用纸擦去，再用三氯甲烷洗净。

③若漏斗颈内有水，要用脱脂棉先行吸去。若萃取出现深蓝色絮状物，此絮状物不能放入盛洗涤液的分液漏斗中。

④采集的待测样品应澄清，否则需采用离心分离或滤纸过滤。

⑤实验过程中产生的三氯甲烷废液，应放置在玻璃容器中集中保存，并交由有资质的单位处理。

编写人员：
赵修青（天津市生态环境监测中心）
李　静（天津市生态环境监测中心）
林　冬（天津市生态环境监测中心）

第 34 章 海水 活性硅酸盐的测定操作规程

34.1 海水 活性硅酸盐的测定 硅钼蓝法

本方法依据《海洋监测规范 第 4 部分：海水分析》(GB 17378.4—2007)(17.2 硅钼蓝法)编写。本方法在 GB 17378.4—2007 基础上，补充了相关规定和注意事项，以便减少监测执行单位在方法使用中的差别。

34.1.1 适用范围

本方法适用于大洋和近岸及河口附近硅酸盐含量较低的海水。本方法的检出限依据 HJ 168—2010 计算得出。

34.1.2 方法原理

活性硅酸盐在酸性介质中与钼酸铵反应，生成黄色的硅钼黄，当加入含有草酸（消除磷和砷的干扰）的对甲替氨基苯酚-亚硫酸钠还原剂时，硅钼黄被还原成硅钼蓝，于 812 nm 波长测定其吸光值。

34.1.3 干扰与消除

①采自深海缺氧盆地的水样如存在硫化物影响，可用溴氧化或酸化后用氮气吹扫加以去除。

②活性磷酸盐含量（以 P 计）大于 0.15 mg/L 时会产生干扰，可在最后显色前用草酸以消除干扰。

③氟化物含量（以 F 计）大于 50 mg/L 时会产生干扰，用硼酸与负离子配位以减少

干扰。

④此方法受水样中离子强度影响而造成盐度误差，除用盐度校正表外，最好用接近于水样盐度的人工海水制得硅酸盐工作曲线。

⑤水中含有大量铁质、丹宁、硫化物和磷酸盐将干扰测定。加入草酸以及硫酸化可以清除磷酸盐的干扰和减低丹宁的影响。

34.1.4 试剂与材料

除非另有说明，分析时均使用符合国家标准的分析纯试剂，实验用水为无硅蒸馏水或等效纯水。对于临用现配试剂及标准中有明确规定保存期的试剂要有标记。

①硫酸（H_2SO_4，ρ =1.84 g/mL，优级纯）。

②钼酸铵溶液：20 g/L。称取 2.0 g 钼酸铵［$(NH_4)_6Mo_7O_{24}\cdot 4H_2O$］，溶于 70 mL 水，加 6 mL 盐酸（HCl，ρ =1.19 g/mL），稀释至 100 mL（如浑浊应过滤），贮于聚乙烯瓶中。

③硫酸溶液：1+3。在搅拌下，将 1 体积硫酸（34.1.4①），缓慢加入 3 体积水中，冷却，盛于试剂瓶中。

④对甲替氨基酚（硫酸盐）-亚硫酸钠溶液：称取 5 g 对甲替氨基酚（米吐尔）［$(CH_3NHC_6H_4OH)_2\cdot H_2SO_4$］，溶于 240 mL 水，加 3 g 亚硫酸钠（Na_2SO_3），溶解后稀释至 250 mL，过滤，贮于棕色试剂瓶中，并密封保存于冰箱中，此液可稳定 1 个月。

⑤草酸溶液：100 g/L。称取 10.0 g 草酸（$H_2C_2O_4\cdot 2H_2O$，优级纯），溶于水并稀释至 100 mL，过滤，贮于试剂瓶中。

⑥还原剂：将 100 mL 对甲替氨基酚-亚硫酸钠溶液（34.1.4④）和 60 mL 草酸溶液（34.1.4⑤）混合，加 120 mL 硫酸溶液（34.1.4③），混匀，冷却后稀释至 300 mL，贮于聚乙烯瓶中。此液临用时配制。

⑦标准溶液的制备：可购买市售有证硅酸盐标准溶液（1 000 mg/L-Si），也可按下述方法自行配制，但必须定期校准。

- 用氟硅酸钠配制硅标准贮备溶液：300 mg/L-Si。将氟硅酸钠（Na_2SiF_6，优级纯）在 105℃下烘干 1 h，取出置于干燥器中冷却至室温，称取 2.009 0 g 置塑料烧杯中，加入约 600 mL 水，用磁力搅拌至完全溶解（需半小时）全量移入 1 000 mL 量瓶中，加水至标线，1.00 mL 此溶液含硅 300.0 μg，贮于塑料瓶中，有效期

1 年。

- 用二氧化硅配制硅标准贮备溶液：300 mg/L-Si。称取 0.641 8 g 研细至 200 目二氧化硅或色层用硅胶（SiO_2，色谱纯，经 1 000℃灼烧 1 h）于铂坩埚中，加 4 g 无水碳酸钠（Na_2CO_3）混匀。在 960～1 000℃熔融 1 h，冷却后用热的纯水溶解，稀释至 1 000 mL，盛于聚乙烯瓶中。1.00 mL 此溶液含硅 300.0 μg，有效期 1 年。

⑧硅标准使用溶液（10.0 μg/mL）：使用移液管取 1.00 mL 1 000 mg/L 硅标准贮备溶液至盛有大约 80 mL 水的 100 mL 塑料容量瓶中，用水定容至 100 mL 并混匀。有效期 1 d。

34.1.5 仪器与设备

测定硅酸盐时应避免使用硼硅酸玻璃器皿。

①紫外可见分光光度计：配有石英/玻璃比色皿。

②具塞比色管：50 mL 聚乙烯塑料材质。

③容量瓶：50 mL、100 mL 聚乙烯塑料材质。

④移液管：1 mL、5 mL、10 mL 或自动移液装置。

⑤一般实验室常用仪器和设备。

34.1.6 样品检查

分析人员在接收样品时，需按照第 6 章中样品交接内容的要求进行样品检查。检查样品是否进行固定、有无沉淀及沉淀的沉降等现象，并对照采样记录，检查每个样品是否在有效保存期内。

34.1.7 分析测试

34.1.7.1 校准曲线的绘制

校准曲线应在每批样品分析时绘制；若使用已有的校准曲线，需要加入一个浓度中间点进行校准，与理论值偏差在 5%以内［参照《水和废水监测分析方法（第四版）》］时可使用该校准曲线。

取 7 个 100 mL 容量瓶，分别移入 0.00 mL、1.00 mL、2.00 mL、3.00 mL、4.00 mL、5.00 mL 和 6.00 mL 硅标准使用溶液（34.1.4⑧），加纯水至标线，混匀。

分别向 7 个 50 mL 比色管中各加入 3 mL 钼酸铵溶液（34.1.4②），分别移入 25 mL 硅标准系列各点溶液，每加标准溶液后，立即混匀，放置 10 min，加入 15 mL 还原剂（34.1.4⑥），加水稀释至 50 mL，混匀。系列各点对应的硅酸盐（以 Si 计）含量分别为 0.00 μg、2.50 μg、5.00 μg、7.50 μg、10.00 μg、12.50 μg 和 15.00 μg。显色 3 h 后，测定。

使用 50 mm 石英比色皿，在紫外可见分光光度计上，以水作参比，于波长 812 nm 处测定吸光度 A_i。其中零浓度为标准空白吸光度 A_0。以吸光度（$A_i - A_0$）为纵坐标，以相应的硅的含量（μg）为横坐标，绘制校准曲线。

注：根据实际样品的浓度范围，曲线浓度范围可适当调整，至少 6 个点（包含 0 点）。比色皿光程选择根据曲线浓度范围合理确定，但须重新按照 HJ 168—2010 要求计算检出限，必须满足一类海水水质标准值要求。

34.1.7.2　空白与自控样品分析

①空白实验：以纯水代替水样作为空白，按照样品测定步骤进行测定。

②自控样品：能够获得海水标样时，应将标样与实际样品一同处理和分析，检查分析结果的准确性；在不能获得海水标样时，应采用加标回收实验检查分析结果的准确性。分析结果的精密性检查采用实验室平行样控制方式进行。

34.1.7.3　样品测定

于 50 mL 比色管中加 3 mL 钼酸铵溶液（34.1.4②），移入 25 mL 水样，放置 10 min，加 15 mL 还原剂（34.1.4⑥），加水稀释至 50 mL，混匀。显色 3 h 后，测定水样吸光值 A_w。同时以 25 mL 纯水代替水样测定分析空白吸光值 A_b。

34.1.7.4　结果与计算

由（$A_w - A_b$）值查标准曲线或用线性回归方程计算水样中硅含量（x），按下式计算水样中活性硅酸盐的浓度：

$$\rho_{Si} = \frac{x}{V} \tag{34-1}$$

式中，ρ_{Si}——水样中活性硅酸盐的浓度，mg/L-Si；

x——水样中含硅量，μg；

V——水样体积，mL；

分析结果的有效保留的最小数位不能低于分析方法检出限的最小数位。

当样品盐度变化较大时，需进行盐度校正。校正公式如下：

$$\rho_{\mathrm{Si}} = \frac{x}{V} \times f_{\mathrm{s}} \tag{34-2}$$

式中，f_s——盐度校正系数。

盐度校正 f_s 表如表 34-1 所示。

表 34-1　盐度校正 f_s 表

盐度	1～5	5～10	10～15	15～20	20～25	25～28	28～34
f_s	1.10	1.15	1.20	1.22	1.23	1.24	1.25

34.1.8　质量控制与保证

①校准曲线的相关系数 r 应在 0.999 以上。

②精密度。每批样品应至少测定 10%的平行双样，样品数量少于 10 个时，应至少测定 1 个平行双样。精密度通过计算平行样相对偏差进行判断，合格判定依据见第 6 章质量保证和质量控制表 6-2。当样品硅酸盐含量≤1.00 mg/L 时，测定结果相对偏差应≤10%；当样品硅酸盐含量＞1.00 mg/L 时，测定结果相对偏差应≤5%。平行样测定结果以平行双样的平均值报出。

③准确度。准确度通过测试标准样品或计算加标样品回收率判断。每批样品至少需要测定 1 个标准样品或 1 个加标回收，标准样品合格依据证书的不确定度判定，加标回收率的合格判定依据见第 6 章质量保证和质量控制表 6-2。

34.1.9　注意事项

①样品瓶和容量瓶一般为聚乙烯塑料。

②测量水样时，硅酸盐溶液的温度与制定工作曲线时硅钼蓝溶液的温度之差不得超过 5℃。本法测量时最佳温度为 18～25℃，当水样温度较低时，可用水浴（18～25℃）。

③采集水样后立即过滤，然后贮存于冰箱中（＜4℃），在 24 h 内分析完毕。

④如水样中硅酸盐含量很低，可多取水样或改用较长光程的测定池测量；如水样中硅酸盐含量较高，则改用较短光程的测定池测量。

⑤标准曲线应在水样测定实验室制定，工作期间每天加测标准溶液，以检查曲线。曲线沿用的时间最多为 1 周。

编写人员：

胡序朋（浙江省海洋生态环境监测中心）

庄彤晖（浙江省海洋生态环境监测中心）

邹伟明（浙江省海洋生态环境监测中心）

34.2　海水 活性硅酸盐的测定 连续流动比色法

本方法依据《近岸海域环境监测规范》（HJ 442—2008）（附录 J 连续流动比色法测定河口与近岸海水中溶解态硅酸盐）编写。本方法在 HJ 442—2008 附录 J 基础上，补充了相关规定和注意事项，以便减少监测执行单位在方法使用中的差别。

34.2.1　适用范围

本方法应用于测定通常在河口和（或）近岸海水中溶解态硅酸盐。检测范围依据仪器设置而定，不同仪器由于在设计时的要求不同，检测范围变化较大。检测时需根据具体分析条件按照 HJ 168—2010 附录 A 的要求计算方法检出限。

34.2.2　方法原理

在酸性介质中，样品中的硅酸盐与钼酸盐溶液反应生成硅钼黄，硅钼黄被抗坏血酸溶液还原为硅钼蓝，于 820 nm 波长下测量吸光度，吸光值与样品中的硅酸盐含量成正比。样品与试剂在蠕动泵的推动下进入化学反应模块，在密闭的管路中连续流动，被气泡按一定间隔规律隔开，并按特定的顺序和比例混合、反应，显色完全后进入流动检测池，进行光度检测。

34.2.3　干扰与消除

①采自深海缺氧盆地的水样如存在硫化物影响，可用溴氧化或酸化后用氮气吹扫加以去除。

②活性磷酸盐含量（以 P 计）大于 0.15 mg/L 时会产生干扰，可在最后显色前用草酸以消除干扰。

③氟化物含量（以 F 计）大于 50 mg/L 时会产生干扰，用硼酸与负离子配位以减少干扰。

④此方法受水样中离子强度影响而造成盐度误差，在计算结果时需要进行盐度校正。

34.2.4　试剂与材料

除非另有说明，分析时均使用符合国家标准的分析纯试剂，实验用水为无硅蒸馏水或等效纯水。

①反应试剂和清洁液按照仪器方法进行配制，不同仪器之间可能会有所差异。

②标准溶液的制备。购买市售有证硅酸盐标准溶液（1 000 mg/L-Si），也可按下述方法自行配制，但必须定期校准。

- 用氟硅酸钠配制硅标准贮备溶液：300 mg/L-Si。将氟硅酸钠（Na_2SiF_6，优级纯）在 105℃下烘干 1 h，取出置于干燥器中冷却至室温，称取 2.009 0 g 置塑料烧杯中，加入约 600 mL 水，用磁力搅拌至完全溶解（需半小时）全量移入 1 000 mL 量瓶中，加水至标线，1.00 mL 此溶液含硅 300.0 μg，贮于塑料瓶中，有效期 1 年。
- 用二氧化硅配制硅标准贮备溶液：300 mg/L-Si。称取 0.641 8 g 研细至 200 目二氧化硅或色层用硅胶（SiO_2，色谱纯，经 1 000℃灼烧 1 h）于铂坩埚中，加 4 g 无水碳酸钠（Na_2CO_3）混匀。在 960～1 000℃熔融 1 h，冷却后用热的纯水溶解，稀释至 1 000 mL，盛于聚乙烯瓶中。1.00 mL 此溶液含硅 300.0 μg，有效期 1 年。

③硅标准使用溶液（10.0 μg/mL）：使用移液管取 1.00 mL 1 000 mg/L 硅标准贮备溶液至盛有大约 80 mL 水的 100 mL 塑料容量瓶中，用水定容至 100 mL 并混匀。有效期 1 d。

注：反应试剂可能因仪器不同而有所差异，根据仪器要求进行配制。

34.2.5 仪器与设备

①连续流动分析仪：由自动进样器、蠕动泵、化学反应模块、检测单元（820 nm 光学滤光片）、数据处理软件及其所需附件组成的分析系统。

②超声波清洗器

③天平：精度为 0.000 1 g

④一般实验室常用仪器和设备。

34.2.6 样品检查

分析人员在接收样品时，需按照第 6 章中样品交接内容的要求进行样品检查。检查样品是否进行固定、有无沉淀及沉淀的沉降等现象，并对照采样记录，检查每个样品是否在有效保存期内。

34.2.7 分析测试

34.2.7.1 标准曲线的绘制

标准曲线应在每批样品分析时绘制。

取一定量的硅标准使用液（34.2.4③）制备校准曲线，根据水样浓度和仪器方法检测范围进行配制，除零点外至少配制 5 个浓度点。由低浓度到高浓度依次进样，按照仪器最佳测试条件测量峰高值。以峰高值为纵坐标，以硅标准梯度的质量浓度为横坐标，建立硅的标准曲线。

34.2.7.2 空白与自控样品分析

①空白实验：以纯水代替水样作为空白，按照样品测定步骤进行测定。

②自控样品：能够获得海水标样时，应将标样与实际样品一同处理和分析，检查分析结果的准确性。在不能获得海水样品时，应采用加标回收实验检查分析结果的准确性。分析结果的精密性检查采用实验室平行样控制方式进行。

34.2.7.3 样品测定

①按仪器操作规程，正确连接硅酸盐模块的所有流路，启动自动进样器、蠕动泵、化学反应模块，检测单元，数据处理软件。

②启动后，先用水代替试剂泵入管路，检查整个分析流路的密闭性及液体流动的顺畅性。待空白基线稳定后（峰高线为 10%左右），开始泵入反应试剂，待试剂基线稳定后（峰高线为 10%左右）通过进样针将曲线最高浓度点进样，出峰后调整增益值使峰高在可视范围内（90%左右），待峰高降至基线后进行样品分析。

③样品测试：设置分析方法和运行程序，将标准样品和样品按照设定的分析方法顺序放入样品架上。点击系统窗口"运行"键，开始运行设定的程序。运行自动完成后，数据将自动被存储到结果文件中。

④分析结束后，按顺序泵入系统清洗液和去离子水清洗试剂管路，清洗完毕后排干所有管路，关闭仪器电源。取下泵压盘，将一边泵管塑料卡条放松，将泵压盘倒放在原位置。

34.2.7.4 结果与计算

①样品中硅酸盐的浓度的计算通过标准曲线的回归方程求得，其中标准的浓度为自变量而相关的相应峰值为应变量。仪器软件报告每个样品相对于标准曲线的浓度。分析结果有效保留的最小数位不能低于分析方法检出限的最小数位。

②测定结果小数点位数在分析运行程序中设定。

③当样品中的盐度与以纯水配制的标准溶液和载流有明显区别时，必须进行由于离子强度不同而影响显色反应的盐误差校正。代表性盐误差校正计算如下：

$$\text{校正质量浓度（以Si计，mg/L）}=\frac{\text{未校正质量浓度（以Si计，mg/L）}}{1-0.02186\times\sqrt{S}} \quad (34\text{-}3)$$

式中，S——盐度。

34.2.8 质量控制与保证

①空白试验：每批样品至少做 2 个实验室空白，空白值应低于方法检出限。否则应

检查实验用水质量、试剂纯度、器皿洁净度及仪器性能等。

②校准有效性检查：校准曲线的相关系数 r 应≥0.999。

③精密度：精密度通过计算平行样相对偏差进行判断，合格判定依据见第 6 章质量保证和质量控制表 6-2。每批样品应至少测定 10%的平行双样，样品数量少于 10 个时，应至少测定 1 个平行双样。

2 家实验室对硅酸盐质量浓度为 0.30 mg/L、1.40 mg/L 和 2.80 mg/L 的统一样品进行了测定，实验室内相对标准偏差分别为 0.12%～0.91%、0.31%～0.72%、0.21%～0.43%；实验室间相对标准偏差分别为 1.70%、2.59%、1.10%；重复性限分别为 0.006 mg/L、0.031 mg/L、0.027 mg/L；再现性限分别为 0.018 mg/L、0.111 mg/L、0.094 mg/L。

④准确度：准确度通过测试标准样品或计算加标样品回收率判断。每批样品至少需要测定 1 个标准样品或 1 个加标回收，标准样品合格依据证书的不确定度判定，加标回收率的合格判定依据见第 6 章质量保证和质量控制表 6-2。

对低浓度硅酸盐样品（0.30 mg/L 左右）进行加标回收试验（加标量 20 μg），加标回收率最终值为 114%～115%。对高浓度硅酸盐样品（1.5 mg/L 左右）进行加标回收试验（加标量 60 μg），加标回收率最终值为 98.4%± 0.14%。

⑤自控样品结果判定与处理：自控样品按照海水标样保证值及不确定度和表 6-2 等要求自检，当自控样品未超出要求范围时，为合格；当自控样品超出要求范围时，应检查曲线绘制和分析过程，查找到原因后，重新绘制标准曲线和进行自控检查。

34.2.9 注意事项

①测定硅酸盐时应避免使用硼硅酸玻璃器皿。样品瓶和容量瓶一般为聚乙烯塑料。

②样品采集后，通过 0.45 μm 非玻璃滤膜过滤除去样品中的颗粒物和浊度，过滤后应尽快分析。如果样品不能在 24 h 内测定，则应快速冷冻至–20℃保存。样品熔化后立即分析。冰冻样品时水样加到样品瓶的 3/4，以防胀破和影响测定。

③如果载流和标准曲线溶液的盐度与样品不一致时，存在折射率和盐误差。

④每日开机、关机前需用蒸馏水冲洗 30 min；每周需用 0.5 mol/L 氢氧化钠溶液清洗管路 30 min；再用蒸馏水溶液清洗管路 30 min 以免海水样品进入后产生氢氧化镁沉淀。视使用情况定期更换所有泵管。

⑤测定过程中的所有实验用品，其硅酸盐的残留应很低，对样品和试剂无沾污。可用 10% HCI（*V*/*V*）清洗并用蒸馏水或去离子水冲洗干净。

编写人员：
胡序朋（浙江省海洋生态环境监测中心）
庄彤晖（浙江省海洋生态环境监测中心）
邹伟明（浙江省海洋生态环境监测中心）

第 35 章 海水 总氮的测定 过硫酸钾氧化法操作规程

本方法依据《海洋调查规范 第 4 部分：海水化学要素调查》（GB/T 12763.4—2007）（15 总氮的测定 过硫酸钾氧化法）编写。本方法在 GB/T 12763.4—2007 基础上，补充了相关规定和注意事项，以便减少监测执行单位在方法使用中的差别。

35.1 适用范围

本方法适用于大洋和近岸海水及河口水中总氮的测定，检测下限为 0.053 mg/L（依据 GB/T 12763.4—2007）。

35.2 方法原理

海水样品在碱性和 110～120℃条件下，用过硫酸钾氧化，有机氮化合物被转化为硝酸氮。同时，水中的亚硝酸氮、铵态氮也定量地被氧化为硝酸氮。硝酸氮经还原为亚硝酸盐后与对氨基苯磺酰胺进行重氮化反应，反应产物再与 1-萘替乙二胺二盐酸盐作用，生成深红色偶氮染料，于 543 nm 波长处进行分光光度测定。硝酸氮的测定也可采用流动分析法进行分析。

35.3 干扰和消除

①样品中含有高浓度的有机物时，会消耗过硫酸钾氧化剂，使总氮的测定结果偏低，

可通过稀释样品来消除影响，但需通过多个稀释比测定结果的一致性或加标回收实验来确认。

②如果水样的浊度对吸光值有影响，应进行浊度校正：量取 25.0 mL 消解定容后的水样，加入 0.5 mL 对氨基苯磺酰胺溶液和 1.5 mL 水后于波长 543 nm 处测定水样浊度的吸光值 A_i，在计算样品浓度时扣除浊度的吸光值。

35.4　试剂与材料

除另有说明外，所有试剂均为分析纯，实验用水为无氨水或等效纯水。对于临用现配试剂及标准中有明确规定保存期的试剂要有标记。

35.4.1　无氨水

在无氨环境中用下述方法之一制备。

（1）离子交换法

蒸馏水通过强酸性阳离子交换树脂（氢型）柱，将流出液收集在带有磨口玻璃塞的玻璃瓶内。每升流出液加 10 g 同样的树脂，以利于保存。

（2）蒸馏法

在 1 000 mL 的蒸馏水中，加 0.1 mL 硫酸（ρ =1.84 g/mL），在全玻璃蒸馏器中重蒸馏，弃去前 50 mL 馏出液，然后将约 800 mL 馏出液收集在带有磨口玻璃塞的玻璃瓶内。每升馏出液加 10 g 强酸性阳离子交换树脂（氢型）。

（3）纯水器法

用市售纯水器直接制备。

35.4.2　氢氧化钠溶液

称取 20.0 g 氢氧化钠（NaOH）于 1 000 mL 烧杯中，加入 500 mL 纯水，煮沸 5 min，冷却后补水至 500 mL，贮存于聚乙烯瓶中。所使用的氢氧化钠应经总氮试剂空白值检验合格方可使用。

35.4.3 过硫酸钾溶液

称取 5.0 g 过硫酸钾（$K_2S_2O_8$）溶解于 50 mL 氢氧化钠溶液（35.4.2）中，用纯水稀释至 100 mL，存放于聚乙烯瓶中。此溶液于室温避光保存可稳定 7 d；在 4～6℃避光保存可稳定 30 d。

所使用过硫酸钾应进行试剂空白值检验，总氮空白值若达不到要求时，可用多次重结晶方法提纯。

过硫酸钾提纯方法：在 1L 广口瓶加入约 800 mL 水，30℃水浴锅加热，然后逐渐加入过硫酸钾，直至不能溶解为止。然后把完全溶解的饱和溶液放在室温中自然冷却（选用有盖广口瓶，重结晶过程避免引入其他污染），再放进 4℃冰箱重结晶，建议同时用另一个广口瓶冰一瓶纯无氨水，重结晶一夜后，倒掉上清液然后用冰好的无氨水清洗。一般重结晶 2 次。洗净后倒掉上清液，然后放入 30℃烘箱烘干即可。

35.4.4 盐酸溶液（1.5 mol/L）

在不断搅拌的情况下小心将 25 mL 浓盐酸（HCl，ρ = 1.19 g/mL）加入到 175 mL 水中，混匀。

35.4.5 硝酸盐氮反应试剂

根据硝酸盐氮测定规程配制相应的试剂。

35.4.6 硝酸盐标准溶液

可以通过购买市售有证标准物质的方式获得硝酸盐标准溶液，或者通过下面的方法进行配制：硝酸盐标准贮备液（100 μg/mL）：称取 0.721 7 g 硝酸钾（KNO_3，110℃烘干 1 h，置于干燥器中冷却）溶于少量水中，用水稀释至 1 000 mL，混匀。加 1 mL 三氯甲烷，混合。贮于 1 000 mL 棕色试剂瓶中，于冰箱内保存，有效期为半年。

35.4.7 硝酸盐标准使用液（10 μg/mL）

量取 10.0 mL 硝酸盐标准贮备液（35.4.6）置于 100 mL 容量瓶中，加水稀释至标线，混匀，临用前配制。

35.5　仪器与设备

①医用手提式蒸气灭菌器或家用压力锅：压力可达到 1.1～1.4 kPa，温度可达 120～124℃。

②消煮瓶：带螺旋盖的聚四氟乙烯瓶或聚丙烯瓶（60～100 mL）。

③硝酸盐测定相关仪器设备。

35.6　样品检查

分析人员在接收样品时，需按照第 6 章中样品交接内容的要求进行样品检查。检查样品是否进行固定、有无沉淀及沉淀的沉降等现象，并对照采样记录，检查每个样品是否在有效保存期内。

35.7　前处理

量取 25 mL 海水样品于消煮瓶中，各加入 4.0 mL 过硫酸钾溶液（35.4.3），混匀，旋紧瓶盖。把上述消煮瓶置于不锈钢丝筐中，放入高压蒸汽消煮器中加热消煮，待压力升至 1.1 kPa（温度为 120℃）时，控制压力在 1.1～1.4 kPa（温度为 120～124℃）保持 30 min。然后停止加热，自然冷却至压力为“0”时，方可打开锅盖，取出消煮瓶。消煮瓶冷却后，加入 0.5 mL 盐酸溶液（35.4.4）振摇，至絮状沉淀物完全溶解。若样品悬浮物含量较高，需进行离心处理或静置 12 h 以上。

注：样品消解前需摇匀后取样，浑浊样品消解冷却后静置一段时间取上清液进行分析。

35.8　分析步骤

35.8.1　工作曲线的绘制

按照硝酸盐测定作业指导书配制标准系列，并按照样品前处理方法将标准曲线系列点进行消解。根据实际样品的浓度范围，曲线浓度范围可适当调整，至少 6 个点（包含 0 点）。比色皿光程选择根据曲线浓度范围合理确定。使用流动分析仪测定时需按照仪器最佳测试条件测量。

35.8.2 空白与自控样品分析

①空白实验：以无氨水（35.4.1）代替水样作为空白，与标准曲线系列溶液和样品一起消解。

②自控样品：能够获得海水标样时，应将标样与实际样品一同处理和分析，检查分析结果的准确性。在不能获得海水样品时，应采用加标回收实验检查分析结果的准确性。分析结果的精密性检查采用实验室平行样控制方式进行。

35.8.3 样品测定

消煮后样品取上清液按照硝酸盐测定方法进行测定。

35.8.4 结果与计算式

①样品中总氮的浓度通过工作曲线的回归方程求得，其浓度为自变量，相应的吸光值或峰高或峰面积是应变量。数据计算公式同硝酸盐，计算时需要扣除水样浊度的影响。

样品中总氮的质量浓度（以 N 计，mg/L）按照式（35-1）进行计算：

$$\rho = \frac{(A_w - A_t - A_b) - a}{b} \times \frac{V_2}{V_1} \tag{35-1}$$

式中，ρ——样品中总氮的质量浓度，mg/L；

A_w——样品吸光值或测定信号值（峰高/峰面积）；

A_t——样品浊度吸光值或测定信号值，如果无须浊度校正时，该项为 0；

A_b——空白吸光值或测定信号值（峰高/峰面积）；

a ——工作曲线方程的截距；

b——工作曲线方程的斜率；

V_1——样品体积，mL；

V_2——样品消解后定容体积，mL。

②结果以 mg/L 或 μg/L 表示。当测定结果小于 1.00 mg/L 时，结果保留到小数点后 3 位；大于等于 1.00 mg/L 时，结果保留 3 位有效数字。

35.9　质量控制与保证

①工作曲线的相关系数 r 应≥0.999。每批样品应测定 1 个工作曲线中间点浓度的标准溶液，其测定结果与工作曲线该点浓度的相对误差应≤10%，否则，需重新绘制工作曲线。

②精密度：每批样品应至少测定 10%的平行双样，样品数量少于 10 个时，应至少测定 1 个平行双样。精密度通过计算平行样相对偏差进行判断，合格判定依据见第 6 章质量保证和质量控制表 6-2。

③准确度：准确度通过测试标准样品或计算加标样品回收率判断。每批样品至少需要测定 1 个标准样品或 1 个加标回收，标准样品合格依据证书的不确定度判定，加标回收率的合格判定依据见第 6 章质量保证和质量控制表 6-2。

35.10　注意事项

①实验所用器皿使用前用体积分数为 10% 盐酸溶液浸泡 24 h 后，再用水冲洗干净。

②配制过硫酸钾溶液时，水温不宜过高，水温高于 50～60℃时过硫酸钾会发生分解，影响消解水平，从而影响分析结果。

③空白测定结果较高时需要对过硫酸钾进行提纯，详细提纯方法见 35.4.3 试剂配制。

④总氮应在无氨环境下消解。

⑤其他注意事项同硝酸盐。

编写人员：
胡序朋（浙江省海洋生态环境监测中心）
柴小平（浙江省海洋生态环境监测中心）

第 36 章 海水 总磷测定 过硫酸钾氧化法操作规程

本方法依据《海洋调查规范 第 4 部分：海水化学要素调查》(GB/T 12763.4—2007)（14 总磷的测定 过硫酸钾氧化法）编写。本方法在标准 GB/T 12763.4—2007 基础上，补充了相关规定和注意事项，以便减少监测执行单位在方法使用中的差别。

36.1 适用范围

本方法适用于大洋和近岸海水及河口水中总磷的测定。检测下限为 0.003 mg/L（依据 GB/T 12763.4—2007）。

36.2 方法原理

海水样品在酸性和 110～120℃条件下，用过硫酸钾氧化，有机磷化合物被转化为无机磷酸盐，无机聚合态磷水解为正磷酸盐。消化过程产生的游离氯，以抗坏血酸还原。消化后水样中的正磷酸盐与钼酸铵形成磷钼黄。在酒石酸锑钾存在的情况下，磷钼黄被抗坏血酸还原为磷钼蓝，于 882 nm 波长处进行分光光度测定。正磷酸盐的测定可参照《海水 活性磷酸盐测定操作规程》进行。

36.3 干扰与消除

如果水样的浊度对吸光值有影响，应进行浊度校正：取 25.0 mL 水样进行消解，不加任何显色剂于波长 882 nm 处测定水样浊度的吸光值 A_i，在计算样品浓度时扣除浊度的吸光值。

36.4 试剂与材料

除另有说明外，所有试剂均为分析纯，实验用水为纯水。对于临用现配试剂及标准中有明确规定保存期的试剂要有标记。

①$K_2S_2O_8$溶液Ⅰ：称取5 g过硫酸钾（$K_2S_2O_8$）溶于水中，并用水稀释至100 mL，混匀。室温下储存在聚乙烯瓶中，避免光直接照射，可稳定10 d；4～6℃避光保存可稳定30 d。此试剂用于酸化保存的样品。过硫酸钾的试剂空白达不到要求时，可用多次重结晶方法提纯。详细过程见总氮。

②$K_2S_2O_8$溶液Ⅱ：取15 mL 1+3 H_2SO_4用去离子水稀释至100 mL，将5 g $K_2S_2O_8$溶于此溶液中，室温下储存在聚乙烯瓶中，避免光直接照射，可稳定1周。此试剂用于未用酸化保存的样品。过硫酸钾的试剂空白达不到要求时，可用多次重结晶方法提纯。

③磷酸盐标准溶液：可以通过购买市售有证标准物质的方式获得磷酸盐标准溶液，或者通过下面的方法进行配制。

如磷酸盐标准贮备溶液（100 mg/L），可称取0.439 3 g磷酸二氢钾（KH_2PO_4，优级纯，在110～115℃烘干2 h，置于干燥器中冷却至室温），用少量水溶解后，全量转移至1 000 mL容量瓶中，用水稀释至标线，加1.0 mL三氯甲烷，混匀。暗处存放，有效期6个月。

④磷酸盐标准使用液（1.00 mg/L）：量取1.00 mL硝酸盐标准贮备液（36.4.3），于100 mL容量瓶中，加水稀释至标线，混匀。临用前配制。

⑤活性磷酸盐分析试剂：根据分析方法的不同选择相应的分析试剂进行配制。

36.5 仪器与设备

①医用手提式蒸气灭菌器或家用压力锅：压力可达到1.1～1.4 kPa，温度可达120～124℃。

②消煮瓶：带螺旋盖的聚四氟乙烯瓶或聚丙烯瓶（60～100 mL）。

③活性磷酸盐测定相关仪器设备。

36.6　样品检查

分析人员在接收样品时，需按照第 6 章中样品交接内容的要求进行样品检查。检查样品是否进行固定、有无沉淀及沉淀的沉降等现象，并对照采样记录，检查每个样品是否在有效保存期内。

36.7　前处理

量取 25 mL 海水水样于消煮瓶中，加入 2.5 mL 过硫酸钾溶液（样品酸化保存时选择 36.4①；样品未酸化保存时选择 36.4②），混匀，旋紧瓶盖。将消煮瓶置于不锈钢丝筐中，放入高压蒸汽消煮器中加热消煮，待压力升至 1.11 kPa（温度为 120℃）时，控制压力在 1.1～1.4 kPa（温度为 120～124℃）保持 30 min。然后，停止加热，自然冷却至压力为“0”时，方可打开锅盖，取出消煮瓶。

注：样品消解前需摇匀后取样，浑浊样品消解冷却后静置一段时间取上清液进行分析。

36.8　分析测试

36.8.1　工作曲线的绘制

按照活性磷酸盐测定作业指导书配制标准系列。按照样品前处理方法将标准曲线系列点进行消解。根据实际样品的浓度范围，曲线浓度范围可适当调整，至少 6 个点（包含 0 点）。比色皿光程选择根据曲线浓度范围合理确定。使用流动分析仪测定时需按照仪器最佳测试条件测量。

36.8.2　空白与自控样品分析

①空白实验：以纯水代替水样作为空白，与标准曲线系列溶液和样品一起消解。

②自控样品：能够获得海水标样时，应将标样与实际样品一同处理和分析，检查分

析结果的准确性。在不能获得海水样品时，应采用加标回收实验检查分析结果的准确性。分析结果的精密性检查采用实验室平行样控制方式进行。

36.8.3　样品测定

消解后冷却的样品按照活性磷酸盐测定方法进行测定和计算。

36.8.4　结果与计算

①计算结果时需将吸光值进行浊度校正后计算。

样品中总磷的质量浓度（以 P 计，mg/L）也可按照下式进行计算：

$$\rho = \frac{(A_w - A_t - A_b) - a}{b} \times \frac{V_2}{V_1} \tag{36-1}$$

式中，ρ——样品中总磷的质量浓度，mg/L；

A_W——样品吸光值或测定信号值（峰高/峰面积）；

A_t——样品浊度吸光值或测定信号值，如果无须浊度校正时，该项为 0；

A_b——空白吸光值或测定信号值（峰高/峰面积）；

a——工作曲线方程的截距；

b——工作曲线方程的斜率；

V_1——样品体积，mL；

V_2——样品消解后定容体积，mL。

②结果以 mg/L 或 μg/L 表示。当测定结果小于 0.1 mg/L 时，结果保留到小数点后第 3 位；大于或等于 0.1 mg/L 时，结果保留 3 位有效数字。

36.9　质量控制与保证

①校准曲线的相关系数 r 应≥0.999。每批样品应测定 1 个校准曲线中间点浓度的标准溶液，其测定结果与校准曲线该点浓度的相对误差应≤10%，否则，需重新绘制校准曲线。

②精密度：每批样品应至少测定 10%的平行双样，样品数量少于 10 个时，应至少

测定 1 个平行双样。精密度通过计算平行样相对偏差进行判断，合格判定依据见第 6 章质量保证和质量控制表 6-2。

③准确度：准确度通过测试标准样品或计算加标样品回收率判断。每批样品至少需要测定 1 个标准样品或 1 个加标回收，标准样品合格依据证书的不确定度判定，加标回收率的合格判定依据见第 6 章质量保证和质量控制表 6-2。

36.10 注意事项

①实验所用器皿使用前用体积分数为 10% 盐酸溶液浸泡 24 h 后，再用水冲洗干净。

②配制过硫酸钾溶液时，水温不宜过高，水温高于 50～60℃时过硫酸钾会发生分解，影响消解水平，从而影响分析结果。

③其他注意事项同活性磷酸盐。

编写人员：

胡序朋（浙江省海洋生态环境监测中心）

柴小平（浙江省海洋生态环境监测中心）

附录 1　非离子氨的换算方法

本方法依据《海水水质标准》（GB 3097—1997）附录 B 编写，作为全国近岸海域水质监测统一方法使用。本方法在 GB 3097—1997 基础上，补充了相关规定和注意事项，以便减少监测执行单位在方法使用中的差别。

分析测得的氨氮浓度可以看作非离子氨与离子氨浓度的总和，而非离子氨在氨的水溶液中的比例与水温、pH 以及盐度有关。因此非离子氨主要通过计算得出。计算时需已测定以下参数：水温、盐度、pH、氨氮。样品采集、保存与技术要求以及样品运输等同以上参数的操作要求。分析方法来源为：换算法《海水水质标准》（GB 3097—1997 附录 B）。

可按下述公式换算出非离子氨的浓度：

$$c(\mathrm{NH_3}) = c(\mathrm{NH_3\text{-}N}) \times f \times 0.01$$

$$f = 100/\left(10^{\mathrm{p}K_a^{S\cdot T} - \mathrm{pH}} + 1\right)$$

$$\mathrm{p}K_a^{S\cdot T} = 9.245 + 0.002\,949S + 0.032\,4(298 - T)$$

式中，$c(\mathrm{NH_3})$——现场温度、pH、盐度下，水样中非离子氨的浓度（以 N 计），mg/L；

$c(\mathrm{NH_3\text{-}N})$——用监测方法测得的水样中氨的浓度，mg/L；

f——氨的水溶液中非离子氨的摩尔百分比；

T——海水温度，K；

S——海水盐度；

pH——海水的 pH；

$\mathrm{p}K_a^{S\cdot T}$——温度为 T（T=273+t），盐度为 S 的海水中的 $\mathrm{NH_4^+}$的解离平衡常数 $K_a^{S\cdot T}$ 的负对数。

附录 2 采样记录表参考格式

海水采样原始记录表

任务名称：__________ 采样日期：____年____月____日 第___页 共___页

点位编码		经纬度		采样时间		
海况（级）		潮汐		天气		
气温/℃		风向		风速/（m/s）		
透明度/m		水色		漂浮物		
水温/℃		盐度/‰		溶解氧/（mg/L）		
pH		水深/m		层次（多选）	□表□中□底	
样品编号	层次	监测项目		现场处理	保存方式	固定剂
现场其他情况	嗅和味					
备注						

监测单位：__________采样人：__________审核人：__________填表人：__________

附录3　分析记录表格参考格式

测定原始记录Ⅰ（分光光度法）

测定原始记录Ⅱ（分光光度法）

测定原始记录Ⅲ（分光光度法）

原子吸收法测定原始记录Ⅰ

原子吸收法测定校准曲线Ⅰ

海水油类测定原始记录

气相色谱法测定原始记录

气相色谱法测定校准曲线

测定原始记录Ⅰ（分光光度法）

标志：　　　　　　　　　　　　　　　　　　　　　　　　　　共　页　第　页

送检日期	分析日期			
分析方法名称及依据		仪器名称及型号	仪器编号	
测定波长/nm	比色皿厚度/cm	显色时间/min	显色温度/℃	
样品编号	取样体积 *V*/mL	吸光度 *A*	减空白后吸光度 *A*	样品浓度/（mg/L）

精密度检查			
	平行样编号		
	样品浓度（　）		
	均值（　）		
	相对偏差/%		
	合格否	是否	

准确度检查				
	质控样		标准溶液浓度：　　（mg/L）	
	保证值：（　　）		加入标准溶液体积：　　（mL）	
			加标量：　　（μg）	
	测定值：（　　）		加标样测定值：　　（μg）	
			样品测定值：　　（μg）	
			回收率（%）：	
	合格否	是否	合格否	是否

□标准曲线　　□工作曲线（在相应处打√）

回归方程：截距 $a=$　　斜率 $b=$　　相关系数 $r=$　　绘制时间：

回归方式：□浓度～吸光度（定容体积：　　mL）　□绝对量～吸光度

□体积～吸光度（标准使用液浓度：　　mg/L）

计算公式：样品浓度（mg/L）$=\frac{m}{V}$

m——根据校准曲线计算出的样品量（μg）；*V*——取样体积（mL）

方法检出限：

分析人：　　　　　　复核人：　　　　　　审核人：

测定原始记录 II（分光光度法）

标志：　　　　　　　　　　　　　　　　　　　　　　　　　　　　　　共　页　第　页

送检日期	分析日期					
分析方法名称及依据			仪器名称及型号		仪器编号	
测定波长/nm	比色皿厚度/cm		显色时间/min		显色温度/℃	
样品编号	取样体积 V/mL	馏出液体积 V_1/mL	比色体积 V_2/mL	吸光度 A	减空白后吸光度 A	样品浓度/（mg/L）

精密度检查	平行样编号		
	样品浓度（　）		
	均值（　）		
	相对偏差/%		
	合格否	是否	

准确度检查	质控样		标准溶液浓度：　（mg/L）	
	保证值：（　　）		加入标准溶液体积：　（mL）	
			加标量：　（μg）	
	测定值：（　　）		加标样测定值：　（μg）	
			样品测定值：　（μg）	
			回收率（%）：	
	合格否	是否	合格否	是否

□标准曲线　　□工作曲线（在相应处打√）

回归方程：截距 $a=$　　斜率 $b=$　　相关系数 $r=$　　绘制时间：

回归方式：□浓度～吸光度（比色时定容体积：　　mL）□绝对量～吸光度

□体积～吸光度（标准使用液浓度：　　mg/L）

计算公式：样品浓度（mg/L）$=\frac{m}{V}\cdot\frac{V_1}{V_2}$

m——根据校准曲线计算出的样品量（μg）；V_1——试样馏出液体积（mL）；

V——样品的体积（mL）；V_2——试样比色体积（mL）

方法检出限：

分析人：　　　　　　　　复核人：　　　　　　　　审核人：

测定原始记录Ⅲ（分光光度法）

标志： 共 页 第 页

送检日期			分析日期			
分析方法名称及依据			仪器名称及型号		仪器编号	
测定波长/nm	比色皿厚度/cm		显色时间/min		显色温度/℃	
样品编号	稀释过程	吸光度 *A*	减空白后吸光度 *A*	总浓度/（mg/L）	测定浓度/（mg/L）	样品浓度/（mg/L）

精密度检查			
	平行样编号		
	样品浓度（ ）		
	均值（ ）		
	相对偏差/%		
	合格否	是否	

准确度检查				
	质控样		标准溶液浓度：	（mg/L）
	保证值：（ ）		加入标准溶液体积：	（mL）
			加标量：	（μg）
	测定值：（ ）		加标样测定值：	（μg）
			样品测定值：	（μg）
			回收率：	（%）
	合格否	是否	合格否	是否

□标准曲线 □工作曲线（在相应处打√）

回归方程：截距 $a =$ 斜率 $b =$ 相关系数 $r =$ 绘制时间： 回归方式：□浓度～吸光度（比色时定容体积： mL）
计算公式：样品浓度（mg/L）$=C\cdot f$ C——根据校准曲线计算出的样品浓度（mg/L）；f——稀释倍数
方法检出限：

分析人： 复核人： 审核人：

原子吸收法测定原始记录 I

标志：　　　　　　　　　　　　　　　　　　　　　　　　共　　页　　第　　页

送检日期：		分析仪器名称及型号：			仪器编号：		
分析日期：		背景扣除方式：			前处理设备编号：		
元素	分析方法名称及依据	前处理方法	测量方式		灯电流/mA	波长/nm	狭缝宽度/nm
			石墨炉法	火焰法			
		□电热板　□微波消解 □消解仪　□无					
		□电热板　□微波消解 □消解仪　□无					
		□电热板　□微波消解 □消解仪　□无					

分析项目 样品编号	试液浓度（ ）	稀释/浓缩过程	样品浓度（ ）	试液浓度（ ）	稀释/浓缩过程	样品浓度（ ）	试液浓度（ ）	稀释/浓缩过程	样品浓度（ ）

平行样均值（ ）				
相对偏差/%				
合格否		是否	是否	是否
质控样测定平均值（ ）				
质控样保证值（ ）				
合格否		是否	是否	是否
加标回收	标准溶液浓度（ ）			
	加标量（ ）			
	加标样测定值（ ）			
	样品测定值（ ）			
	回收率/%			
	合格否	是否	是否	是否
方法检出限（ ）				

分析人：　　　　　　　　复核人：　　　　　　　　审核人：

原子吸收法测定校准曲线 I

元素						
序号	标准溶液浓度 （ ）	吸光度	标准溶液浓度 （ ）	吸光度	标准溶液浓度 （ ）	吸光度
1						
2						
3						
4						
5						
回归方式	□线性回归	□非线性回归	□线性回归	□非线性回归	□线性回归	□非线性回归
a		—		—		—
b		—		—		—
r/r^2						
标准溶液配制过程	a. 标准储备液：mg/L b. 标准中间液：准确移取 a mL 于 mL 容量瓶中，得溶液浓度为 mg/L c. 标准使用液：准确移取 b mL 于 mL 容量瓶中，得溶液浓度为 mg/L		a. 标准储备液：mg/L b. 标准中间液：准确移取 a mL 于 mL 容量瓶中，得溶液浓度为 mg/L c. 标准使用液：准确移取 b mL 于 mL 容量瓶中，得溶液浓度为 mg/L		a. 标准储备液：mg/L b. 标准中间液：准确移取 a mL 于 mL 容量瓶中，得溶液浓度为 mg/L c. 标准使用液：准确移取 b mL 于 mL 容量瓶中，得溶液浓度为 mg/L	
备注：						

海水油类测定原始记录

标志：　　　　　　　　　　　　　　　　　　　　　　　共　　页　　第　　页

送检日期				分析日期			
分析方法名称及依据				仪器名称及型号		仪器编号	
测定波长/nm		比色皿厚度/cm		显色时间/min		显色温度/℃	

样品编号	取样体积 V/mL	□石油醚萃取液体积 V_1/mL □正己烷萃取液体积 V_1/mL	□荧光强度（I） □吸光度（A）	□减空白后荧光强度（I） □减空白后吸光度（A）	样品浓度/（mg/L）

精密度检查			
	平行样编号		
	样品浓度/（mg/L）		
	均值/（mg/L）		
	相对偏差/%		
	合格否	是否	

准确度检查			
	质控样		标准溶液浓度：　　（mg/L）
	保证值/（mg/L）		加入标准溶液体积：　　（mL）
			加标量：　　（μg）
	测定值/（mg/L）		加标样测定值：　　（μg）
			样品测定值：　　（μg）
			回收率：　　（%）
	合格否	是否	合格否　　是否

回归方程：截距 a=　　斜率 b=　　相关系数 r=　　绘制时间：

回归方式：□浓度～荧光强度（定容体积：　　mL）□浓度～吸光度（定容体积：　　mL）

计算公式：样品浓度（mg/L）$=\frac{C}{V}\times V_1$

C——根据校准曲线计算出的样品浓度（mg/L）；V——样品体积（mL）；V_1——萃取液体积（mL）

方法最低检出浓度：

分析人：　　　　　　　　复核人：　　　　　　　　审核人：

气相色谱法测定原始记录

标志：　　　　　　　　　　　　　　　　　　　　　　　　　　共　页　第　页

<table>
<tr><td>送检日期：</td><td>实验日期：</td><td>样品种类：</td><td colspan="3">方法依据：</td></tr>
<tr><td>仪器型号和名称：</td><td colspan="2">前处理仪器型号和名称：</td><td>前处理方式：</td><td>进样口温度：℃</td><td>色谱柱：</td></tr>
<tr><td>仪器编号：</td><td colspan="2">前处理仪器编号：</td><td>前处理方法依据：</td><td>检测器温度：℃</td><td>检测器：</td></tr>
<tr><td>天平名称及型号：</td><td colspan="2">天平编号：</td><td>柱温：</td><td>载气流量（柱前压）：
______mL/min（kPa）</td><td>标准数据文件：</td></tr>
</table>

<table>
<tr><td rowspan="2">样品名称（编号）</td><td rowspan="2">样品量（ ）</td><td rowspan="2">定容体积（ ）</td><td rowspan="2">进样体积（ ）</td><td rowspan="2">仪器衰减</td><td colspan="2"></td><td colspan="2"></td><td colspan="2"></td><td>校准</td></tr>
<tr><td>测试浓度（ ）</td><td>样品浓度（ ）</td><td>测试浓度（ ）</td><td>样品浓度（ ）</td><td>测试浓度（ ）</td><td>样品浓度（ ）</td><td rowspan="8">①曲线绘制日期：

②连续校准合格否
是否</td></tr>
<tr><td></td><td></td><td></td><td></td><td></td><td></td><td></td><td></td><td></td><td></td><td></td></tr>
<tr><td></td><td></td><td></td><td></td><td></td><td></td><td></td><td></td><td></td><td></td><td></td></tr>
<tr><td></td><td></td><td></td><td></td><td></td><td></td><td></td><td></td><td></td><td></td><td></td></tr>
<tr><td></td><td></td><td></td><td></td><td></td><td></td><td></td><td></td><td></td><td></td><td></td></tr>
<tr><td></td><td></td><td></td><td></td><td></td><td></td><td></td><td></td><td></td><td></td><td></td></tr>
<tr><td></td><td></td><td></td><td></td><td></td><td></td><td></td><td></td><td></td><td></td><td></td></tr>
<tr><td></td><td></td><td></td><td></td><td></td><td></td><td></td><td></td><td></td><td></td><td></td></tr>
<tr><td colspan="5">平行样均值（ ）</td><td colspan="2"></td><td colspan="2"></td><td colspan="2"></td><td>备注</td></tr>
<tr><td colspan="5">相对偏差/%</td><td colspan="2"></td><td colspan="2"></td><td colspan="2"></td><td rowspan="7"></td></tr>
<tr><td colspan="5">合格否</td><td colspan="2">是否</td><td colspan="2">是否</td><td colspan="2">是否</td></tr>
<tr><td rowspan="4">加标回收</td><td colspan="4">加标量（ ）</td><td colspan="2"></td><td colspan="2"></td><td colspan="2"></td></tr>
<tr><td colspan="4">测定值（ ）</td><td colspan="2"></td><td colspan="2"></td><td colspan="2"></td></tr>
<tr><td colspan="4">回收率/%</td><td colspan="2"></td><td colspan="2"></td><td colspan="2"></td></tr>
<tr><td colspan="4">合格否</td><td colspan="2">是否</td><td colspan="2">是否</td><td colspan="2">是否</td></tr>
<tr><td colspan="5">方法检出限（ ）</td><td colspan="2"></td><td colspan="2"></td><td colspan="2"></td></tr>
</table>

分析人：　　　　　　　　　　　复核人：　　　　　　　　　　　审核人：

气相色谱法测定校准曲线

标志：　　　　　　　　　　　　　　　　　　　　　　　　共　　页　第　　页

曲线绘制日期：											
分析编号								*a*	*b*	*r*	备注：
	响应值（ ）										
	含量（ ）										
	响应值（ ）										
	含量（ ）										
	响应值（ ）										
	含量（ ）										
	响应值（ ）										
	含量（ ）										
	响应值（ ）										
	含量（ ）										
	响应值（ ）										
	含量（ ）										
	响应值（ ）										
	含量（ ）										
	响应值（ ）										
	含量（ ）										